导弹武器系统作战效能分析

汪民乐　编著

西北工业大学出版社

西安

【内容简介】 本书以现代作战效能分析理论和军事系统建模方法为基础,依据导弹武器系统战术、技术指标和导弹作战效能分析的总体要求,对导弹武器系统作战效能分析方法进行了深入研究。针对导弹武器系统的生存能力、快速反应能力、突防效能、毁伤效能和作战可靠性等五种单项效能,分别构建了作战效能评估指标体系,提出了相应的作战效能评估方法,建立了作战效能优化模型,并给出了基于现代智能计算的模型求解方法。

本书的主要读者对象为导弹研制部门中从事导弹武器作战效能分析与论证的人员、作战部队中从事导弹作战决策分析工作的人员以及从事与导弹武器作战效能分析相关工作的其他人员。

图书在版编目(CIP)数据

导弹武器系统作战效能分析 / 汪民乐编著. — 西安:
西北工业大学出版社,2020.8
ISBN 978-7-5612-6660-1

Ⅰ.①导… Ⅱ.①汪… Ⅲ.①导弹-武器系统-作战
效能-分析 Ⅳ.①TJ76

中国版本图书馆 CIP 数据核字(2020)第 022034 号

DAODAN WUQI XITONG ZUOZHAN XIAONENG FENXI

导 弹 武 器 系 统 作 战 效 能 分 析

责任编辑:李阿盟		策划编辑:雷 鹏	
责任校对:万灵芝		装帧设计:李 飞	

出版发行:西北工业大学出版社

通信地址:西安市友谊西路 127 号　　　邮编:710072

电　话:(029)88491757,88493844

网　址:www.nwpup.com

印 刷 者:兴平市博闻印务有限公司

开　本:710 mm×1 000 mm　　1/16

印　张:20

字　数:414 千字

版　次:2020 年 8 月第 1 版　　2020 年 8 月第 1 次印刷

定　价:88.00 元

如有印装问题请与出版社联系调换

前　言

　　20世纪80年代至今发生的局部战争已经表明,在未来信息化战争中,导弹力量的地位和作用越来越重要,类似于远程打击、防区外攻击、超视距作战以及非接触作战等新概念和新战术已经形成并在实战中经受了检验。正因如此,提高导弹的作战能力已成为世界上许多军事强国追求的共同目标。要有效提高导弹的作战能力,就必须从导弹武器的研制和作战运用两方面入手,而无论对于研制还是对于作战运用,导弹武器作战效能分析都是一项重要的基础性工作。导弹武器作战效能分析是一门年轻学科,自诞生之日起就在导弹武器系统总体方案评估、导弹结构及外部设计、导弹作战运用方案评估以及作战行动效能评估等方面发挥着重要作用,因而美国、俄罗斯等军事强国都对导弹作战效能分析予以足够重视。

　　目前,在导弹武器系统研制和作战运用领域,迫切需要系统、全面的导弹作战效能分析理论为指导,本书正是基于这一需要,在笔者多年研究成果的基础上,参考国内外大量文献撰写而成的。本书以现代作战效能分析理论为基础,从导弹武器系统论证与作战运用角度出发,以导弹武器系统作战效能评估与优化为目的开展研究,主要内容包括以下五个部分:

　　(1)导弹武器系统生存能力分析。针对当前及未来机动导弹作战中所面临的日益严重的生存威胁,在机动导弹系统生存能力分析领域进行了深入的研究,提出了机动导弹系统生存能力的新概念并进行了概念设计,构建了机动导弹系统生存能力指标体系,分别建立了各种毁伤威胁下相应的生存能力评估与分析模型,研究了机动导弹系统研制论证和作战运用中的生存能力设计与分析方法。

　　(2)导弹武器系统快速反应能力分析。在对影响导弹武器系统快速反应能力的关键因素进行分析的基础上,构建了导弹武器系统快速反应能力的评价指标体系,建立了相应的评估模型。针对导弹武器系统快速反应中的机动过程,建立了三种不同情形下的机动路径优化模型,并设计了基于模糊模拟和随机模拟的智能求解算法,为评估和提高导弹武器系统的快速反应能力提供了可行方法。

　　(3)导弹武器系统突防效能分析。针对空-天-地一体化反导威胁环境下弹道导弹突防效能评估与分析这一关键问题,通过综合运用作战效能分析方法,建立导弹突防各阶段相应的突防效能指标计算与评估模型,对攻防双方影响导弹突防的因素进行定量评估,对主要的突防参数进行突防灵敏性分析,以探索导弹突防效能的变化规律,寻求提高弹道导弹突防效能的技术和战术途径。

(4)导弹武器系统毁伤效能分析。对各种类型的导弹打击目标进行系统定义和分析,构建了导弹毁伤效能评估指标体系。针对不同类型的目标,建立了相应的导弹毁伤效能评估模型,在此基础上,以未来网络中心战模式下导弹力量参与基于效果的并行作战为应用背景,以导弹毁伤效能优化为目的,建立了基于效果的导弹火力最优分配模型,并提出了相应的基于遗传算法的智能求解方法。

(5)导弹武器系统作战可靠性分析。针对当前及未来导弹武器系统所面临的日益恶劣的作战环境,对导弹武器系统可靠性分析方法进行了深入的研究,分析了导弹作战复杂战场电磁环境,建立了相应的战场电磁辐射量化计算模型,提出了导弹武器系统作战可靠性的新概念。针对导弹作战各阶段,分别建立了导弹及其发射系统可靠性评估的基本模型、复杂电磁环境下导弹武器系统作战可靠性评估模型,为定量分析、改进和提高导弹武器系统的作战可靠性提供了方法。

本书的撰写与出版受到军队院校"双重"建设工程及火箭军工程大学学术专著出版基金的资助,并得到火箭军工程大学基础部的领导和同志们的大力支持与帮助。此外,研究生杨先德、翟龙刚、邓昌、孙永福等也参与了部分章节的撰写,在此一并致谢!

由于水平有限,书中疏漏之处在所难免,恳请读者批评指正!

编著者

2020 年 2 月

目　　录

第1篇　导弹武器系统生存能力分析

第2篇　导弹武器系统快速反应能力分析

第3篇　导弹武器系统突防效能分析

第 4 篇　导弹武器系统毁伤效能分析

第 5 篇　导弹武器系统作战可靠性分析

第1篇　导弹武器系统生存能力分析

第1章　机动导弹系统生存能力分析导论

1.1　引　　言

武器装备的发展和建设离不开科学的论证,无论是武器装备的预研立项、型号改良,还是作战运用无不贯穿着论证的思想。在信息化条件下,高技术武器装备的"高"既体现在其技术附加值高,战术、技术指标高,作战效能高,也包含着装备经济成本投入高、研制风险高、研制周期长、采办难度大的含义。如何确定研制符合我国发展战略的武器装备型号、如何对现有型号进行改型提高、如何在战时用好现有装备,使武器装备的发展和使用满足用有限的经费买得起、用得起、打得赢的要求,是摆在武器装备研究人员和运用人员面前迫切需要解决的问题。机动导弹系统作为高技术武器装备,也具有上述的特点,因此无论是提出新型号系统的预研设计方案、现有型号系统的改型方案,还是系统的作战运用方案,都需要对各类方案展开深入而细致的论证分析,以使各种方案满足军费利用效率最优化和武器装备作战效能最大化的要求[1]。

随着新军事变革的不断深入,世界各国都在大力发展高技术武器装备,积极增强军事实力。根据世界形势以及我国周边的安全形势的变化,我国也需要增强自身的国防实力以维护国家主权、安全和发展利益武器装备是国防实力的外在体现,是决定一个国家军事实力的重要因素。因此要增强国防实力就需要在武器装备的研制发展和作战运用上下功夫,一方面要通过开展高技术武器装备的研发、现有装备的改良等途径增加武器装备的高技术含量,提高武器装备的战术、技术(简称战技)性能指标;另一方面也需要在运用武器装备时结合各种战术、战法使武器装备的作战效能得到最大限度的发挥。

装备论证对于武器装备的发展和建设至关重要,从装备、立项、研制定型到改型、运用、退役整个寿命周期,无不需要对其开展论证分析。武器装备论证分析在武器装备研制中是一项降低立项研制风险、控制研制进度和经费预算要求的严格评估措施,是装备建设中的一个重要环节,对武器装备的发展具有重要作用。在武器装备作战运用中,装备运用论证分析是优化作战方案、最大限度发挥武器装备作战效能的重要措施。开展武器装备论证工作是适应未来高技术战争和加强部队质量建设的前瞻性工作和基础性工作,也是武器装备发展和运用的科学性、实用性、协调性和系统性得以保证的必然要求。

随着高新技术在武器装备建设领域的广泛应用,武器装备发展中的新概念、新思想不断涌现,因而,武器装备论证工作也逐步被赋予了新的特点和内涵,同时对如何开展装备论证项目、采用什么样的论证方法等均提出了更高的要求。这就要从装备论证工作的全局出发,以进一步深入装备论证工作为目的,全面系统地研究武器装备论证方法,并针对所要解决的问题,建立相应的论证方法体系。这一方面对提高武器装备的论证质量、论证水平和工作效率具有重要意义,另一方面对丰富武器装备论证的科学研究方法体系和推动论证方法研究向更深层次发展也具有重要作用。

机动导弹系统价格昂贵、地位显著,无论是进行新型号系统的研发还是进行现有型号系统的改良都需要投入大量的人力、物力、财力,都必须对各种方案进行详细的论证分析,提出综合效益最佳的方案以供决策者进行决策,否则将会给军队和国家造成重大损失。同时机动导弹部队是我军的战略威慑力量,是我军实施远程精确打击和纵深突击的"撒手锏",其重要的战略地位决定了其作战运用也必须慎重,需要对其作战方案开展充分的论证分析,确保装备在战时能发挥最大作战效能。现阶段,对机动导弹系统的论证分析还没有形成一套特有的方法体系,大多是借鉴其他军兵种武器装备的论证方法。由于机动导弹系统与其他军兵种武器装备存在一定的差异,运用其他军兵种装备论证方法会导致论证结果或多或少地存在一些问题。机动导弹系统的发展和运用事关国家战略,必须高度重视,需要研究一套适合于机动导弹系统论证分析的方法。

论证方法是进行装备论证的工具和手段,论证方法的优劣将直接影响装备论证的质量。目前,我国的装备论证方法研究相对滞后,需要大力开展研究,提出更多更好的武器装备论证方法,促进装备论证工作又好又快的发展。生存能力是影响机动导弹系统作战效能的重要因素,也是系统作战效能得以发挥的基础和前提,机动导弹系统在未来战场上生存能力的高低,直接决定了其能否完成作战任务。因此,从机动导弹系统设计研制和作战运用的不同角度对系统生存能力进行充分的论证,具有重要的意义。本篇正是基于上述目的,为促进机动导弹武器装备的发展,提高机动导弹系统在未来战场上面对各种硬毁伤威胁下的生存能力,从机动导弹系统设计研制方案和作战运用方案两个方面对机动导弹系统生存能力展开研究,提出可行且有效的机动导弹系统生存能力分析与设计方法。

1.2　国内外研究现状

1.2.1　武器装备论证方法研究现状

各种科学方法均是随着社会实践和科学研究的发展而产生和发展起来的,武器装备论证方法的形成和发展也是如此,经历了由初期的自然产生,到自觉的应用扩展,继而不断向深层次发展的三个阶段。可以说,武器装备论证方法的形成和发展,与运筹学、系统工程、系统分析、系统动力学等理论和方法的实践有着密不可分的关系。

一般认为,对武器装备开展有意识、有目的的论证,大致起源于第二次世界大战时期。当时,以英、美为代表的盟国为了在军事上战胜以德国为首的法西斯集团,针对盟军武器装备在作战使用中存在的问题以及不断提出的作战需求,相继成立了专门的研究机构,应用运筹学等现代系统科学的方法,对武器装备的作战使用性能、装备系统研制方案优化等内容开展了大量的论证工作。这是装备论证发展的初期,采用的论证方法也只是被后来称为“运筹学”的方法。随着武器装备类别逐渐增多,装备系统的规模日趋庞大,所采用的技术越来越复杂,对武器装备的论证工作提出了越来越高的要求。因此,盟军在武器装备的论证中又先后提出了许多关于武器装备发展规划、计划,武器装备系统开发、方案优化,装备采办等方面的论证方法。盟军武器装备论证方法借鉴了在武器装备系统分析、效能费用评估、方案选优、规划制定、需求预测等方面的成功经验,并逐步地走向成熟。

总体上看,武器装备论证方法的发展经历了如下的过程:20 世纪 30 年代末到 40 年代初形成的运筹学方法[5]。该方法是从解决一些武器装备的合理应用的问题开始形成的一套方法论,其核心是将问题规范化(简化)为数学模型,并寻其最优解。20 世纪 50 年代末至 60 年代初,由于一些大型导弹、通信系统等的研制需求,先后形成了各种系统工程方法论。特别是霍尔(Hall)所提出的三维结构矩阵(逻辑维、时间维、知识维),利用逻辑维深化了运筹学的方法论。20 世纪 50 年代,美国兰德(RAND)公司提出系统分析的方法论,帮助政府和国防部门解决了一些复杂的社会、政治和军事问题,如帮助美国军方提出规划计划预算系统。1961 年,福雷斯特(Forest)提出了系统动力学,该方法在建模时强调了系统中因果关系和控制反馈的概念,强调了在计算机上的仿真试验。由于上述方法具有过分的定量化、过分的强调数学模型的特点,在解决一些社会、经济、军事等方面的实际问题时,遇到了一定的困难,应用的结果不是十分令人满意。为此,美国哈佛大学等又重新强调增加人文科学方面定性理论的研究项目。1984 年,设在奥地利卢森堡的国际应用系统分析所(IIASA)还专门组织了一个名为"运筹学与系统分析过程的反思"的讨论会。英国的切克兰德(P. B. Checkland)将运筹学、系统工程、系统分析和系统动力学所使用的方法论都叫作"硬系统方法论(HSM)",而他在 1981 年提出了一种所谓的"软系统方法论(SSM)",并认为用软系统方法论来解决一些"结构不良问题"的效果往往要比硬系统方法论好。20 世纪 70 年代到 80 年代,还相继出现了一些与软系统方法论同类型的方法论。到 90 年代初,西方又提出了关键系统思考(CSH)和整体系统干预法(TSI)等。同时,我国钱学森等人提出了用于解决开放的复杂巨系统的从定性到定量综合集成的方法论,日本椹木义一等人提出了"既软又硬"的系统方法论。

近年来,随着高新技术广泛应用于军事领域,装备论证在武器装备研制和运用中的地位变得越来越重要,各军兵种都在各自领域做了大量的工作,在装备论证方法的研究上取得了一些成果。其中比较有代表性的是李明等人将各种资料进行全面汇总和分析整理,于 2000 年编著了《武器装备发展系统论证方法与应用》一书[2]。该书总结了武器装备论证工作中应用系统思想、系统工程理论和方法完成各项武器装备论证研究的实践经验,优化了当时已经广泛应用和一些具有潜在价值的论证分析方法,为我军武器装备发展的论证研究提供了一种针对性强、具体实用、可直接操作、定性与定量分析相结合的综合集成论证方法。除此之外,其他研究人员也在相关领域取得了一些成果[3]。文献[4]对以费用为独立变量的方法在新武器装备作战效能、费用和性能参数进行综合优化论证中的关键技术进行了研究,包括建立新武器系统的性能、费用模型,权衡研究以及确定寿命周期内各阶段的费用目标。文献[5]探讨了现代系统思想和系统工程的理论和方法在武器装备作战需求论证中的应用,提出了武器装备作战需求论证的基本方法,即"基于主体的嵌套式分析——研讨法"这一系统论证方法,并对其主要特征进行了分析。文献[6]从现有装备论证中存在的不足出发,将基于支持向量机(Support Vector Machine,SVM)的多属性决策方法引入装备论证过程中,介绍了具体的实现过程。文献[15]论述了系统效能分析与武器装备论证的内在联系,探讨了系统效能分析在武器装备论证中的各种应用,提出了具体运用的方法步骤,并对如何使装备论证工作更具科学性与可靠性进行了探索。文献[7]提出了一种求解武器装备作战需求问题的综合集成论证方法,即"智能—嵌套式分析—研讨法",并就该方法的基本内涵、主要特征、构成要素,以及综合集成的内容和实现途径进行了深入的剖析和论述。文献[8]利用数据包络分析对武器装备发展规划进行了有效性评价,指出了装备发展规划改进的方向,并进一步对数据包络分析方法在武器装备论证中的应用范围及特点进行了分析。文献[9]分析了当时鱼雷武器系统论证方案分析方法的优劣,提出了鱼雷武器系统论证方案的模糊多目标生成方法,并建立了模糊多目标评价与选优模型。文献[10]对装备论证的基本概念及常用方法做了简要论述,对装备论证中的数据处理方法进行了分类综述,并对各类方法的特点以及实际应用时机进行了说明,还从现役航空武器装备改装论证出发,提出了基于层次分析法的模糊综合论证模型,并通过实例验证了模型的合理性。文献[11]针对武器装备论证方法中存在的缺乏定量分析、工程化水平低及对装备技术创新指导不明确等不足,综合应用公理化设计理论(AD)、质量功能部署法(QFD)、创造性解决问题理论(TRIZ),以 AD 为指导构建了一个集装备论证与技术创新于一体的装备论证体系结构框架,将 QFD 和 TRIZ 相结合对装备论证方法进行了创新,规范了装备论证过程,还对创新的论证方法进行了实践应用。文献[12]从概念论证、战术和经济论证、战技术指标论证三个方面提出了新一代飞航导弹研发的三级论证体系及其方法。上述这些文献从不同角度,对武器装备论证过程中的各种方法进行了研究,丰富了武器装备论证方法论。

总体来看,武器装备论证方法是以系统工程方法论作为分析工具,以计算机模拟仿真为试验手段,在不断融入其他学科成熟的新理论、新方法的过程中不断发展创新。

1.2.2　导弹生存能力分析方法研究现状

美国和苏联导弹武器装备的发展起步早,对导弹武器装备生存能力分析方法的研究也较为成熟。20 世纪 70 年代初,苏联研制了高精度分导多弹头重型洲际弹道导弹,引起美国对洲际弹道导弹生存能力的日益重视,加强了对基地方式下生存能力的论证研究,对生存能力的论证模型和方法、密集基地、加固机动发射车、铁路机动等方案的生存能力都进行了论证分析。1981 年,美国飞机生存能力联合技术协调组主办了“生存能力和计算机辅助设计”专题研讨会,努力促使生存能力/易损性研究同 CAD/一体化 CAD 相结合。美国空军在战略弹道导弹生存能力论证工作中,继承和推广应用了在飞机生存能力研究工作中的大量经验[13]。1988 年,美国空军作战试验和评定中心制定并实施了修订的核打击下生存能力评定方法,并曾用于论证潘兴导弹在地下井中的生存能力,取得了不错的效果[14]。美军在导弹武器生存能力论证中,非常重视运用各种不同的分析方法和先进技术。美国空军司令部空军武器实验室的在 1986 年对地下结构的生存能力和易损性论证分析中使用了不确定性建模和分析技术,建议在生存能力论证中,应利用随机方法改进随机不确定性模型,并引入非随机不确定因素来扩展现有研究方法[15,16]。此外,美军还基于效能层次模型和生存层次模型建立了一体化生存能力分析模型,该模型适用于体系和大型系统的生存论证,但其模型的量化和细化程度难以满足机动导弹武器系统的生存论证要求[17]。总的来说,美军在生存能力的论证研究中大力提倡建模与仿真技术,通过建立导弹武器系统不同类型、不同分辨率的模型来模拟仿真各种作战环境下系统的生存能力,以寻求有效的生存措施和办法。

我国自 20 世纪 50 年代发展导弹武器以来,航天工业部门、相关院校等也在导弹武器装备的发展和运用方面开展了大量导弹武器生存能力的论证分析工作。如:利用神经网络的模式识别功能,建立了用于研制方案评审的神经网络模型。该模型充分利用过去已定型的导弹研制信息,减少了方案评审过程中的主观性,从而增强了论证结果的可行性。文献[18]分析了系统仿真技术在导弹武器生存能力论证中的应用,对基于系统仿真试验的计算机辅助决策方法进行了研究,探讨了建立综合集成仿真环境,通过人与计算机辅助系统的高度融合形成导弹武器发展人机一体决策体系的构想。文献[19]还对机动战略导弹生存能力进行了分析,提出了机动战略导弹的生存能力指标,并进行了仿真研究,对机动战略导弹生存能力的论证有一定的参考和借鉴意义。

总体来看,我国目前机动导弹系统生存能力分析方法的研究滞后于武器装备研制论证和部队作战需求,还需要不断进行深入的研究和创新。

1.3　本篇主要内容

本篇从机动导弹系统生存能力分析需要解决的问题入手,提出机动导弹系统生存能力定量评估与分析方法,主要包括以下内容:

(1)机动导弹系统生存能力概念设计。阐述生存能力的基本定义,对机动导弹系统的组成结构和任务目标进行分析,提出机动导弹系统生存能力的新概念,并构建基于统一建模语言(Unified Modeling Language,UML)的机动导弹系统生存能力概念模型。

(2)机动导弹系统生存能力指标设计。对机动导弹系统生存能力的相关影响因素进行分析,结合指标构建的一般原则,设计科学、全面的机动导弹系统生存能力的基本指标体系,并对各指标进行量化分析。

(3)机动导弹系统研制论证中的生存能力分析建模。从机动导弹系统的研制需求出发,对机动导弹系统研制设计方案的生存能力进行论证分析,依据生存能力指标设计要求对机动导弹系统方案进行修正与优化,从技术层面提高机动导弹系统的生存能力。

(4)机动导弹系统作战运用中的生存能力分析建模。结合机动导弹系统的生存作战运用方案,对其生存作战各个阶段的生存能力进行分析,评估机动导弹系统在初步拟订的生存作战运用方案下的生存能力,并给出改进生存作战运用方案的策略,优化生存作战运用方案,从战术层面提高机动导弹系统的生存能力。

第2章 机动导弹系统生存能力概念设计

2.1 生存能力的基本定义

生存能力历来是军事研究人员和作战人员所关心的重要研究领域,研究的目的是尽可能地增大人员和武器装备在战场上的生存概率。在已有的生存能力定义中基本都基于两条重要的事实:其一是把生存能力看成是军事系统的一种特性,其二是能完成特定的任务。这样的定义显然是不完善的。因为军事系统的生存能力并不仅仅是由系统本身的特性所决定的,自然环境和战场环境对其也有重要影响。一种常用的生存能力定义:"武器系统生存能力是指武器系统在遭受敌方攻击后,能得以生存,并具备反击的能力。"该定义中包含了以下三层意思:①系统本身具有一定功能;②系统遭受外部环境因素作用;③系统在遭受外部作用后仍具备功能。根据上述定义,可以用图 2.1 所示生存能力机理图对其进行描述。

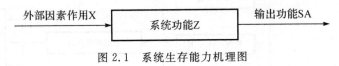

图 2.1 系统生存能力机理图

基于上述分析,在此将一般的军事作战系统(包括武器系统和作战人员)的生存能力做如下定义:

系统在特定的环境条件(自然环境、战场环境)作用下所反映出来的保持执行规定功能的能力的大小,称为该系统在特定环境条件下的生存能力。

2.2 机动导弹系统生存能力的系统分析

2.2.1 机动导弹系统的结构分析

系统的结构决定着系统的功能,对于机动导弹系统,其系统结构决定着系统的生存能力。机动导弹系统包括以下子系统:导弹和用于运输、发射导弹的发射装备组成的导弹武器子系统;供导弹武器子系统储存和实施机动作战的阵地子系统;用于指挥、通信和控制的指控子系统;维护、使用武器的人员子系统和综合保障子系统。导弹武器子系统是系统的主体部分,是实施对敌作战的主要物质基础,也是生存防护的主要对象;指控子系统是作战的生命线,是机动导弹系统赖以实施生存防护活动和突击作战行动的信息和指令来源;阵地子系统是提供导弹储存、维修、检测和作战准备的场所,又是防御敌方攻击的盾牌;保障子系统对机动导弹系统的生存同样重要,因为快速、高效的保障,可以实现战时损坏装备的修复和补充,而这无疑提高了系统的战场生存能力;人员子系统是机动导弹系统战斗力构成中唯一的主观能动因素,也是最活跃的因素,对机动导弹系统的生存能力至关重要,因为战场上人员较脆弱,人员的受损将导致机动导弹系统丧失作战能力,此时也可以认为系统丧失了生存能力。

2.2.2 机动导弹系统的任务目标分析

任何一个军事系统,其首要任务目标就是实现系统所必须达到的军事目的。对于机动导弹系统,其任务目标包括实现常规威慑、常规导弹突击作战以及抗敌反制作战,其中核心任务是实施导弹突击作战,具体的任务目标可以用如图 2.2 所示的目标树来描述。

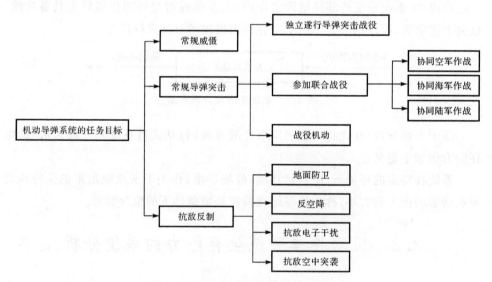

图 2.2 机动导弹系统的任务目标树

对机动导弹系统而言,其生存要求是在对抗条件下对敌实施远程突击或者遭敌精确打击后能够遂行反击作战任务。该系统的生存作战过程包括以下四个阶段:一是存储阶段,即处于储存库内进行作战准备阶段;二是机动阶段,即处于作战区域内实施机动阶段;三是待机阶段,即处于待机库或处于隐蔽待机点进行待机阶段;四是发射阶段,即处于发射阵地上实施发射阶段,包括发射准备和撤收。

　　根据上述机动导弹系统任务目标的分析,按照系统学的观点,功能是完成任务目标的基础和前提,而机动导弹系统的生存能力又是系统总功能的组成部分,换句话说,是子功能。机动导弹系统的总功能是实施远程突击作战或遂行反击作战,它可进行如图 2.3 所示的分解[20]。

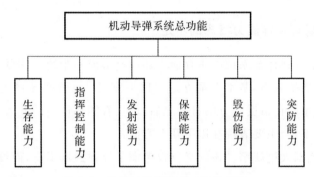

图 2.3　机动导弹系统总功能的分解

　　由图 2.3 可知,生存能力作为机动导弹系统的子功能之一,它并不是孤立的,而是与其他子功能相互影响、相互作用的。一方面生存能力是机动导弹系统发挥其他能力的前提和基础,另一方面其他能力也会对生存能力造成显著的影响。例如,如果武器系统的发射能力低,发射准备时间较长,就会导致系统暴露时间增大,也就增加了被敌侦察识别和遭受精确打击的可能,从而影响到整个系统的生存能力;如果维修保障能力强,能够及时而高效地对战时受损装备进行修复和补充,也能相应地提高系统的生存能力。可以将这种关系表示为网络拓扑结构图,如图 2.4 所示。

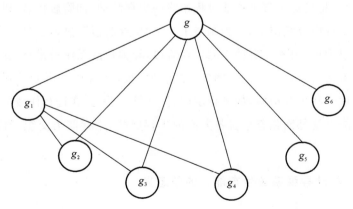

图 2.4　机动导弹系统其他能力对生存能力的影响图

图 2.4 中,g 表示系统的总功能,g_1 表示系统的生存能力,g_2 表示系统的指挥控制能力,g_3 表示系统的发射能力,g_4 表示系统的保障能力,g_5 表示系统的突防能力,g_6 表示系统的毁伤能力。

2.3　机动导弹系统生存能力新概念

2.3.1　现有生存能力概念的不足

目前,对于导弹作战系统的生存能力还没有形成一个统一的概念,但从以往各种相关的研究成果来看,基本上都立足于以下定义[20]:所谓导弹武器的生存能力是指导弹武器系统在遭受敌方的打击之后,仍然有能够还击的能力。很显然,这个定义存在一些不足,主要表现在以下几个方面:

(1)适用范围太过狭窄。该定义仅仅考虑了导弹武器本身,而没有针对整个导弹作战系统。

(2)没有以系统的观点看待生存能力,没有联系整个导弹作战系统以及整个作战过程去考虑生存能力,也没有将生存能力与作战系统的其他能力之间发生的相互影响和相互作用体现出来。

(3)在该定义下,主要进行了导弹武器在硬杀伤因素作用下的生存能力研究,而在电磁脉冲、电子干扰等软杀伤因素作用下的生存能力,则没有引起足够的重视。

(4)按照该定义的表述,"生存"就是指"仍然能够实施反击作战",此处"生存"的含义不够清晰,存在较大的模糊性。

(5)该定义将贯穿于整个作战过程始终的生存活动(如隐蔽伪装、机动规避等)从整个作战过程中分割出来,人为制造了一个"生存阶段",这显然是不合理的。在实际的作战过程中,根本没有独立的生存阶段,导弹作战系统所进行的生存活动与作战活动是紧密交织在一起的。例如,在机动阶段,系统也有可能遭到敌方打击,同样需要采取一些生存措施,如进行示假、佯动等。总之,在进行作战的全过程中,机动导弹作战系统都面临着来自各方面的生存威胁,生存能力交织于作战过程的始终。

2.3.2　机动导弹系统生存能力的新定义

在上述分析的基础上,对机动导弹系统生存能力概念从定义的角度进行描述。

在此,将生存能力分解成"生存"与"能力"两个部分分别加以定义。首先,把"生存"定义为机动导弹系统的一种状态,也就是生存状态,具体来说就是机动导弹系统能够完成存储、机动和发射任务的状态。其次,把"能力"定义为机动导弹系统所具有的功能,如机动、发射等。

于是,对机动导弹系统生存能力可做如下定义:机动导弹系统的生存能力是指机动导弹系统为完成导弹发射所具有的能够保持生存状态的潜在功能。

对于这个定义,进一步分析如下:

(1)这里所说的生存状态是针对整个机动导弹系统而言的,对于系统的各个子系统的生存状态的具体标准还应该分别加以定义。例如,武器子系统的生存状态可定义为导弹完成测试、可以发射的状态,各种作战车辆性能良好、可以实施机动和发射的状态;阵地子系统的生存状态可定义为阵地能够完成导弹存储、测试、待机、发射的状态,或虽遭受打击,但经过作战允许时限的修复能够完成作战任务的状态;人员子系统的生存状态可表述为作战人员能够完成从导弹测试到导弹发射的所有操作,保障人员能够完成各项后勤、装备和技术保障的状态。

(2)生存状态是就机动导弹系统作战全过程而言的。机动导弹系统作战过程包括存储、机动、发射等多个阶段,系统的生存状态是通过这多个阶段生存状态的串联体现出来的。如果在任何一个阶段系统被毁伤,不再具备继续作战的能力,那么整个系统也就丧失了生存功能。例如,机动导弹系统在机动阶段被敌方侦察发现,遭到攻击并严重损毁,不再具备继续进行机动、发射的能力。此时,从系统整个生存作战过程来看,该系统已经丧失了生存功能。

(3)生存能力具有潜在性。机动导弹系统的这种潜在功能主要表现在对环境的适应能力上,包括对自然环境和战场环境的适应能力,其中主要是对战场环境的适应能力。在战场上,系统生存能力的影响因素有敌侦察监视、电磁对抗以及精确打击。当机动导弹系统没有受到这些因素的干扰作用时,系统的生存功能表现得不明显,而当机动导弹系统受到外界的干扰作用时,系统的生存功能便开始发挥作用,这种作用体现在以下两个方面:如果机动导弹系统受到的干扰较小,则保持系统的生存状态;如果机动导弹受到的干扰作用使系统偏离了生存状态但仍在允许的范围内,则系统能够在允许的时限内恢复到生存状态。例如,储存库在被敌侦察发现并遭受打击之后,没有受到毁伤,这就是保持了生存状态不变。再如,在实施机动的过程中,机动导弹武器遭到敌方打击而受损,但是很快被修复,没有对机动任务造成不利影响,这就是系统暂时偏离生存状态但很快得到恢复的情况。机动导弹系统的战场生存能力就是系统对于环境作用的自适应、自调节过程,这种承受环境干扰作用的鲁棒性也就是系统生存能力的外在体现。如果系统偏离生存状态超出一定的范围,达到在允许的时限内不能恢复的状态,就认为其丧失了生存功能。例如,发射阵地被敌方严重毁伤,难以在短时间内修复甚至不能修复,此时,即使机动导弹导论的其他子系统没有受到任何损伤,但对整个机动导弹系统而言已经丧失了生存功能,因为系统已经无法继续执行作战任务。

(4)生存能力是和作战紧密联系的,生存的最终目的是为了完成作战任务。如果武器系统不进入战场,没有作战任务可言,那么它生存与否将没有任何意义。机动导弹系统的生存能力是保证其任务目标得以实现的前提。

2.3.3 生存能力的相关概念

各种文献和资料中涉及的生存能力的相关概念很多,为了加深对生存能力定义的认识和理解,以下简要介绍一些相关的其他概念[20]:

(1)稳态生存能力,它是系统在多种打击策略下的平均生存能力。

(2)动态生存能力,它是系统在某种特定环境下的生存能力,随着不同的打击环境和自然环境而呈现出来的动态生存特性。

(3)固有生存能力,它是武器装备本身具有的生存能力,一般指射前生存能力,对武器系统而言,它是构成武器系统的一项战技术指标。

(4)随机生存能力,它在某种程度上与动态生存能力具有相同的含义。

(5)离散生存能力,它是指系统在一次打击下的生存能力或特定时刻、时间段上的生存能力。

(6)连续生存能力或持久生存能力,它是系统在一定时间范围内的生存能力,是系统在战场环境下所表现出的持久生存特性。

(7)狭义生存能力或目标生存能力,它是指系统某一单元、子系统或部分系统的生存能力。

(8)广义生存能力或系统生存能力,它是整个配套系统的生存能力,同时又是广义生存概念上的系统生存能力。

基于上述对机动导弹系统生存能力的描述,以下构建基于 UML 的机动导弹系统生存能力概念模型。

2.4　基于 UML 的机动导弹系统生存能力概念模型

机动导弹系统作为高技术武器装备,无论是提出新型号系统的预研设计方案、现有型号系统的改型方案,还是机动导弹系统的作战运用方案,都需要对各类方案进行深入而细致的评估分析,以使各种方案满足费用最小化和作战效能最大化的要求,而机动导弹系统生存能力的评估是其中的重要内容。生存能力是影响机动导弹系统作战效能的重要因素,也是系统作战效能得以发挥的基础和前提,机动导弹系统在未来战场上的生存能力高低,直接决定了其能否完成作战任务。因此,从机动导弹系统设计研制和作战运用的不同角度对系统生存能力进行评估分析具有重要意义。但机动导弹系统生存能力的评估具有高度复杂性,其主要原因就是存在大量的不确定性因素。影响机动导弹系统生存能力的不确定因素主要包括三类:作战环境的随机性、量化指标的不确定性和参数的未确知性。这些不确定因素的存在,使得在机动导弹系统生存能力评估中难以建立解析评估模型,或解析建模需要进行过多的假设,使生存能力评估模型的适用性受到影响,而运用仿真建模方法评估机动导弹系统生存能力,是解决评估过程复杂性问题的有效手段。要实现机动导弹系统生存能力的仿真评估,首先需要进行生存能力概念建模,其目的是明确仿真中各实体的属性、建立实体间的关系,并对实体的活动和持续过程进行规范化描述。近年来,UML 在概念建模方面的有效性已被大量实践所证明。在此从机动导弹系统生存能力仿真建模的需求出发,以 UML 为工具,建立机动导弹系统生存能力的概念模型。

2.4.1　机动导弹系统生存能力用例图

用例图(Use Case Diagram)是从用户的角度出发对系统的功能、需求进行描述,并展示外部参与者以及它们与系统内部用例之间的关系,主要元素是用例和活动者。其用途是列出系统中的用例和参与者,并显示哪个参与者参与了哪个用例的执行。依据机动导弹系统生存作战过程所包括的存储、机动、待机、发射等四个阶段,找出系统生存作战过程中的所有用例,建立机动导弹系统生存能力的用例图,如图 2.5 所示。

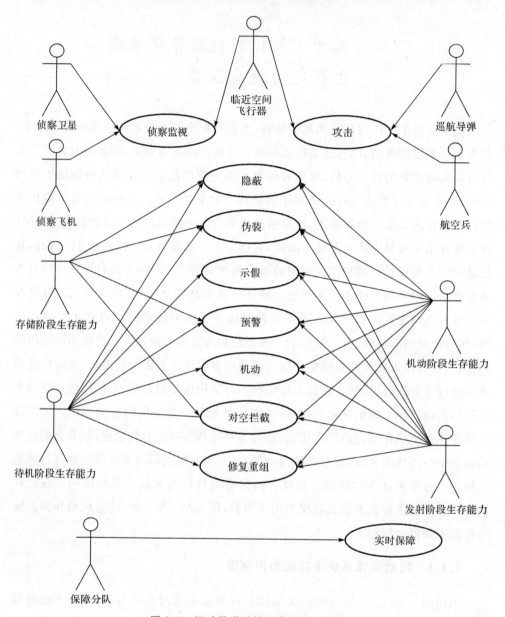

图 2.5　机动导弹系统生存能力用例图

2.4.2　机动导弹系统生存能力静态概念模型

UML 中的静态概念模型主要用于描述模型中与时间无关的元素,一般通过类图实现静态概念建模。类图描述了系统中的类及相互之间的各种关系,反映了系统中包含的各种对象的类型以及对象间的静态关系。机动导弹系统包括导弹武器子系统、阵地子系统、指挥控制子系统、保障子系统以及人员子系统。机动导弹系统的生存能力是通过这些子系统的状态体现出来的,于是建立机动导弹系统生存能力类图如图 2.6 所示。

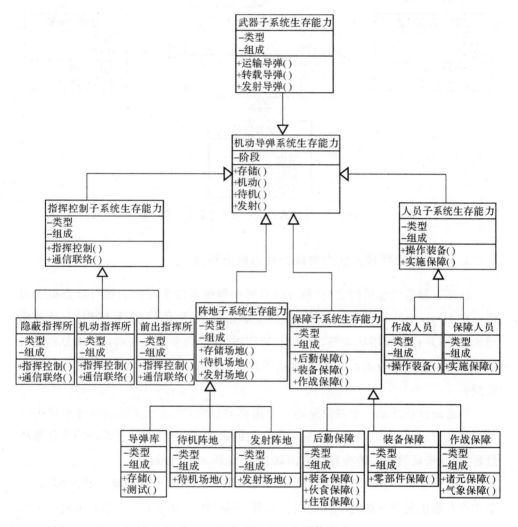

图 2.6　机动导弹系统生存能力类图

导弹武器子系统作为机动导弹系统的主要组成部分,应对其生存能力进行更为细致的描述,于是采用层次分析的方法建立武器子系统的类图,如图 2.7 所示。

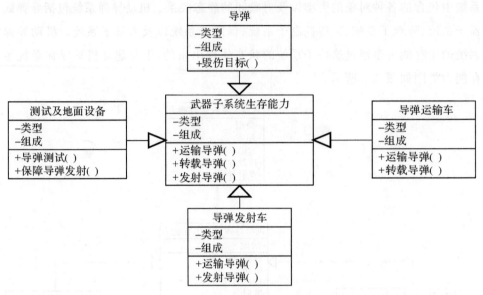

图 2.7 导弹武器子系统生存能力类图

2.4.3 机动导弹系统生存能力动态概念模型

建立了静态概念模型之后,便可以对机动导弹系统生存能力进行动态概念建模。在 UML 中的动态建模主要通过建立状态模型、协作模型、顺序模型、活动模型来实现,并相应地用状态图、顺序图、协作图、活动图来进行表示。下面分别用机动导弹系统生存能力的状态图和活动图描述机动导弹系统生存能力的动态概念模型。

状态图描述的是一个对象穿越多个用例的行为,它显示了机动导弹系统中各个可能具有的状态,以及引起状态发生变化的事件,结合机动导弹系统的生存作战过程,建立机动导弹系统生存能力的状态图,如图 2.8 所示。

下面建立机动导弹系统生存能力的活动图。活动图由各种动作状态构成,每个动作状态由包含可执行动作的规范说明。活动图中显示了一个状态流向一个与之相连状态的转化,同时还可显示条件决策、条件、动作状态的并行执行、消息的规范等内容。机动导弹系统生存能力活动图如图 2.9 所示。

在建立机动导弹系统生存能力活动图、静态概念模型以及动态概念模型的基础上,即可建立机动导弹系统生存能力仿真模型。通过对机动导弹系统生存能力的概念建模,可以给出机动导弹系统生存能力的模拟框架图,如图 2.10 所示。

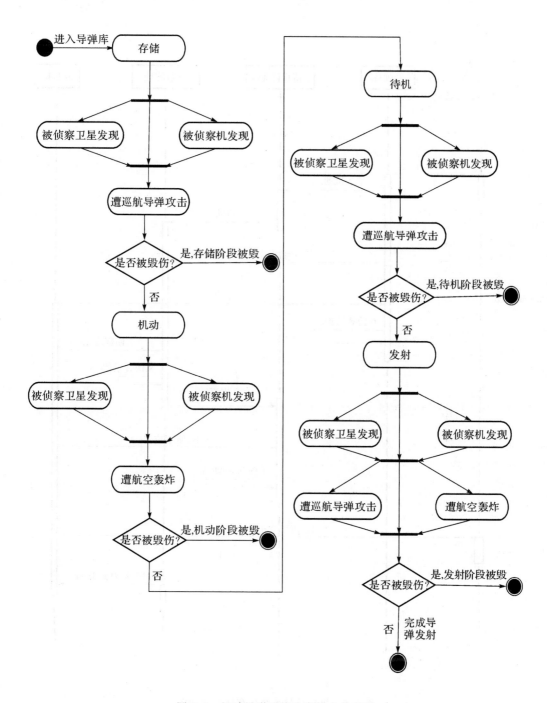

图 2.8 机动导弹系统生存能力状态图

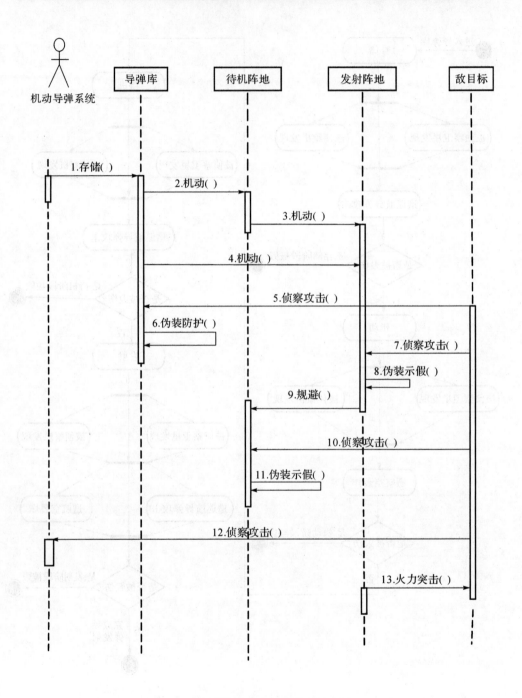

图 2.9　机动导弹系统生存能力活动图

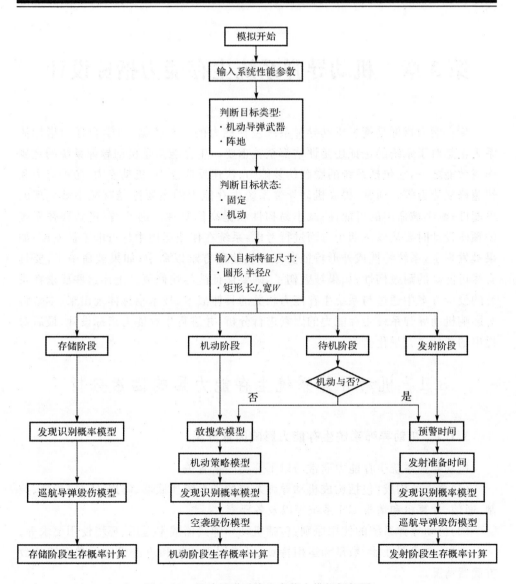

图 2.10　机动导弹系统生存能力模拟框架图

第3章 机动导弹系统生存能力指标设计

生存能力指标是衡量机动导弹系统生存能力的主要依据,科学合理的指标体系无论是对于系统的论证还是评估都至关重要。生存能力是机动导弹系统的主要作战效能之一,它包括系统的隐蔽伪装能力、快速反应能力、机动能力、防护能力和快速修复能力等。通常,提高机动导弹系统生存能力的主要途径有减小被发现的可能性;减小被命中的可能性;减小易损性和提高修复性。因此,在机动导弹系统的预研设计时要从以下四个方面进行考虑:系统在作战运用中尽可能不被发现;如果被发现了,系统特性或外形特征要尽可能使敌方难以命中;如果被命中了,要具有尽可能高的耐毁伤性;如果被毁伤了,则要保证能尽快修复。上述这些要求在系统的设计方案中通过与系统生存能力相关的具体战术、技术指标体现出来,本章将对影响机动导弹系统生存能力的因素进行分析,并进行生存能力指标设计,最后对提出的指标进行量化研究。

3.1 机动导弹系统生存能力影响因素分析

3.1.1 机动导弹系统生存能力影响因素分类

机动导弹系统生存能力通常与以下几类因素有关。

(1)系统的构成:包括构成机动导弹系统的子系统如武器、阵地、人员、指挥、控制、通信、计算机和情报 C^4I 系统等以及各要素。

(2)机动导弹系统的使用原则:包括机动导弹武器战术运用、环境使用要求等。

(3)敌方武器性能、数量和运用特点:可能用于侦察和攻击机动导弹系统的敌方武器情况。

(4)作战使用环境、态势对比:包括自然环境和战场环境。

(5)机动导弹系统采取的伪装隐蔽(隐真、示假)策略。

(6)机动性(车辆、道路、系统规模)因素。

(7)加固防护性(防空装备、阵地、武器抗力)因素。

(8)反应能力(指挥控制的快速性及预警)因素。

(9)可靠、维修性(系统可靠性、维修性及保障性)因素。

(10)预警与电子干扰、对抗。

3.1.2 生存能力相关因素分析

通过上述分析,机动导弹系统的生存能力与敌方武器的性能、攻击策略以及机动导弹系统的性能和作战运用等因素相关,可以说是多种因素综合作用的结果,其最大的特点是衡量时具有不确定性,这是由其所处的自然环境和战场环境等因素的随机性造成的,总的说来可以将其相关因素分为以下两大部分。

1.外部攻击因素

攻击模式:①临空轰炸;②防区外打击;③地面袭扰;④核攻击。

攻击策略:发现机动导弹系统的可能性、攻击模式的确定以及攻击强度的确定(攻击武器性能、数量)。

这部分因素的确定是比较困难的,其判断的准确性直接影响到作战指挥决策恰当与否,从而影响系统在对抗条件下的生存能力。

2.内部生存因素

系统的分布结构:机动导弹系统生存相依性构成(数量、性能、机动性、隐蔽性、防护性、维修性、分散性等)。

生存策略:机动导弹系统作战运用原则、方法与阵地相配套的布局、机动与隐蔽伪装策略等。

机动性因素:机动速度、道路通过性、动力等。

分散性因素:导弹库、待机库、发射阵地三者之间的间隔距离,发射阵地之间的间隔距离。

隐蔽性因素:防可见光、红外、雷达侦察措施,系统的大小尺寸、高度(行驶中)、宽度等。

防护性因素:抗超压值,对电子干扰、电磁脉冲的防护性能以及对空防御等。

维修性因素:维修人员的业务水平、备件率、复杂性(车辆多少、维护难易等)。

按机动导弹系统作战使用原则,平时机动导弹集中储存于导弹库内,战时在技术阵地完成测试装弹后,转入待机阵地,根据上级命令进入发射阵地完成导弹发射。因此系统的生存作战过程包括以下四个阶段:

(1)存储阶段(防护工程的生存性是关键)。

(2)机动阶段(伪装,车辆机动性是关键)。

(3)待机阶段(系统的隐蔽伪装是关键)。

(4)发射阶段(完全暴露时其生存能力取决于快速反应时间、发射准备时间以及车辆的机动性)。

机动导弹系统生存能力是系统在这四个阶段下生存能力的复合。

通过上述分析,结合外部因素和内部因素建立机动导弹系统生存能力相关因素关系模型,如图 3.1 所示。

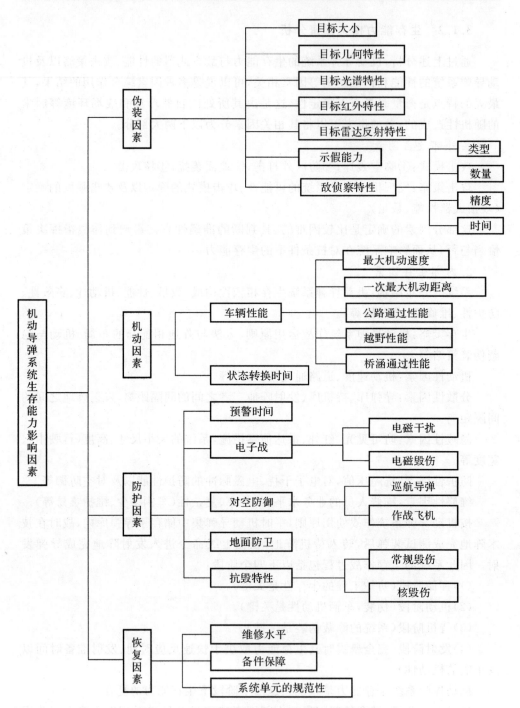

图 3.1　机动导弹系统生存能力影响因素模型

这个模型主要是从如何使机动导弹系统不被发现、发现后不被命中、命中后不被毁伤、毁伤后能尽快恢复四个方面提取的对机动导弹系统生存能力起主要作用的影响因素,对于其中某些次要因素没有再继续细分。

3.2　机动导弹系统生存能力指标构建

3.2.1　指标构建原则

进行指标设计的目的,主要是为新型机动导弹系统提出一组全面、先进和可行的战术、技术指标。指标体系对型号发展的作用意义主要是,对研制立项起辅助决策作用,对型号研制起技术控制作用,对型号定型(鉴定)起技术评审作用。同时,还可以利用该指标体系对现有机动导弹进行效能评估,找出影响作战效能的主要战术、技术性能。关于指标构建的原则,目前典型的表述有两种:第一是全面、不重叠(或冗余、或交叉)且指标易于获取;第二是科学性、合理性和适用性。相比较而言,第一种表述要比第二种表述更加清楚、明确[21]。首先,科学的指标体系首先应该能反映评价对象各方面的状况,如果指标体系不够全面,就不能对评价对象做出整体的判断;其次,指标之间不能有过多的重叠,否则,即使对重叠进行适当的修正也会导致评价结果失真,同时还会增加计算的难度和工作量;最后,在计算指标时所需要的数据应是容易获得的,如果提出的指标难以进行计算或估计,那么这个指标体系就失去了应用价值。因此,在进行机动导弹系统生存能力指标体系构建时应该遵循指标尽量全面、不重叠且易于获取的原则。

3.2.2　机动导弹系统生存能力指标体系

机动导弹系统生存能力的影响因素众多,系统生存能力除了与己方因素相关外,还与进攻武器的类型和性能有关,同时在战时还受到战场自然环境的影响,可以说,系统生存能力是多种因素综合作用的结果。根据上面的分析,在此将机动导弹系统的生存能力分为隐蔽伪装生存能力、机动生存能力、防护生存能力和恢复生存能力四个方面提取指标[22]。根据对机动导弹系统生存能力影响因素的分析,以及机动导弹系统的装备配套现状、作战运用的基本理论、作战系统及其各分系统的构成特点,结合专家意见,按照层次关系建立机动导弹系统生存能力的基本指标体系,如图 3.2 所示。

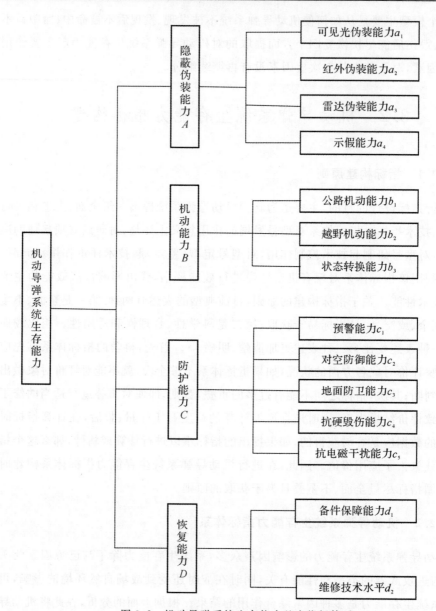

图 3.2　机动导弹系统生存能力基本指标体系

　　需要说明的是,一方面,为了使指标体系具有较强的通用性,某些仅对系统中单一或少数设备有影响且作用微弱的指标就不再进入本指标体系。另一方面,作为机动导弹系统生存能力的基本指标体系,对于生存能力有影响但可作为一个综合指标来对待的指标此处不再进行细分(如公路机动能力、抗毁能力等指标),以满足指标体系建立原则中"在不影响指标系统性的原则下,尽量减少指标数量"的简洁性原则。

3.3　机动导弹系统生存能力指标量化分析

针对上面建立的机动导弹系统生存能力基本指标体系,下一步的工作就是对指标进行量化分析,为本篇后续生存能力的论证分析奠定基础。

3.3.1　隐蔽伪装能力 A 的量化

1. 可见光伪装能力 a_1

可见光侦察是现阶段航天和航空侦察的重要手段之一,也是机动导弹系统在战场上面临的主要侦察威胁。可见光伪装能力与目标和环境背景的亮度相关[58],即

$$a_1 = \begin{cases} 1 & (r \leqslant 0.2) \\ 1 - \sqrt{\dfrac{r - 0.2}{0.2}} & (0.2 < r < 0.4) \\ 0 & (r \geqslant 0.4) \end{cases} \qquad (3.1)$$

式中, $r = \dfrac{|r_0 - r_b|}{r_0}$, r_0 , r_b 分别表示机动导弹系统亮度和背景亮度。

2. 红外伪装能力 a_2

多功能发射车在机动过程中和导弹发射时都会产生大量热辐射,极易被敌方红外侦察设备捕捉,因此红外侦察也是机动导弹系统面临的侦察威胁之一。红外伪装能力与机动导弹系统和环境背景的温度差 ΔT 相关[23],即

$$a_2 = \begin{cases} 0 & (\Delta T \geqslant 4) \\ 1 - \sqrt{\dfrac{\Delta T - 1}{3}} & (1 < \Delta T < 4) \\ 1 & (\Delta T \leqslant 1) \end{cases} \qquad (3.2)$$

3. 雷达伪装能力 a_3

雷达侦察装备在侦察卫星以及侦察飞机上应用比较广泛,其中比较典型的就是合成孔径雷达,其分辨率很高,对机动导弹系统的生存威胁较大。雷达伪装能力主要与雷达的截面形状和机动导弹系统的特征相关,可用类似于式(3.2)的方法量化。

4. 示假能力 a_4

示假是对抗敌方侦察监视的有效手段之一,示假能力主要与假目标数量、真目标数量以及假目标的逼真程度相关,即

$$a_4 = 假目标数 \times S / (真目标数 + 假目标数 \times S) \tag{3.3}$$

式中，S 为逼真度系数。

因此，机动导弹系统隐蔽伪装能力 A 可综合量化为

$$A = \sum_{i=1}^{4} \lambda_{a_i} a_i \tag{3.4}$$

式中，λ_{a_i} 为加权系数且满足 $\sum_{i=1}^{4} \lambda_{a_i} = 1$。

3.3.2　机动能力 B 的量化

机动导弹系统的机动能力是指机动导弹武器从某一位置转移到另一位置时快速而可靠的程度。它包括两层意思：一是机动导弹系统在导弹库、待机库或发射阵地被敌方侦察识别，为了避开敌方巡航导弹或航空兵的打击而迅速从存储、待机或发射状态转换到机动状态的能力；二是机动导弹系统在机动过程中，系统自身所具备的能够保持机动状态的能力。因此，机动能力直接影响到机动导弹武器的生存能力。对于机动能力的量化求解，在此提出一种层次分析与模糊评价相结合的方法。

（1）根据前面提出的机动导弹系统生存能力指标体系，考虑与机动能力相关的子指标以及它们之间的隶属关系，建立机动能力的层次分析结构模型，如图 3.3 所示。

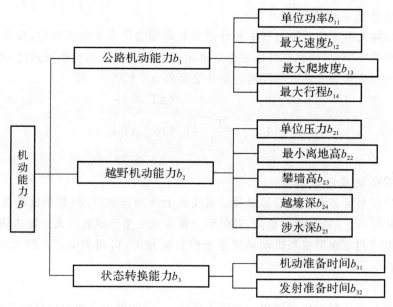

图 3.3　机动导弹系统机动能力的层次分析结构模型

（2）确定各基本层指标对目标层指标的权重 ω_i。先通过专家打分法构造判断矩阵，计算单一准则下元素的相对权重，再计算基本层指标对于目标层的组合权重。由于大家对层次分析法较为熟悉，在此不再赘述。

（3）对性能指标进行无量纲化和归一化处理。本层次分析模型中的各项性能指标，如最大速度、最大行程、机动准备时间等，各自属性不同、取值不同，量纲也不相同。因此必须采用一定的方法对它们进行无量纲化和归一化处理，转化为无量纲的相对值，才可以对机动能力进行综合评价与分析。

对于本层次模型中指标的无量纲化和归一化问题，本节采用模糊数学中有关隶属度和隶属函数的理论和方法进行求解。在模糊数学中，常用 $[0,1]$ 区间的一个实数来描述对象属于某一事物的程度，"0"表述为完全不隶属，"1"表述为完全隶属。隶属函数描述的就是从不隶属到隶属这一渐变过程。

假设对于给定论域 X 和任意的 $x \in X$，X 到 $[0,1]$ 区间的任一映射

$$\mu_B : X \rightarrow [0,1]$$
$$x \rightarrow \mu_B(x)$$

都能够确定 X 的一个模糊子集 B，那么就将 μ_B 定义成 B 的隶属函数，$\mu_B(x)$ 定义成 x 对于 B 的隶属度，每一项性能指标都对应一项隶属函数。比较常用的隶属函数有降半梯形分布、升半梯形分布、梯形分布、半矩形分布、矩形分布、三角形分布等。这里采用升半梯形分布作为某项指标的隶属函数

$$\mu(x) = \begin{cases} 0 & (x \leqslant b_1) \\ \dfrac{x - b_1}{b_2 - b_1} & (b_1 < x < b_2) \\ 1 & (x \geqslant b_2) \end{cases} \tag{3.5}$$

式中，b_1 为该指标的最小值；b_2 为该指标的最大值。

（4）量化机动能力。在计算出了各基本层指标对于目标层指标即机动能力的组合权重 ω_i，以及机动导弹系统该项指标值 x_i 对于其理想值的隶属度 $\mu(x_i)$ 后，就可用理想点法对系统的机动能力进行量化。基本层指标共有 11 项，则机动能力量化值

$$B = 1 - \sqrt{\sum_{i=1}^{11} \omega_i \left[1 - \mu(x_i) \right]^2} \tag{3.6}$$

3.3.3　防护能力 C 的量化

机动导弹系统的防护能力是指机动导弹系统被敌侦察识别之后，在遭受打击的情况下，仍能够维持系统生存状态的程度。这里的防护能力除了体现在机动导弹系统的预警能力、对空防御能力和地面防卫能力等之外，还包括硬杀伤防护能力和软杀伤防护能力等。

1. 预警能力 c_1

机动导弹系统战时的预警任务主要由其他军兵种的地面预警雷达、预警机以及预警卫星进行保障,预警能力的高低通过预警时间体现,而预警时间的长短又是由预警探测设备的性能决定的。因此,本节用 $[0,1]$ 区间的一个数来量化预警能力,"0"表示预警时间过短,不满足机动导弹系统生存作战所需最短时间;"1"表示预警时间大于等于机动导弹系统生存作战所需最长时间,即

$$c_1 = \begin{cases} 0 & (t < t_1) \\ \dfrac{t}{t_2} & (t_1 \leqslant t \leqslant t_2) \\ 1 & (t > t_2) \end{cases} \quad (3.7)$$

式中,t 表示预警系统的预警时间;t_1 表示机动导弹系统生存作战所需的最短预警时间;t_2 表示机动导弹系统生存作战所需的正常预警时间。

2. 对空防御能力 c_2

机动导弹系统面临的空中打击威胁主要是敌方作战飞机和巡航导弹,对这两类目标的拦截是对空作战的重点。由于机动导弹系统自身缺乏对空作战能力,战时对空防御任务也是由配属的其他军兵种防空部队来保障的,对空防御能力的高低通过对敌方作战飞机和巡航导弹拦截的成功率来体现。这个成功率与进攻武器和防御武器的性能相关,很难在每一次对空作战之前准确预测。因此,本节用 $[0,1]$ 区间的一个数来量化对空防御能力,"0"表示对于空中来袭目标完全不具备拦截能力;"1"表示能够成功拦截空中来袭目标。

3. 地面防卫能力 c_3

战时机动导弹系统除了面临来自空中的威胁外,也可能遭到敌方特种力量的地面袭扰。这虽然不是防卫战的重点,但是如果处理不当,很容易造成己方作战人员伤亡、武器装备损毁以及作战阵地遭到破坏等直接影响系统生存的严重后果。机动导弹部队自身虽然具备一定的地面防卫能力,但是这不足以满足地面防卫作战的需要,战时机动导弹系统的地面防卫作战力量也是由配属的其他军兵种来提供的。这也是一个定性的值,同样可以用 $[0,1]$ 区间的一个数进行量化表征。

4. 抗硬毁伤能力 c_4

机动导弹系统对硬杀伤的承受程度用抗硬毁伤能力进行量化,硬杀伤主要包括破片和冲击波两类杀伤要素,如图 3.4 所示。

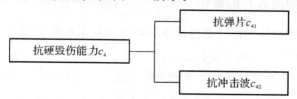

图 3.4　机动导弹系统抗硬毁伤能力分解图

(1) 量化抗弹片能力 c_{41}。精确制导炸弹、巡航导弹等常规武器对机动导弹系统的毁伤主要是通过其爆炸产生的高速弹片来作用的。通常认为这样的毁伤是服从扩散高斯毁伤律的,在此条件下,可按如下公式计算抗弹片能力:

$$c_{41} = 1 - \frac{\sigma_k^2}{\sqrt{(\sigma_k^2 + \sigma_x^2)(\sigma_k^2 + \sigma_y^2)}} \exp\left\{ -\frac{1}{2} \left[\frac{a^2}{\sigma_k^2 + \sigma_x^2} + \frac{b^2}{\sigma_k^2 + \sigma_y^2} \right] \right\} \tag{3.8}$$

式中,a,b 分别表示瞄准点的坐标;σ_x,σ_y 分别表示来袭武器的散布标准差;σ_k 表示扩散高斯毁伤参数,与打击目标类型、武器型号和武器爆炸方式相关。

(2) 量化抗冲击波能力 c_{42}。机动导弹系统抗冲击波能力可由下面经验公式给出[61]:

$$c_{42} = \begin{cases} 1 & (\Delta p < p_{\max}) \\ 0 & (\Delta p \geqslant p_{\max}) \end{cases} \tag{3.9}$$

$$\Delta p = 0.098 \left(1.06 \frac{q^{1/3}}{R} + 4.3 \frac{q^{2/3}}{R^2} + 14 \frac{q}{R^3} \right) \tag{3.10}$$

式中,Δp 为武器爆炸时产生的超压值(N/m^2);$p_{\max}$ 为机动导弹系统自身所能承受的最大超压值(N/m^2);R 表示弹着点与机动导弹系统目标之间的距离(m)与瞄准点、系统误差等因素有关(m)。

于是,可将机动导弹系统抗硬毁伤能力表示为

$$c_4 = \sum_{i=1}^{2} \lambda_{4i} c_{4i} \tag{3.11}$$

式中,λ_{4i} 为加权系数且满足 $\sum_{i=1}^{2} \lambda_{4i} = 1$。

5. 抗电磁干扰能力 c_5

抗电磁干扰能力也就是机动导弹系统的抗软毁伤能力,机动导弹系统包含大量的电子设备,战时敌方使用各种电子战武器对机动导弹系统进行打击时,会造成电子元器件失效或毁伤,进而造成系统无法继续作战。机动导弹系统对于电磁干扰的防护性能主要从系统的电磁敏感度和电磁兼容性两方面进行衡量,如图 3.5 所示。

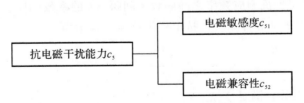

图 3.5　机动导弹系统抗电磁干扰能力分解图

(1) 量化电磁敏感度 c_{51}。电磁敏感度[Electromagnetic Susceptibility]指的是电子元器件、设备、分系统或者系统在受到电磁辐射时所表现出来的运行性能不降

低的能力。这项指标反映的是电子设备或系统对外界影响因素的抵抗能力,主要是对抗敌方恶意释放的电磁干扰,可表示为

$$c_{51} = (PT_0 B_S G) S_A S_S S_M S_P S_C S_N S_J \tag{3.12}$$

式中,P 表示机动导弹系统的雷达发射功率;T_0 表示干扰信号的持续时间;B_S 表示干扰信号带宽;G 表示雷达的天线增益;S_S 表示天线副瓣因子;S_A 表示频率跳变因子;S_M 表示 MTI 质量因子;S_P 表示天线极化可变因子;S_C 表示恒虚警率处理因子;S_N 表示"宽-限-窄"电路的抗干扰改善因子;S_J 表示重复晶的频率抖动因子。

(2)量化抗电磁兼容性 c_{52}。 电磁兼容性(Electromagnetic Compatibility)指的是电子设备或系统在其电磁环境下能够正常工作,并且不对该环境中的任何事物产生不能承受的电磁干扰的能力。它和大家熟知的安全性类似,是电子产品质量的一项重要指标,该项指标主要反映的是系统自身的抗扰能力。对于该项性能指标,国内外普遍采用四级筛选原理对其进行分级预测,即幅度筛选、频率筛选、详细预测和性能分析。为了确定单个发射源和单个敏感度设备之间的电磁干扰,应先将干扰源函数和包括天线函数与耦合途径函数在内的传输函数组合起来,以得到在敏感设备处的有效功率。然后,对比敏感度函数与有效功率来确定是否存在潜在的干扰。系统间的干扰分析只需考虑辐射干扰的情况,主要是考虑机动导弹系统发射源天线与敏感器天线之间的耦合[62],可表示为

$$IM(f,t,d,p) = I/N = P_1(f_1) + G_1(f_1,t,d,p) - L(f_1,t,d,p) +$$
$$G_2(f_1,t,d,p) - P_2(f_2) + C_F(B_1,B_2,\Delta f) \tag{3.13}$$

$$c_{52} = \frac{IM}{IM_0} \tag{3.14}$$

式中,IM 表示干扰裕量(dBm);IM_0 表示机动导弹系统固有的抗自扰裕量(dBm);$P_1(f_1)$ 表示在发射频率为 f_1 时的发射功率(dBm);$G_1(f_1,t,d,p)$ 表示在发射天线方向上频率为 f_1 时对应接收天线方向上的增益(dB);$L(f_1,t,d,p)$ 表示在频率为 f_1 时收发天线间的传输函数(dB);$G_2(f_1,t,d,p)$ 表示发射天线方向上频率为 f_1 时对应接收天线方向上的增益(dB);$P_2(f_2)$ 表示在响应频率为 f_2 时接收机的敏感度门限值(dBm);$C_F(B_1,B_2,\Delta f)$ 表示发射机带宽 B_1、接收机带宽 B_2 以及发射机发射频率到接收机响应频率之间的频率间隔 Δf 的系数(dB)。

于是,可以将机动导弹系统的抗电磁干扰能力表示为

$$c_5 = \sum_{i=1}^{2} \lambda_{5i} c_{5i} \tag{3.15}$$

式中,λ_{5i} 为加权系数且满足 $\sum_{i=1}^{2} \lambda_{5i} = 1$。

综上分析,将机动导弹系统防护能力综合量化为

$$C = \sum_{i=1}^{5} \lambda_{ci} c_i \tag{3.16}$$

式中,λ_{ci} 为加权系数且满足 $\sum\limits_{i=1}^{5}\lambda_{ci}=1$。

3.3.4　恢复能力 D 的量化

机动导弹系统的恢复能力是指机动导弹系统在遭受敌航空兵或巡航导弹打击后系统生存状态能够迅速得以恢复的程度,主要取决于系统的备件保障能力和维修技术水平。

其中,备件保障能力可以用备件器材的保障供应置信度 $Q(t)$ 来进行量化,$Q(t)$ 表示在 t 时间内系统所需的维修资源保障满足修复要求的概率程度。

维修技术水平用维修度 $M(t)$ 来进行量化,$M(t)$ 表示在 t 时间内完成一次战损修复的概率,t 是系统遭袭后到完成战斗准备的所需时间。

因此,机动导弹系统的恢复能力 D 可以量化为

$$D=M(t)Q(t) \tag{3.17}$$

第4章 机动导弹系统研制论证中的生存能力分析建模

针对机动导弹武器系统研制开展导弹生存能力的论证分析是一项十分复杂的系统工程,同时又具有十分重要的意义,它是机动导弹系统研发过程中必须的一项工作。机动导弹系统研制过程中的生存能力论证建模主要是针对新型号系统预研设计方案进行的论证分析工作,系统预研设计方案生存能力论证的目的是检验设计的新型号系统的生存能力能否满足规定的作战需求,只有满足作战需求的预研设计方案才能进行研发工作。如果经过对预研设计方案的论证分析,发现设计的新型号系统生存能力不能满足未来作战需求,则需要对方案进行适当的修改,然后再进行论证,这是一个不断反馈和修改的过程。

4.1 论证模式分析

4.1.1 论证的一般模式分析

所谓论证模式就是对论证过程客观规律的表述,是论证人员进行装备论证时所必须遵守的最一般的活动规律。根据构成论证系统的基本要素及其活动规律,从事论证活动必然包括如下过程:分析问题、提出方案、评审方案。它们之间既具有一定的相对独立性,又在论证过程中相互衔接,存在着特定的逻辑关系,论证的一般模式如图 4.1 所示。

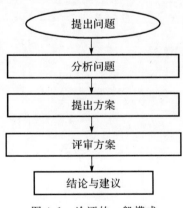

图 4.1 论证的一般模式

4.1.2　武器装备论证的基本模式分析

根据上述论证的一般模式,结合武器装备论证的客观规律,可以将武器装备论证的基本模式用图 4.2 进行描述。

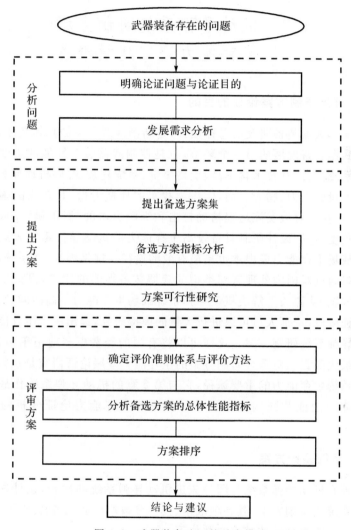

图 4.2　武器装备论证的基本模式

在武器装备论证中,分析某项武器装备论证问题的主要内容包括弄清论证问题与论证目的,继而开展解决这一武器装备论证问题的必要性分析。必要性分析是武器装备论证的前期环节,也是解决该项论证问题的前提。在明确了论证问题和论证目的之后,便可进行下一步的工作——寻求解决武器装备论证问题与达到论证目的的备选方案。实际上,提出备选方案的过程是一个系统生成的过程。经过分析问题和提出方案两个过程,解决武器装备论证问题的备选方案已经清晰明朗了。但是,这个方案不可能马上付诸实践,还需要对其进行评审,以判断其是否满足预期的物质性和精神性效果。

4.2 机动导弹系统研制方案生存能力论证建模准备

4.2.1 开展研制方案论证的目的

研制方案是武器装备研发的总体设计,是新型武器装备的总体蓝图,进行系统方案设计是武器装备发展的第一个环节,也是控制武器装备性能的重要环节。对于机动导弹系统而言,其技术含量高、价格昂贵、系统复杂,开展机动导弹系统的研发需要投入大量的人力、物力。而且,作为我军的战略力量,其在我国国防建设中的地位显著,是我军对敌实施远程精确打击和纵深突击的"撒手锏"。从机动导弹系统研制的角度出发,设计研制具备较高生存能力的机动导弹系统方案是提高机动导弹系统战场生存能力最根本也是最有效的途径。这是因为,在系统设计阶段,研究人员可以通过对国内外现有同类型的武器装备性能的比较,设计出性能指标较高的系统方案,从源头上解决机动导弹系统战场生存能力不高的问题。另外,在设计方案论证阶段,论证人员可以进行大量的模拟研究,提出一个生存能力最令人满意的机动导弹系统研制方案。这样可以将有限的经费更多地用于装备的研发,实现资源的最优配置。对系统研制方案的生存能力开展论证研究是从技术层面提高机动导弹系统生存能力的重要途径,它与第5章的机动导弹系统作战方案在运用中的生存能力论证共同构成了机动导弹系统生存能力论证分析的两个主要方面。

4.2.2 系统设计方案

通过对现有机动导弹系统与国外先进机动导弹系统的比较,设计出一种新型号机动导弹系统的研制方案,其各项战术、技术参数均已通过各种方法设定。假设该方案中与生存能力相关的基本参数如下。

1.使用环境设计

(1)野战使用环境。

环境温度:−×℃~×℃。

相对湿度:小于等于×%。

地面风速:平均速度为× m/s,最大瞬时速度不大于× m/s。

天候:昼夜、阴天、中雨(雪)、重雾、沙尘等(能见度不低于× m)。

高程:发射点海拔不大于× m,通过海拔不低于× m。

道路条件:Ⅳ级公路、急造土路和越野路面。

(2)导弹库使用环境。

环境温度:+×℃～+×℃。

相对湿度:×%～×%。

高程:海拔不大于× m。

2.伪装设计

该机动导弹系统地面车辆采用全流程、全波段、多样化伪装。全流程,即伪装措施满足整个作战流程的需求,在野外待机、公路机动、占领发射阵地三个阶段,均有相应的伪装手段和措施;全波段,即伪装装备能够对抗光学、红外和雷达全波段侦察;多样化,即伪装手段采取隐真与示假相结合的方式,不同作战阶段变换不同的伪装方式。

同时,伪装措施不会降低武器系统的作战使用性能,伪装器材可靠、实用、经济,与战场环境结合紧密,力求综合伪装性能最佳;各种伪装器材均能随车携带,操作简便;单项伪装措施的操作时间不超过× min。

3.机动设计

(1)机动距离。一次最大机动距离不小于× km,其中允许越野机动里程不小于× km,Ⅳ级公路里程为× km。累积机动距离为× km,其中允许越野机动里程不小于× km,Ⅳ级公路里程× km。

续驶里程为不小于× km。

(2)机动速度。Ⅳ级公路平均速度为× km/h,最大机动速度为× km/h,Ⅳ级以上路面最大速度可达到× km/h。急造土路、越野路面平均机动速度为× km/h,最大机动速度为× km/h。

(3)越野能力。多功能导弹发射车载弹机动时,具备涉水深× m,越沟宽× m,越障高× m,爬坡×°的越野能力,可通过急造土路、水网稻田、硬底沙漠等。

(4)跨区作战能力。跨区作战时,多功能发射车和导弹运输车载弹,经过铁路机动运输后,再经公路(含越野)机动运输至发射阵地实施发射。一次运输最大距离为× km,最大铁路机动速度不大于× km/h。

4.准备时间

(1)发射阵地准备时间。光学直瞄下的发射准备时间为× min。

(2)撤收时间。带弹撤收时间不大于× min,不带弹撤收时间不大于× min。

5.防护设计

(1)硬防护。机动导弹系统导弹库及待机库防护门的抗力为× N/cm²,多功能发射车的抗压强度为× N/cm²。

（2）软防护。系统在工作过程中，具备兼容内部电磁环境和抗外部电磁环境的能力，可保持导弹武器系统在各种任务剖面内能够正常工作。

机动导弹系统在阵地的电磁环境要求：

1）抗间接雷击距离×m，频率为×kHz～×MHz，场强为×V/m～×V/m；

2）抗敌方造成的外界电磁环境×MHz～×GHz，场强为×V/m。

导弹的电磁环境要求：

允许×A～×A的瞬时雷电流通过弹体。

（3）预警、防空及地面防卫。这三项由配属的空军、陆军及其他力量保障。

6. 维修设计

该机动导弹系统在参考其他导弹系统型号系统的基础上，提高武器系统的维修性，对于需要维护的设备力求做到拆装方便，可达性好。同时做到降低对维修人员、设备的要求，减少检测内容，延长检测周期。维修体制符合基地级、中继级、基层级维修级别的要求。

导弹备件到单机、零部件；重要单机、零部件按不大于×∶1备件；一般单机、零部件按不大于×∶1和不大于×∶1备件；导弹的返厂维修率小于×％。地面设备备到模块、插件、部件；重要模块、插件、部件按不大于×∶1备件；一般模块、插件、部件按不大于×∶1备件。

发射准备阶段的平均修复时间为×min，最大为×min；技术准备阶段的平均修复时间为×min；待机阶段的最大修复时间为×min。

多功能导弹发射车检修周期：×年或者×km运输距离，或者工作时间达×h。

多功能发射车的大修周期为×年或者大修里程为×km。

4.2.3 机动导弹系统生存能力论证指标体系

从机动导弹系统的隐蔽伪装能力、机动能力、防护能力和恢复能力四个方面建立机动导弹系统生存能力的基本指标体系，在进行生存能力论证时参照第3章提出的指标体系，此处不再赘述。

4.3 机动导弹系统研制方案生存能力论证模型

在提出了机动导弹系统的预研设计方案和系统生存能力的基本指标体系之后，就进入对方案进行评审的阶段。由于机动导弹系统生存能力的基本指标体系中，既有可控因素，又有不可控因素，而且这些因素对机动导弹系统生存能力的影响都有相当程度的模糊性和随机性，难以进行绝对的度量。鉴于此，本节提出了一种基于相邻优属度熵权的机动导弹系统研制方案生存能力模糊综合评判模型。

4.3.1　模糊综合评判模型

本节提出的模糊综合评判模型是在模糊集理论的基础上,应用模糊关系合成原理,从多个因素对被评判对象隶属等级状况进行综合评判的一种方法。它通过建立在模糊集合概念上的数学规则,能够对不可量化和不精确的概念采用模糊隶属函数进行表达和处理。近年来,模糊综合评判模型已逐步推广到军事领域,应用于武器装备的论证工作中,成为军事系统工程学科中用于系统方案评审的重要方法。下面结合上述机动导弹系统研制设计方案和生存能力基本指标体系,构建机动导弹系统研制方案生存能力的模糊综合评判模型。

1.评判等级集合的确定

以机动导弹系统的生存概率作为评判系统生存能力的标准,可将机动导弹系统生存能力划分为 5 个等级:低、较低、一般、较高、高,分别用 Ⅰ,Ⅱ,Ⅲ,Ⅳ,Ⅴ 表示,这样得到评价等级集合为

$$V = \{ \text{Ⅰ}, \text{Ⅱ}, \text{Ⅲ}, \text{Ⅳ}, \text{Ⅴ} \}$$

评判等级与机动导弹系统生存概率的对应关系见表 4.1。表中所列的概率值实际上是评判等级的量化指标或者分级标准。

表 4.1　评判等级的量化指标

评判等级	Ⅰ	Ⅱ	Ⅲ	Ⅳ	Ⅴ
机动导弹系统生存概率	0.2 以下	0.21～0.4	0.41～0.6	0.61～0.8	0.8 以上

2.评判因素子集的确定

根据第 3 章的分析,影响机动导弹系统生存能力的 14 种因素如下:① 可见光伪装能力 a_1;② 红外伪装能力 a_2;③ 雷达伪装能力 a_3;④ 示假能力 a_4;⑤ 公路机动能力 b_1;⑥ 越野机动能力 b_2;⑦ 状态转换能力 b_3;⑧ 预警能力 c_1;⑨ 对空防御能力 c_2;⑩ 地面防卫能力 c_3;⑪ 抗硬毁伤能力 c_4;⑫ 抗电磁干扰能力 c_5;⑬ 备件保障能力 d_1;⑭ 维修技术水平 d_2。

指标的量化分析在第 3 章中均有介绍,这里不再赘述。需要说明的是,有些指标的量化还需要考虑其下级子指标,如公路机动能力、抗电磁干扰能力等。还有一些指标,虽然提出了量化公式,但是由于数据方面的原因难以准确进行定量计算,此时将其按定性指标处理,量化为 $[0,1]$ 之间的一个值,数值越大表示该单项能力越高,反之则越低。

综上分析,得到评判因素子集 $V = \{ v_1, v_2, \cdots, v_{14} \}$。

3.机动导弹系统研制方案生存能力的二级模糊综合评判

根据评判因素的不同属性,将评判因子划分为 4 个子集:

$$V_1 = \{a_1, a_2, a_3, a_4\}, \quad V_2 = \{b_1, b_2, b_3\}$$
$$V_3 = \{c_1, c_2, c_3, c_4, c_5\}, \quad V_4 = \{d_1, d_2\}$$

式中,V_1 反映了系统的隐蔽伪装能力对生存能力的影响;V_2 反映了系统的机动能力对生存能力的影响;V_3 反映了系统的防护能力对生存能力的影响;V_4 反映了系统的恢复能力对生存能力的影响。

为了分析的方便,可将 $a_1 \sim a_4$ 用 $v_1 \sim v_4$ 来表示,$b_1 \sim b_3$ 用 $v_5 \sim v_7$ 表示,$c_1 \sim c_5$ 用 $v_8 \sim v_{12}$ 表示,$d_1 \sim d_2$ 用 $v_{13} \sim v_{14}$ 表示。

根据上述分析,可以建立机动导弹系统生存能力的二级模糊综合评判模型。

第一级分别对在 V_1, V_2, V_3, V_4 四个因素子集中同因素影响下的机动导弹系统生存能力进行评判,模型[算子"$*$"取 $M(\cdot, +)$]为

$$\underset{\sim 1}{B} = \underset{\sim 1}{A} * \underset{\sim 1}{R} \tag{4.1}$$

$$\underset{\sim 2}{B} = \underset{\sim 2}{A} * \underset{\sim 2}{R} \tag{4.2}$$

$$\underset{\sim 3}{B} = \underset{\sim 3}{A} * \underset{\sim 3}{R} \tag{4.3}$$

$$\underset{\sim 4}{B} = \underset{\sim 4}{A} * \underset{\sim 4}{R} \tag{4.4}$$

式中,$\underset{\sim 1}{A}, \underset{\sim 2}{A}, \underset{\sim 3}{A}, \underset{\sim 4}{A}$ 分别为 V_1, V_2, V_3, V_4 中的评判因素权重集,是评判因素集 V 的模糊子集;$\underset{\sim 1}{R}, \underset{\sim 2}{R}, \underset{\sim 3}{R}, \underset{\sim 4}{R}$ 分别为 V_1, V_2, V_3, V_4 与评判等级集合 V 之间的模糊关系矩阵,其形式为

$$\underset{\sim 1}{R} = \begin{bmatrix} r_{11,1} & r_{11,2} & r_{11,3} & r_{11,4} & r_{11,5} \\ r_{12,1} & r_{12,2} & r_{12,3} & r_{12,4} & r_{12,5} \\ r_{13,1} & r_{13,2} & r_{13,3} & r_{13,4} & r_{13,5} \\ r_{14,1} & r_{14,2} & r_{14,3} & r_{14,4} & r_{14,5} \end{bmatrix}, \quad \underset{\sim 2}{R} = \begin{bmatrix} r_{21,1} & r_{21,2} & r_{21,3} & r_{21,4} & r_{21,5} \\ r_{22,1} & r_{22,2} & r_{22,3} & r_{22,4} & r_{22,5} \\ r_{23,1} & r_{23,2} & r_{23,3} & r_{23,4} & r_{23,5} \end{bmatrix}$$

$$\underset{\sim 3}{R} = \begin{bmatrix} r_{31,1} & r_{31,2} & r_{31,3} & r_{31,4} & r_{31,5} \\ r_{32,1} & r_{32,2} & r_{32,3} & r_{32,4} & r_{32,5} \\ r_{33,1} & r_{33,2} & r_{33,3} & r_{33,4} & r_{33,5} \\ r_{34,1} & r_{34,2} & r_{34,3} & r_{34,4} & r_{34,5} \\ r_{35,1} & r_{35,2} & r_{35,3} & r_{35,4} \end{bmatrix}, \quad \underset{\sim 4}{R} = \begin{bmatrix} r_{41,1} & r_{41,2} & r_{41,3} & r_{41,4} & r_{41,5} \\ r_{42,1} & r_{42,2} & r_{42,3} & r_{42,4} & r_{42,5} \end{bmatrix}$$

$\underset{\sim 1}{B}, \underset{\sim 2}{B}, \underset{\sim 3}{B}, \underset{\sim 4}{B}$ 分别为对应于 V_1, V_2, V_3, V_4 的机动导弹系统生存能力的一级评判结果,它们都是评判等级集合 V 上的模糊子集。

在一级评判的基础之上,进行二级综合评判,其模型为

$$\underset{\sim}{B} = \underset{\sim}{A} * \begin{bmatrix} \underset{\sim 1}{B} \\ \underset{\sim 2}{B} \\ \underset{\sim 3}{B} \\ \underset{\sim 4}{B} \end{bmatrix} \tag{4.5}$$

式中,A 为 V_1,V_2,V_3,V_4 这四类评判因素的权重集,即将 V_1,V_2,V_3,V_4 这四个因素子集视为 V 中四个集合元素各自的权重;B 为总的评判结果。

4. 模糊关系矩阵的确定

确定模糊关系矩阵 R_1,R_2,R_3,R_4 就是要确定矩阵元素 $r_{i,j}$,而 $r_{i,j}$ 就是只考虑评判因素 $v_i(i=1,2,\cdots,14)$ 时机动导弹系统生存能力对评判等级 $j(j=1,2,\cdots,5)$ 的隶属度 $\mu_{ij}(v_i)$,这样就将求矩阵元素的问题转化为了求评判因素对评判等级的隶属度的问题。

评判因素 $v_i(i=1,2,\cdots,14)$ 相对于 Ⅰ,Ⅱ,Ⅲ,Ⅳ,Ⅴ 这五个等级的隶属函数均可取为如下的正态分布形式:

$$\mu_{ij}(v_i)=\exp\left[-\left(\frac{v_i-m_{ij}}{\sigma_{ij}}\right)^2\right] \quad (i=1,2,\cdots,14,\quad j=1,2,3,4) \quad (4.6)$$

式中,m_{ij} 表示第 i 个因素 $v_i(i=1,2,\cdots,14)$ 对第 j 个等级的统计值的平均值;σ_{ij} 为第 i 个因素 $v_i(i=1,2,\cdots,14)$ 对第 j 个等级的统计值的均分差。

假定对于同一评判因素,其统计值的均方差 σ_{ij} 对任一评判等级都是相等的,即 $\sigma_{ij}=\sigma_i(j=1,2,3,4,5)$。根据经验及有关统计资料,确定 $m_{ij}(i=1,2,\cdots,14,j=1,2,3,4,5),\sigma_i(i=1,2,\cdots,14)$。为了简化,本节将指标值处理成 $[0,1]$ 的效益型指标,并将其列入表 4.2。

表 4.2　评判因素在 Ⅰ,Ⅱ,Ⅲ,Ⅳ,Ⅴ 等五个评判等级的均值

	Ⅰ	Ⅱ	Ⅲ	Ⅳ	Ⅴ
v_1	0.20	0.40	0.55	0.70	0.92
v_2	0.25	0.35	0.60	0.72	0.85
v_3	0.30	0.45	0.65	0.78	0.90
v_4	0.16	0.38	0.56	0.79	0.88
v_5	0.35	0.47	0.64	0.75	0.87
v_6	0.18	0.32	0.53	0.72	0.81
v_7	0.12	0.28	0.46	0.63	0.82
v_8	0.19	0.31	0.48	0.64	0.86
v_9	0.33	0.44	0.53	0.68	0.87
v_{10}	0.35	0.48	0.57	0.69	0.84
v_{11}	0.30	0.42	0.56	0.70	0.82
v_{12}	0.26	0.38	0.53	0.66	0.84

续 表

	Ⅰ	Ⅱ	Ⅲ	Ⅳ	Ⅴ
v_{13}	0.32	0.44	0.55	0.71	0.83
v_{14}	0.28	0.41	0.54	0.70	0.85

评判因素在 Ⅰ,Ⅱ,Ⅲ,Ⅳ,Ⅴ 等五个评判等级的均方差见表 4.3。

表 4.3　评判因素在 Ⅰ,Ⅱ,Ⅲ,Ⅳ,Ⅴ 等五个评判等级的均方差

σ_1	σ_2	σ_3	σ_4	σ_5	σ_6	σ_7	σ_8	σ_9	σ_{10}	σ_{11}	σ_{12}	σ_{13}	σ_{14}
0.44	0.13	0.45	0.30	0.31	0.26	0.52	0.41	0.33	0.48	0.18	0.38	0.43	0.28

4.3.2　基于相邻优属度熵权的权重确定方法

权重是描述目标相对重要程度的数值,是方案评审中不可或缺的一部分。由于权重是人们知识经验的积累与反映,因此就本质而言,权重是一个主观概念,也是一个模糊概念。目前,权重的确定方法主要有三类:主观赋权法、客观赋权法和综合赋权法[24-26]。

主观赋权法是根据各个目标的主观重视程度进行赋权的一类方法。它主要有专家调查法、层次分析法、环比评分法、比较矩阵法、二项系数法等。由于在很多复杂系统的评审中都存在大量的不确定性因素,因此导致主观赋权法所得到的结果带有较大的主观任意性,从而影响了其评审结果的真实性和可靠性[27-30]。

客观赋权法是依据一定的规律或规则对各个目标进行自动赋权的方法[31],它主要有均方差法、熵值赋权法、多目标规划法、模糊迭代法等。这些方法一般只有在评审方案数远大于目标数时才能得出合理的权重,而在评审方案数较少,尤其在方案数少于目标数时,往往会导致权重出现负值,从而给评审和决策带来困难。

综合赋权法是将主观分析和客观赋权相结合的一种方法,即权重中既包含主观信息又包含客观信息。这类方法多采用定性与定量相结合的思想,从而使权重既能体现专家的主观意志,又能较好地反映问题的客观情况[32]。

1. 相邻优属度熵权的基本理论

基于相邻目标相对优属度的权重确定方法是在有限二元比较法的基础上提出的一种求取权重的方法,其原理是[33-34],对于目标集 $O = \{o_1, o_2, \cdots, o_m\}$ 中的所有目标做关于重要性的排序,可得到符合排序一致性原则的 m 个目标关于重要性的排序,假设为

$o_1 > o_2 > \cdots > o_m$,其中 $o_i > o_j$ 表示 o_i 比 o_j 重要。

定义　基于排序一致性$o_1 > o_2 > \cdots > o_m$,对目标集O中的目标作关于重要性程度的二元比较:

当o_k比o_l重要时,$0.5 < \beta_{kl} \leqslant 1$;

当o_l比o_k重要时,$0 \leqslant \beta_{kl} < 0.5$;

当o_k与o_l一样重要时,$\beta_{kl} = 0.5$,特别地,$\beta_{kk} = 0.5$,且$\beta_{kl} = 1 - \beta_{lk}$。

我们称β_{kl}为目标o_k对o_l的相对重要性模糊标度值,称$\beta_{k,k+1}$为相邻目标相对重要性模糊标度值。其中$k = 1, 2, \cdots, m; l = 1, 2, \cdots, m$。

基于上述定义及相对隶属度原理,有如下结论:

在目标关于重要性的排序$o_1 > o_2 > \cdots > o_m$下,由相邻目标相对重要性模糊标度值$\beta_{k,k+1}(k = 1, 2, \cdots, m-1)$,必可求得目标相对重要性模糊标度值$\beta_{kl}(k = 1, 2, \cdots, m, l = 1, 2, \cdots, m)$。

对于目标o_k,它与所有目标做关于重要程度的二元比较后得到:$\beta_{k,1}, \beta_{k,2}, \cdots, \beta_{k,k}, \beta_{k,k+1}, \cdots, \beta_{k,m}$,其中相邻目标相对重要性模糊标度值$\beta_{k,k+1}$已知。由目标相对重要性模糊标度值的定义可知,$\beta_{kk} = 0.5, \beta_{kl} = 1 - \beta_{lk}$,因此只需求$\beta_{k,k+2}, \beta_{k,k+3}, \cdots, \beta_{km}$,即得上述结论。

由目标排序$o_1 > o_2 > \cdots > o_m$可知,$\beta_{k,k+1} \in [0.5, 1]$,$\beta_{k,k+2} \in [\beta_{k,k+1}, 1]$,$\cdots$,$\beta_{k,m} \in [\beta_{k,m-1}, 1]$,它们在数轴$0 - \beta_{kl}$上的关系可以用图4.3表示。

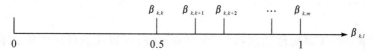

图4.3　相对于目标的o_k的模糊标度值

考察$\beta_{k,k+2}$与$\beta_{k,k+1}$及$\beta_{k+1,k+2}$之间的关系。在数轴$0 - \beta_{kl}$上,$\beta_{k,k+2} \in [\beta_{k,k+1}, 1]$;在数轴$0 - \beta_{k+1,l}$上,$\beta_{k+1,k+2} \in [\beta_{k+1,k+1}, 1] = [0.5, 1]$,参见图4.4。

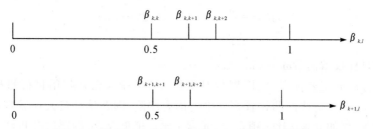

图4.4　模糊标度值$\beta_{k,k+2}$和$\beta_{k+1,k+2}$之间的投影关系

记

$$\beta_{k+1,k+2}^{(k)} = \beta_{k,k+2} - \beta_{k,k+1} \tag{4.7}$$

$$\beta_{k+1,k+2}^{(k+1)} = \beta_{k+1,k+2} - \beta_{k+1,k+1} = \beta_{k+1,k+2} - 0.5 \tag{4.8}$$

则$\beta_{k+1,k+2}^{(k)}$和$\beta_{k+1,k+2}^{(k+1)}$分别是以o_k和o_{k+1}为基准做相对重要性程度比较时,$\beta_{k,k+2}$与

$\beta_{k+1,k+1}$ 之间的差值,是同一问题在不同坐标系下的不同表述。

将 $\beta_{k+1,k+2}^{(k+1)}$ 从坐标系 $0-\beta_{k+1,l}$ 的 $[0.5,1]$ 区间投影到坐标系 $0-\beta_{kl}$ 的 $[\beta_{k,k+1},1]$ 区间上,即将 $\beta_{k+1,k+2}^{(k+1)}$ 转换为 $\beta_{k+1,k+2}^{(k)}$,有

$$\frac{\beta_{k+1,k+2}^{(k)}}{(1-\beta_{k,k+1})}=\frac{\beta_{k+1,k+2}^{(k+1)}}{0.5} \tag{4.9}$$

$$\beta_{k+1,k+2}^{(k)}=2\beta_{k+1,k+2}^{(k+1)}(1-\beta_{k,k+1}) \tag{4.10}$$

由式(4.8)和式(4.10)可得

$$\beta_{k,k+2}=\beta_{k,k+1}+2(1-\beta_{k,k+1})(\beta_{k+1,k+2}-0.5) \tag{4.11}$$

同理,可推广得到一个统一的递推公式

$$\beta_{k,l}=\beta_{k,l-1}+2(1-\beta_{k,l-1})(\beta_{l-1,l}-0.5) \tag{4.12}$$

也就是可以由相邻目标的相对重要性模糊标度值来求得任何两个目标的相对重要性模糊标度值。

对于下三角元素,可由互补关系 $\beta_{kl}=1-\beta_{lk}$ 求得。从而得到目标关于重要性的有序二元比较矩阵

$$\boldsymbol{\beta}=\begin{bmatrix} \beta_{11} & \beta_{12} & \cdots & \beta_{1m} \\ \beta_{21} & \beta_{22} & \cdots & \beta_{2m} \\ \vdots & \vdots & & \vdots \\ \beta_{m1} & \beta_{m2} & \cdots & \beta_{mm} \end{bmatrix}=(\beta_{kl}) \quad (k=1,2,\cdots,m; \quad l=1,2,\cdots,m)$$

$$\tag{4.13}$$

显然,矩阵 $\boldsymbol{\beta}$ 每行模糊标度值之和(不含自身比较)可以代表目标的相对重要性,也可以看作是非归一化的目标权重

$$\omega'_k=\sum_{l=1}^m \beta_{kl} \quad (k=1,2,\cdots,m; \quad l=1,2,\cdots,m; \quad k\neq l) \tag{4.14}$$

经归一化处理后得

$$\omega_k=\frac{\omega'_k}{\sum_{k=1}^m \omega'_k} \quad (k=1,2,\cdots,m) \tag{4.15}$$

从而得到目标权重向量 $\boldsymbol{\omega}=\begin{bmatrix} \omega_1 & \omega_2 & \cdots & \omega_m \end{bmatrix}^T$。

这种方法的主要优点:以模糊相对隶属度为基础,充分利用目标排序的一致性,克服了层次分析法两两比较判断中的固有缺陷,即互反性二元比较判断矩阵的一致性问题(例如元素 i 比 j 稍重要,元素 j 比 k 稍重要,根据层次分析法规定的标度有 $a_{ij}=3$, $a_{jk}=3$。按一致性矩阵的准则,有 $a_{ik}=a_{ij}a_{jk}=9$,而层次分析法的重要性标度为 $1\sim9$,其中标度 9 的含义为极端重要,也就是说,元素 i 比元素 k 极端重要。显然,这一判断与日常语言习惯不符合,也不合理),使得权重的确定符合决策过程的逻辑思路,也符合人们在给出目标排序前提下用两两比较来判断重要性的思维习惯,同时减少了决策者给定相对重要性判断的次数,当目标数量较多时,评

审和决策的过程更为简洁和方便。

但是,这种方法虽然采用了模糊标度来反映处理问题当中所遇到的不确定性问题,但仍然需要专家或专业人员给出相邻目标的相对重要性,因此本质上来说该方法仍然是一种主观赋权法。针对此不足,提出基于相邻优属度熵权的权重确定方法,利用熵可以作为不确定性特别是随机不确定性客观量度的特点,来求取权重。

熵来源于热力学,后被引入信息论,作为系统状态不确定性的一种度量,目前已在工程技术、经济社会中得到了广泛应用[35-36]。

假设系统可能具有的状态有 n 种,每种状态出现的概率为 $P_i (i=1,2,\cdots,n)$,则该系统的熵

$$E=-\sum_{i=1}^{n} P_i \ln P_i \qquad (4.16)$$

式中,P_i 满足 $0 \leqslant P_i \leqslant 1$;$\sum_{i=1}^{n} P_i = 1$。

设有 n 个待评对象,m 个评估指标,则有评估矩阵 $\boldsymbol{R}=(r_{ij})_{n \times m}$。对于某个指标 r_j,其信息熵

$$E_j=-\sum_{i=1}^{n} P_{ij} \ln P_{ij} \qquad (4.17)$$

式中,$p_{ij}=r_{ij}/\sum_{i=1}^{n} r_{ij}, j=1,2,\cdots,m$。

熵可以用来衡量某一指标对目标价值高低的影响程度,即确定各个指标的客观权重。

构造评价矩阵。设有 n 个待评对象,m 个评价指标,则评价矩阵

$$\boldsymbol{R}=\begin{bmatrix} r_{11} & r_{12} & \cdots & r_{1m} \\ r_{21} & r_{22} & \cdots & r_{2m} \\ \vdots & \vdots & & \vdots \\ r_{n1} & r_{n2} & \cdots & r_{nm} \end{bmatrix}$$

评价矩阵中的定性指标可以利用多种方法将其量化,比如多级比例法等,在此不再赘述。

进行归一化处理。由于指标体系中的各个指标具有不同的量纲,因此需要进行归一化处理。对于正指标(越大越好),有

$$r'_{ij}=\frac{r_{ij}}{\max(r_{1j},r_{2j},\cdots,r_{nj})} \qquad (4.18)$$

对于适度指标(越接近某一值越好),有

$$r'_{ij}=\frac{1}{(1+|a-r_{ij}|)} \quad (a \text{ 为理想值}) \qquad (4.19)$$

对于负指标(越小越好),有

$$r'_{ij} = \frac{\min(r_{1j}, r_{2j}, \cdots, r_{nj})}{r_{ij}} \qquad (4.20)$$

于是得到处理后的评价矩阵 $\boldsymbol{R}' = (r'_{ij})_{n \times m}$。

（1）计算各指标的熵值与相对熵值。

各指标的熵值

$$E_j = -\sum_{i=1}^{n} d_{ij} \ln d_{ij} \qquad (4.21)$$

式中，$d_{ij} = \dfrac{r'_{ij}}{\sum\limits_{i=1}^{n} r'_{ij}}$，$j = 1, 2, \cdots, m$。假定 $d_{ij} = 0$ 时，$d_{ij} \ln d_{ij} = 0$。

由熵的性质可知，某个指标的各评价值越接近，其熵值就越大。当 d_{ij} 相等时，熵达到最大值 $\ln n$。因此其相对熵值

$$e_j = \frac{E_j}{\ln n} \quad (j = 1, 2, \cdots, m) \qquad (4.22)$$

（2）计算各指标的熵权。

第 j 个指标的熵权 θ_j 定义为

$$\theta_j = \frac{1 - e_j}{m - \sum\limits_{j=1}^{m} e_j} \quad \left(j = 1, 2, \cdots, m,\ 0 \leqslant \theta_j \leqslant 1,\ \sum_{j=1}^{m} \theta_j = 1\right) \qquad (4.23)$$

运用熵值原理确定的熵权系数并不表示各指标的实际重要性，而是反映各指标提供给决策者的信息量多少的相对程度。它体现了各指标在竞争意义上的相对激烈程度。由上述定义可以得知，当各个评价对象的某一指标值都相同时，该指标的信息熵达到最大值 1，因此其熵权为 0。说明该指标在评价中没有提供任何有用的信息。也就是说，从这一指标上无法区分各评价对象的优劣，在评价时可以不考虑该指标。而各评价对象的某一指标值相差越大，其信息熵越小，说明该指标提供的有用信息量越大，其权重也就越大，应重点考察。

利用信息熵确定的指标权重具有客观性强、数学理论完备等优点，也符合评价中重点考察差异性大的指标的要求。

将利用相邻目标相对优属度法求得的主观权重 ω 与利用熵权法求得的客观权重 θ 相结合，得到机动导弹系统各指标的组合权重 $\bar{\omega}$，则

$$\bar{\omega} = \frac{\theta_j \omega_j}{\sum\limits_{j=1}^{m} \theta_j \omega_j} \quad (j = 1, 2, \cdots, m) \qquad (4.24)$$

此种方法的优点在于既利用了相邻目标相对优属度法中专家给出的各个指标的重要程度，又充分考虑了各指标本身所包含的信息程度，使所得到的权重中既包含主观信息又包含客观信息。这样，既能体现专家的主观意志，又能较好地反映问题的客观情况。

2．确定指标权重

先以机动导弹系统隐蔽伪装能力 A 为例，利用相邻优属度熵权法求取其四项子指标的组合权重。

根据所征求的专家意见，系统隐蔽伪装能力所属四个指标的重要性排序为

$$a_1 > a_4 > a_2 \sim a_3$$

对其作相邻目标的重要程度比较，认为 a_1 比 a_4 以及 a_4 比 a_2 都在稍微重要与较为重要之间。根据语气算子与模糊标度的对应关系（见表 4.4）可得相邻目标相对重要性模糊标度值为 $\beta_{12} = 0.6$，$\beta_{23} = 0.6$。

表 4.4　语气算子与模糊标度对应关系表

语气算子	同样	稍微	略为	较为	明显	显著
模糊标度值	0.5	0.55	0.6	0.65	0.7	0.75
语气算子	十分	非常	极其	极端	无可比拟	
模糊标度值	0.8	0.85	0.9	0.95	1	

记按上述重要性排序之后目标的权重向量为 $\boldsymbol{\omega}_1' = [\omega_{11}' \quad \omega_{12}' \quad \omega_{13}' \quad \omega_{14}']$，记按原下标目标的权重向量为 $\boldsymbol{\omega}_1 = [\omega_{11} \quad \omega_{12} \quad \omega_{13} \quad \omega_{14}]$。根据给定的重要性排序，有如下的二元比较矩阵：

$$\boldsymbol{\beta} = \begin{bmatrix} 0.5 & 0.6 & \beta_{13} & \beta_{14} \\ 0.4 & 0.5 & 0.6 & 0.6 \\ \beta_{31} & 0.4 & 0.5 & 0.5 \\ \beta_{41} & 0.4 & 0.5 & 0.5 \end{bmatrix}$$

式中，$\beta_{13} = \beta_{14}$，$\beta_{31} = \beta_{41} = 1 - \beta_{14}$。

根据式（4.11）可以得到，$\beta_{14} = \beta_{13} = 0.6 + 2 \times (1 - 0.6)(0.5 - 0.5) = 0.6$，故

$$\beta_{31} = \beta_{41} = 0.4$$

由式（4.13）和式（4.14）得，$\omega_{11}' = 0.287\,5$，$\omega_{12}' = 0.262\,5$，$\omega_{13}' = \omega_{14}' = 0.225$。

将下标还原后目标的权重向量

$$\boldsymbol{\omega}_1 = [0.288 \quad 0.225 \quad 0.225 \quad 0.262]$$

根据式（4.21）～式（4.23）计算各指标的熵值 $\boldsymbol{E}_1 = [1.364 \quad 1.359 \quad 1.381 \quad 1.373]$，相对熵值 $\boldsymbol{e}_1 = [0.986 \quad 0.981 \quad 0.993 \quad 0.991]$，各指标的熵权 $\boldsymbol{\theta}_1 = [0.304 \quad 0.413 \quad 0.087 \quad 0.196]$。

从 $\boldsymbol{\omega}_1$ 和 $\boldsymbol{\theta}_1$ 可以看出，尽管红外伪装能力 a_2 和雷达伪装能力 a_3 在主观重要程度上相同（主观权重也相同），但由于其本身所包含的信息量不同，因此其客观权重相差很大。这也正是要从两方面来求指标权重的原因。

综合所得到的主、客观权重,由式(4.24)计算得到组合权重

$$\bar{\omega}_1 = (0.352 \quad 0.364 \quad 0.081 \quad 0.203)$$

对于机动能力 B、防护能力 C 和恢复能力 D 下属子指标的组合权重的求法相同,在此不再赘述,只给出相应的结果(见表 4.5 ～ 表 4.7)。

表 4.5　机动能力各指标的权重

指　　标	公路机动能力 b_1	越野机动能力 b_2	状态转换能力 b_3
ω	0.344	0.323	0.333
θ	0.326	0.256	0.418
$\bar{\omega}$	0.365	0.223	0.412

需要说明的是,由于机动能力各指标下面还有子指标,表格中的数据是从最底层指标开始进行计算的。

表 4.6　防护能力各指标的权重

指　　标	预警能力 c_1	对空防御能力 c_2	地面防卫能力 c_3	抗硬毁伤能力 c_4	抗电磁干扰能力 c_5
ω	0.236	0.236	0.028	0.2	0.2
θ	0.124	0.336	0.088	0.213	0.249
$\bar{\omega}$	0.144	0.391	0.012	0.21	0.243

表 4.7　恢复能力各指标的权重

指　　标	备件保障能力 d_1	维修技术水平 d_2
ω	0.563	0.437
θ	0.334	0.663
$\bar{\omega}$	0.394	0.606

根据上述的模糊综合评判模型,还需要求机动导弹系统生存能力一级指标各自的组合权重,按照同样的方法,生存能力一级指标的权重见表 4.8。

表 4.8　机动导弹系统生存能力一级指标的权重

指　　标	隐蔽伪装能力 A	机动能力 B	防护能力 C	恢复能力 D
ω	0.247	0.306	0.247	0.2
θ	0.246	0.383	0.272	0.099
$\bar{\omega}$	0.229	0.442	0.254	0.075

至此,已经求出了机动导弹系统生存能力各级指标的权重,可以将权重值运用到模糊综合评判模型中去。

4.4 机动导弹系统研制方案生存能力论证示例

对于4.2.2节给定的某新型机动导弹系统设计方案,假设根据其未来可能面临的作战任务和作战环境,要求该新型机动导弹系统必须具备较高的生存能力,即设计方案的生存概率为 0.61 ～ 0.8。因此,需要对该机动导弹系统设计方案的生存能力展开论证,以检验该系统在特定作战环境下的生存能力能否满足未来作战需求。经过充分的论证分析,如果系统方案的生存能力满足设计要求,则可以进行下面的研制工作;如果生存能力的大小不能达到要求,则需将论证结果反馈给系统设计部门,对设计方案进行修改后再进行论证。

4.4.1 论证条件

(1)假定根据研制方案初定的性能参数及事先预测,按照第3章提出的指标量化方法计算出生存能力的相关因素值,并将它们处理成[0,1]区间的值,见表4.9。

表 4.9 机动导弹系统设计方案生存能力的评判因素初值

因素编号	因素初值
v_1	0.64
v_2	0.58
v_3	0.52
v_4	0.68
v_5	0.70
v_6	0.58
v_7	0.48
v_8	0.38
v_9	0.52
v_{10}	0.72
v_{11}	0.64
v_{12}	0.57
v_{13}	0.68
v_{14}	0.62

（2）根据相邻优属度熵权法确定的各级指标权重集分别为

$$\{A,B,C,D\} = \{0.229, 0.442, 0.254, 0.075\}$$

$$\{a_1, a_2, a_3, a_4\} = \{0.352, 0.364, 0.081, 0.203\}$$

$$\{b_1, b_2, b_3\} = \{0.365, 0.223, 0.412\}$$

$$\{c_1, c_2, c_3, c_4, c_5\} = \{0.144, 0.391, 0.012, 0.21, 0.243\}$$

$$\{d_1, d_2\} = \{0.394, 0.606\}$$

4.4.2　论证步骤

第一步：利用式（4.6）计算出 $\mu_{ij}(v_i)$，即模糊关系矩阵 $\underset{\sim}{R}_1, \underset{\sim}{R}_2, \underset{\sim}{R}_3, \underset{\sim}{R}_4$ 的元素值，于是得到

$$\underset{\sim 1}{R} = \begin{bmatrix} 0.367\,9 & 0.742\,7 & 0.959\,0 & 0.981\,6 & 0.667\,0 \\ 0.001\,6 & 0.043\,7 & 0.976\,6 & 0.313\,6 & 0.013\,4 \\ 0.787\,4 & 0.976\,1 & 0.919\,9 & 0.716\,2 & 0.490\,1 \\ 0.049\,6 & 0.367\,9 & 0.852\,1 & 0.874\,2 & 0.641\,2 \end{bmatrix}$$

$$\underset{\sim 2}{R} = \begin{bmatrix} 0.279\,5 & 0.576\,7 & 0.963\,2 & 0.974\,3 & 0.881\,7 \\ 0.093\,8 & 0.367\,9 & 0.963\,7 & 0.748\,3 & 0.457\,2 \\ 0.691\,2 & 0.862\,5 & 0.998\,5 & 0.920\,2 & 0.652\,1 \end{bmatrix}$$

$$\underset{\sim 3}{R} = \begin{bmatrix} 0.842\,0 & 0.971\,3 & 0.942\,2 & 0.668\,9 & 0.254\,0 \\ 0.717\,8 & 0.942\,9 & 0.977\,3 & 0.766\,9 & 0.390\,5 \\ 0.552\,0 & 0.778\,8 & 0.907\,0 & 0.996\,1 & 0.939\,4 \\ 0.028\,2 & 0.224\,5 & 0.820\,8 & 0.329\,2 & 0.367\,9 \\ 0.514\,0 & 0.778\,8 & 0.989\,0 & 0.873\,1 & 0.626\,2 \end{bmatrix}$$

$$\underset{\sim 4}{R} = \begin{bmatrix} 0.496\,1 & 0.732\,3 & 0.912\,7 & 0.995\,1 & 0.885\,4 \\ 0.228\,9 & 0.569\,8 & 0.921\,6 & 0.921\,6 & 0.509\,3 \end{bmatrix}$$

第二步：根据相邻优属度熵权法确定的各级指标权重集分别为

$$\underset{\sim 1}{A} = \{0.352, 0.364, 0.081, 0.203\}$$

$$\underset{\sim 2}{A} = \{0.365, 0.223, 0.412\}$$

$$\underset{\sim 3}{A} = \{0.144, 0.391, 0.012, 0.21, 0.243\}$$

$$\underset{\sim 4}{A} = \{0.394, 0.606\}$$

$$\underset{\sim}{A} = \{0.229, 0.442, 0.254, 0.075\}$$

由式（4.1）～式（4.4）计算得到一级评判结果如下：

$$\underset{\sim 1}{B} = \begin{bmatrix} 0.203\,9 & 0.431\,1 & 0.940\,5 & 0.695\,1 & 0.409\,5 \end{bmatrix}$$

$$\underset{\sim 2}{B} = \begin{bmatrix} 0.407\,7 & 0.647\,9 & 0.977\,9 & 0.901\,6 & 0.692\,4 \end{bmatrix}$$

$$\mathop{B}_{\sim 3} = [0.539\ 4\quad 0.754\ 3\quad 0.941\ 4\quad 0.689\ 4\quad 0.430\ 0]$$

$$\mathop{B}_{\sim 4} = [0.334\ 2\quad 0.633\ 8\quad 0.918\ 1\quad 0.950\ 6\quad 0.657\ 5]$$

第三步:由公式(4.5)计算得到二级评判结果如下:

$$\mathop{B}_{\sim} = [0.389\ 0\quad 0.624\ 2\quad 0.955\ 6\quad 0.804\ 1\quad 0.558\ 3]$$

归一化后得

$$\mathop{B}_{\sim}^1 = [0.116\ 8\quad 0.187\ 4\quad 0.286\ 9\quad 0.241\ 4\quad 0.167\ 5]$$

第四步:结果分析。根据最大隶属度原则可知,该型号机动导弹系统预研设计方案的生存能力为等级 Ⅲ,说明该型号机动导弹系统生存能力一般,即生存概率在 0.41 ~ 0.6 之间。这样的结果是不满足其作战需求的,需要对系统方案中的相关性能参数做适当的修改,再进行论证。

4.4.3　修改后再论证

经过对上述机动导弹系统研制设计方案的初步论证分析,得知该预研机动导弹系统的生存能力一般,不满足未来作战需要。因此,本着提高机动导弹系统生存能力的目的,并综合考虑制约武器装备发展的经济条件、技术水平等因素,对系统方案的性能参数做适当修改,修改后的因素值见表4.10。

表 4.10　机动导弹系统设计方案生存能力的评判因素修改值

因素编号	因素修改值
v_1	0.72
v_2	0.68
v_3	0.70
v_4	0.75
v_5	0.78
v_6	0.58
v_7	0.62
v_8	0.48
v_9	0.56
v_{10}	0.80
v_{11}	0.64
v_{12}	0.57
v_{13}	0.74
v_{14}	0.63

按照 4.4.2 节的步骤进行再论证。

第一步：利用公式(4.6)计算出 $\mu_{ij}(v_i)$，即模糊关系矩阵 $\underset{\sim 1}{\boldsymbol{R}}, \underset{\sim 2}{\boldsymbol{R}}, \underset{\sim 3}{\boldsymbol{R}}, \underset{\sim 4}{\boldsymbol{R}}$ 的元素值，于是得到

$$
\underset{\sim 1}{\boldsymbol{R}} = \begin{bmatrix}
0.013\,2 & 0.194\,3 & 0.628\,9 & 0.993\,6 & 0.527\,3 \\
0 & 0.001\,6 & 0.684\,8 & 0.909\,7 & 0.180\,9 \\
0.453\,8 & 0.734\,4 & 0.987\,7 & 0.968\,9 & 0.820\,8 \\
0.020\,9 & 0.218\,5 & 0.669\,6 & 0.982\,4 & 0.828\,8
\end{bmatrix}
$$

$$
\underset{\sim 2}{\boldsymbol{R}} = \begin{bmatrix}
0.146\,0 & 0.367\,9 & 0.815\,5 & 0.990\,7 & 0.995\,8 \\
0.093\,8 & 0.367\,9 & 0.963\,7 & 0.748\,3 & 0.457\,2 \\
0.169\,0 & 0.409\,8 & 0.820\,8 & 0.999\,2 & 0.743\,3
\end{bmatrix}
$$

$$
\underset{\sim 3}{\boldsymbol{R}} = \begin{bmatrix}
0.606\,4 & 0.842\,0 & 1 & 0.858\,7 & 0.423\,6 \\
0.615\,2 & 0.876\,1 & 0.991\,1 & 0.876\,1 & 0.413\,8 \\
0.075\,6 & 0.270\,9 & 0.509\,3 & 0.857\,0 & 0.979\,8 \\
0.028\,2 & 0.224\,5 & 0.820\,8 & 0.894\,8 & 0.367\,9 \\
0.514\,0 & 0.778\,8 & 0.989\,0 & 0.945\,5 & 0.603\,6
\end{bmatrix}
$$

$$
\underset{\sim 4}{\boldsymbol{R}} = \begin{bmatrix}
0.385\,2 & 0.614\,6 & 0.822\,6 & 0.995\,1 & 0.957\,1 \\
0.209\,6 & 0.539\,4 & 0.901\,8 & 0.939\,4 & 0.539\,4
\end{bmatrix}
$$

第二步：结合相邻优属度熵权法确定的各级指标权重，由式(4.1) ~ 式(4.4)计算得到一级评判结果如下：

$$\underset{\sim 1}{\boldsymbol{B}} = \begin{bmatrix} 0.045\,6 & 0.172\,8 & 0.686\,6 & 0.958\,8 & 0.486\,2 \end{bmatrix}$$

$$\underset{\sim 2}{\boldsymbol{B}} = \begin{bmatrix} 0.143\,8 & 0.385\,2 & 0.850\,7 & 0.940\,1 & 0.771\,7 \end{bmatrix}$$

$$\underset{\sim 3}{\boldsymbol{B}} = \begin{bmatrix} 0.459\,6 & 0.703\,4 & 0.950\,6 & 0.894\,2 & 0.458\,5 \end{bmatrix}$$

$$\underset{\sim 4}{\boldsymbol{B}} = \begin{bmatrix} 0.278\,8 & 0.569\,0 & 0.870\,6 & 0.961\,3 & 0.704\,0 \end{bmatrix}$$

第三步：由公式(4.5)计算得到二级评判结果如下：

$$\underset{\sim}{\boldsymbol{B}} = \begin{bmatrix} 0.211\,7 & 0.431\,2 & 0.840\,0 & 0.934\,3 & 0.621\,7 \end{bmatrix}$$

归一化后得

$$\underset{\sim}{\boldsymbol{B}}^1 = \begin{bmatrix} 0.069\,7 & 0.141\,9 & 0.276\,4 & 0.307\,4 & 0.204\,6 \end{bmatrix}$$

第四步：结果分析。根据最大隶属度原则可知，该型号机动导弹系统生存能力为等级Ⅳ，说明该型号机动导弹系统生存能力较高，即生存概率在 0.61~0.8 之间。此时，修改设计方案的生存能力已经满足作战需求，将这一结论反馈给设计研制部门，可以展开下一步的立项研制工作。

基于相邻优属度熵权的模糊综合评判模型既利用了模糊综合评判模型自身的特点,又结合相邻优属度熵权法的优点,可以很好地将定性指标所包含的随机不确定性和模糊不确定性结合在一起,而且避免了传统的模糊综合评判方法、层次分析方法、专家调查法等主观性过强或只考察一种不确定性的缺点,从而增强了模型的可信性。

第5章 机动导弹系统作战运用中的
生存能力分析建模

提高机动导弹系统战场生存能力的途径可分为技术和战术两个层面。技术途径就是第4章所论述的从系统设计研制或者现有型号系统改型的角度出发提高系统的各项性能参数,从而提高机动导弹系统战场生存能力。而机动导弹系统研制或改型的最终目的是为作战服务的,只有在战场上,机动导弹系统的生存能力才能得以真实体现。因此,还需要从战术途径出发提高机动导弹系统的战场生存能力。战术途径就是指通过合理运用机动导弹武器系统、采取灵活多样的生存策略,使生存作战方案得以优化,进而达到提高机动导弹系统战场生存能力的目的,其本质是生存作战方案评估与优化。合理的作战运用是提高机动导弹系统战场生存能力的重要方面,同时也是立足现有装备,打赢未来高技术条件下局部战争的具体体现。

5.1 机动导弹系统生存作战运用方案描述

5.1.1 机动导弹系统生存作战过程分析

根据机动导弹系统在整个作战过程中所承担任务的不同,可以将其生存作战过程分为四个阶段:存储阶段、机动阶段、待机阶段和发射阶段。在存储阶段,机动发射单元存放于导弹库内,进行导弹的测试以及日常的维护工作;机动阶段是指机动导弹离开导弹库至到达发射阵地或者待机阵地这一时间段,这期间机动导弹系统各种作战车辆在作战区域内进行公路机动或越野机动。在待机阶段,机动导弹系统处于待机阵地或者隐蔽待机点。待机阶段有时是不需要的,这要根据具体的作战命令采取行动。发射阶段是指机动发射单元到达发射阵地进行发射准备到发射完毕完成撤收驶离发射阵地这一时间段。机动导弹系统的生存是这四个作战阶段系统生存的串联形式,其结构如图5.1所示。

图 5.1 机动导弹系统生存作战过程结构图

5.1.2 机动导弹系统生存作战运用方案设计

假设该机动导弹系统的作战区域内设有若干发射阵地、待机阵地以及若干增设的假发射阵地;区域内道路条件良好,80%以上为Ⅳ级公路。机动导弹阵地的隐蔽伪装依靠平时的战场建设,如在发射阵地表面覆盖草皮等植被以削弱发射阵地的外形特征,通过各种手段使主阵地出入口与周围地貌地物保持一致等,在敌方侦察卫星临空时间段内减少人员和装备的活动;对机动导弹武器的隐蔽伪装一方面依靠随车携带的伪装装备,包括伪装网、烟雾发生器等,另一方面在机动过程中进行示假、佯动等;对于作战区域内大面积的隐蔽伪装还可以通过人工造雾实现。机动导弹武器机动时,对侦察卫星的临空时间段进行规避,机动路线随机进行选择,机动过程中遵循兵力分散配置的原则,各发射单元分批次实施机动,并采取分段机动的策略。作战过程中对敌来袭巡航导弹、无人机、航空兵的预警、拦截,依托其他军兵种保障,机动导弹系统担负一定的电子对抗、防敌防特等任务。

通过上述分析,结合现有导弹作战系统的作战行动计划,从该新型号机动导弹系统生存作战的四个阶段出发提出系统的生存作战运用方案。

(1)存储阶段的生存作战运用[37]。通过采取化学和物理伪装手段降低导弹库出入口与周围环境的反差,减少侦察卫星临空时间段内人员和装备出入导弹库的活动,对来袭巡航导弹和作战飞机实施干扰和拦截。

(2)机动阶段的生存作战运用。对侦察卫星进行规避,采取小规模多批次的机动方式,同时设置假目标进行佯动,选择路况好、连接点多的路线进行机动,每次机动距离不超过×km,机动全过程对机动导弹武器披挂迷彩伪装、必要时人工释放烟幕进行隐蔽并保持预警雷达开机,并按1∶1的比例设置假目标进行佯动,遇敌航空轰炸时,对敌方作战飞机进行电子干扰和拦截。

(3)待机阶段的生存作战运用。待机阵地的隐蔽伪装依托平时的战场建设,尽量减小阵地同周围环境的差别,机动导弹武器进入待机库或待机阵地后保持设备关机和无线电静默状态,杜绝人员和装备在待机阵地周围的活动,防空分队对来袭巡航导弹实施拦截,增加待机阵地的出入口,方便机动导弹武器实施机动。

(4)发射阶段的生存作战运用[37]。发射阵地平时依靠草皮、泥浆进行伪装,弱化阵地的外形特征,机动导弹武器进入发射阵地后迅速展开设备进行发射准备,对发射阵地施放烟幕进行隐蔽,同时按2∶1的比例在假阵地配置假目标,进行与真目标相同的动作,发射过程中保持预警雷达开机,发现敌巡航导弹和作战飞机来袭时对其进行干扰和拦截。

5.2　机动导弹系统生存作战策略论证模型

在未来战场上,机动导弹系统生存策略论证建模主要考虑在整个作战过程中敌方对己方目标的打击过程和己方采取的对抗策略和措施。整个生存对抗过程如下:敌方首先利用侦察系统对机动导弹系统进行侦察,然后传输信息,引导敌方武器对机动导弹系统进行攻击(只考虑巡航导弹和航空兵攻击),这些来袭武器进入己方防空领域后遭到拦截,没有拦截成功的将继续按原计划对已发现的机动导弹系统目标进行攻击。机动导弹系统的对抗措施则有对卫星临空进行机动规避、对系统进行伪装防护、设置假目标、对敌方武器实施电子干扰以及增大阵地的抗力等。这些措施主要是为了降低机动导弹系统的被发现概率、被识别概率以及被毁伤概率。

5.2.1 机动导弹系统隐蔽伪装生存能力模型

隐蔽伪装是提高机动导弹系统生存能力的重要途径之一,包括隐真和示假两个方面。隐真是通过覆盖、遮蔽等伪装手段使目标的表现特征远离其真实特征,使敌方侦察到的目标信号发生改变,从而达到对目标的隐蔽作用。示假是指采用特殊材料、器材制造出与真目标外形、尺寸、光谱和电磁特征相同或接近的假目标,将其部署于预定区域,以达到隐蔽真目标和真实作战意图,欺骗敌方的目的。目前的侦察方式主要有光学成像、红外和雷达成像等。由于在导弹发射以前,机动导弹系统的红外特征并不明显,因此本节暂不考虑红外探测方式下机动导弹系统被发现的概率模型。

1. 可见光侦察下机动导弹系统被发现的概率模型

(1)未采取生存措施时机动导弹系统被可见光侦察发现的概率模型。可见光成像侦察是目前机动导弹系统面临的主要侦察威胁,其对机动导弹系统的发现概率模型可表示为

$$P_a = \lambda \exp[-(\theta K/L)^2] \qquad (5.1)$$

式中,P_a 为未采取生存措施时机动导弹系统在可见光成像侦察下的被发现概率;

$$\lambda = \begin{cases} 1 & (r > 0.4) \\ \sqrt{\dfrac{r-0.2}{0.2}} & (0.2 \leqslant r \leqslant 0.4) \\ 0 & (r < 0.2) \end{cases}$$

式中,r 为机动导弹系统与背景的亮度对比系数,是判断机动导弹系统在可见光照像侦察下是否被发现的基本参数;$r = \dfrac{|L_0 - L_B|}{L_B}$,$L_0$ 表示机动导弹系统的亮度系数,L_B 为背景的亮度系数(当物体为理想漫射体时,亮度系数等于反射率);θ 为机动导弹系统形状修正因子(圆形:0.97,矩形:1.45,正方形:1.72,长条形:2.58,复杂形状:4);K 为成像设备的地面分辨率(m);L 为机动导弹系统的几何尺寸(m)。

当考虑气象因素对可见光侦察的影响时,有 $P_A = P_a \alpha$,其中 P_A 为考虑气象因素时机动导弹系统的被发现概率;α 为气象因子,$\alpha = \alpha_1 \alpha_2 \alpha_3$,其中

$$\alpha_1 = \begin{cases} 0 & (雪、雨、阴) \\ 0.2 & (多云) \\ 0.7 & (少云) \\ 1 & (晴) \end{cases}, \quad \alpha_2 = \begin{cases} 0 & (大雾) \\ 0.5 & (薄雾) \\ 1 & (无雾) \end{cases}$$

$$\alpha_3 = \begin{cases} 0 & (夜晚) \\ 0.6 & (早晚) \\ 1 & (白天) \end{cases}$$

（2）采取生存措施对机动导弹系统被可见光侦察发现概率的影响。可见光成像侦察卫星在晴天可以提供准确有效的情报信息,但是在不良气象条件如大雾、雨雪天气或者在人工施放的烟幕干扰下都不能正常工作。战时机动导弹系统可以充分利用其工作的弱点,进行反制以削弱其侦察效果,降低机动导弹系统在可见光侦察下的被发现概率。生存措施包括:① 实施隐蔽伪装,降低机动导弹系统与背景的亮度差;② 实施改性伪装,改变机动导弹系统的外形特征,改变机动导弹系统的外形尺寸;③ 实施人工造雾或施放烟幕,影响敌方侦察设备对机动导弹系统的发现和识别。假设可见光侦察卫星地面分辨率为 0.1 m,那么 λ,L 值的变化对可见光侦察发现概率的影响如图 5.2 和图 5.3 所示。

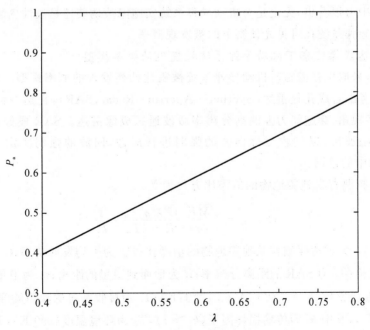

图 5.2　亮度差对被发现概率的影响

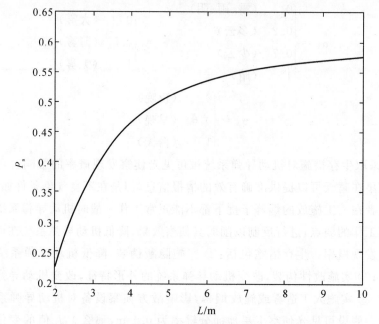

图 5.3 外形尺寸对被发现概率的影响

从图中可以看出,无论是对机动导弹系统实施隐蔽伪装还是改性伪装,都可以降低机动导弹系统在可见光侦察下的被发现概率。

2. 雷达成像侦察下机动导弹系统被发现的概率模型

(1)未采取生存措施时机动导弹系统被雷达侦察发现的概率模型。雷达成像侦察主要考虑合成孔径雷达(Synthetic Aperture Radar,SAR),它是一种全天时、全天候、多视角、穿透能力强的高分辨率微波遥感成像雷达。SAR 成像是通过雷达发射电磁波后,以接收目标回波的强弱进行成像,回波的强弱决定了物体在SAR 图像中的色调。

SAR 探测背景地貌地物的信噪比方程为[38]

$$(S_N)_G = \frac{\sqrt{M} P_{av} G^2 \lambda^3 \sigma^0 \rho_{gr}}{2(4\pi)^3 R^3 v_s k T_s} \cdot \frac{1}{k_s} \qquad (5.2)$$

式中,$(S_N)_G$ 为雷达探测背景地貌地物的信噪比;P_{av} 为平均发射功率;G 为天线增益;λ 为波长;ρ_{gr} 为 SAR 的距离分辨率;R 为地面到卫星的距离;v_s 为卫星的速度;k 为玻尔兹曼常数($k = 1.38054 \times 10^{-23}$ J/K);T_s 为接收系统的噪声温度,且 $T_s = k_r(T_0 + T_e)$,其中 k_r 为传输损耗因子($k_r > 1$),T_0 为环境温度(290 K),T_e 为接收机的等效输入温度;k_s 为系统损耗因子;M 为等效视数;σ^0 为地面目标归一化后的散射系数,且计算公式如下:

$$\sigma^0(\theta) = \frac{0.013\ 3\cos\theta_L}{(\sin\theta_L + 0.1\cos\theta_L)^3} \tag{5.3}$$

式中, θ_L 为中心视角。

SAR 探测机动导弹系统的信噪比方程为

$$(S_N)_s = \frac{\sqrt{M}P_{av}G^2\lambda^3\sigma t_a}{(4\pi)^3 R^4 kT_s} \cdot \frac{1}{k_s} \tag{5.4}$$

式中, σ 为机动导弹系统的雷达反射面积; t_a 为回波信号的相干积累时间,其余参数意义同式(5.2)。

又因为 $\rho_a = \frac{1}{2}\left(\frac{\lambda}{T_a v_s}\right)R$,则有机动导弹系统与背景的信号对比方程为

$$S_G = \frac{(S_N)_s}{(S_N)_G} = \frac{2\sigma t_a v_s}{\lambda\sigma^0\rho_{gr}R} = \frac{\sigma}{\sigma^0\rho_a\rho_{gr}} \tag{5.5}$$

式中, S_G 为信噪比; ρ_a 是 SAR 的方位分辨率。

只有当 $S_G > K_\sigma$ 时目标才能被检测到(其中 K_σ 为检测系数)。理论和实践证明,当目标和背景的信号强度之比大于 1.5 时(即 $K_\sigma = 1.5$),目标才能在雷达荧屏上呈现出清晰的光标。当满足条件 $S_G > K_\sigma$ 时,机动导弹系统在雷达成像侦察下的被发现概率

$$P_b = \exp\left(\frac{\ln P_{bx}}{1 + S_G}\right) \tag{5.6}$$

式中, P_b 为雷达成像侦察下机动导弹系统的被发现概率; P_{bx} 是 SAR 雷达的虚警概率。

(2)采取生存措施对机动导弹系统被雷达侦察发现概率的影响。虽然合成孔径雷达发现目标的能力很强,可以不受天气状况和人工施放烟幕的影响,而且还能发现干燥地面以下的工程设施。但是对于隐藏在工程设施内部的机动导弹武器装备却不会被有效发现。对于并不干燥的地表下,例如一定厚度的泥浆层覆盖的设施,合成孔径雷达并不能发现武器装备。对于泥浆层覆盖设施内部的武器装备,就更加无从发现了。战时,机动导弹系统也可以针对敌方雷达侦察的弱点进行有效的生存作战。生存措施包括:① 通过实施伪装,改变机动导弹系统的雷达反射面积,减小雷达探测机动导弹系统与探测地面背景时的信噪比 S_G;② 通过实施全波段伪装,干扰敌方雷达的探测信号,从而减小其探测机动导弹系统时的信噪比;③ 在条件允许时,可在待机阵地、发射阵地表面覆盖泥浆,对机动导弹武器披挂潮湿的特种伪装网,增大机动导弹系统在雷达探测下的散射系数,减小雷达探测信噪比。假设敌方 SAR 的虚警概率为 10^{-5},那么信噪比的变化对雷达探测下系统被发

现概率的影响如图 5.4 所示。

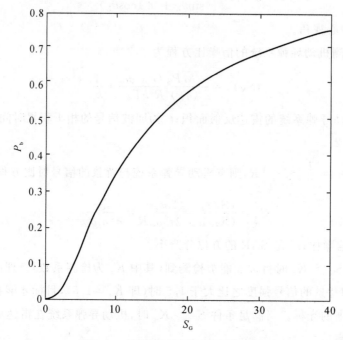

图 5.4 信噪比对被发现概率的影响

从图 5.4 中可以看出,对敌方雷达侦察采取对抗措施,减小雷达探测机动导弹系统时的信噪比,可以有效地降低机动导弹系统在敌方雷达探测下的被发现概率。

综上所述,机动导弹系统在敌方多种侦察方式探测下的综合被发现概率

$$P_F = 1 - (1 - P_a)(1 - P_b) \tag{5.7}$$

式中,P_F 表示机动导弹系统总的被发现概率;P_a,P_b 意义同式(5.6)。

在现代作战条件下,特别是随着侦察 — 监视 — 打击一体化的发展,机动导弹系统一旦被发现基本上就意味着被打击,从这个角度讲机动导弹系统伪装生存能力模型可表示为

$$P_s = 1 - P_F \tag{5.8}$$

3. 采取示假措施下的机动导弹系统生存能力模型

一般认为,采取正确的示假措施,能使得机动导弹系统的被毁伤概率降低为原来的 $1/K$,$K = \lambda m + 1$,m 表示设置的假目标的数量,$\lambda = P_f/P_t$,P_f 为假目标的被发现识别概率,P_t 为真目标的被发现识别概率[39]。

那么,在设置有假目标的条件下,机动导弹系统进行伪装后的被毁伤概率 P_{fk} 可表示为

$$P_{fk} = P_k/(\lambda m + 1) \tag{5.9}$$

式中，P_k 表示在仅采取隐真伪装措施下机动导弹系统的被毁伤概率。

假设敌方侦察设备对机动导弹系统假目标被发现的概率是真目标被发现概率的 1.2 倍，即 $\lambda = \dfrac{5}{6}$，当机动导弹系统的被毁伤概率分别为 0.4，0.5，0.6，0.7 时，设置假目标后，机动导弹系统被毁伤概率的变化如图 5.5 所示。

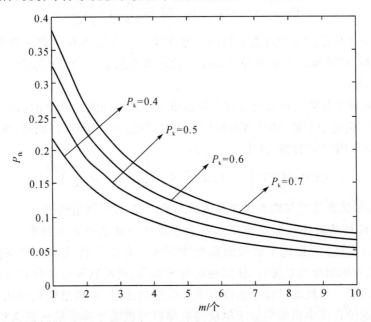

图 5.5 示假对机动导弹系统被毁伤概率的影响

从图 5.5 中可以看出，设置假目标可以显著地降低机动导弹系统的被毁伤概率，但是随着被毁伤概率下降到一定程度后，继续增加假目标的效果越来越不明显。

因此，在采取示假措施下，机动导弹系统的生存能力模型可表示为

$$P_{sj} = 1 - P_{fk} \tag{5.10}$$

5.2.2 机动导弹系统防护生存能力模型

由于核战争爆发的可能性不大，本节仅讨论在常规武器攻击下的机动导弹系统的防护生存问题。从最近几场局部战争美军的作战经验和作战手段来看，常规武器攻击主要是利用巡航导弹和航空兵进行攻击。其中巡航导弹用以打击机动导弹系统的主阵地、待机阵地、发射阵地、固定指挥所等阵地目标；而航空兵主要通过携带精确制导空地导弹、精确制导炸弹和防区外发射武器的轰炸机和战斗机对作战区域内的机动导弹系统目标（机动导弹阵地、机动导弹武器、机动指挥所等）实施打击。

1.单枚巡航导弹攻击下机动导弹阵地的被毁伤概率模型

(1)未采取生存措施下的被毁伤概率模型。巡航导弹是目前实施精确打击的主要手段之一,对机动导弹系统的生存具有极大的威胁。在没有干扰情况下,单枚巡航导弹对机动导弹阵地的毁伤概率可以用下式进行计算[52-53]:

$$P_k = \left[1 - \exp\left(-0.693\ 1\lambda\ \frac{R_m^2}{CEP^2}\right)\right]\frac{R_d^2}{R_m^2} \tag{5.11}$$

式中,P_k 为单枚巡航导弹攻击下机动导弹阵地的被毁伤概率;λ 表示弹头可靠性;R_m 为机动导弹阵地的折算半径,(m);R_d 表示弹头毁伤半径,(m);CEP 为弹头圆概率偏差,(m)。

(2)采取生存措施对机动导弹系统被单枚巡航导弹毁伤概率的影响。对来袭巡航导弹实施电子干扰、诱偏等对抗行动可以降低其命中精度。此时,在计算毁伤概率时,CEP 用 $\overline{CEP}$ 替换,其中

$$\overline{CEP} = CEP\left(1 + 0.32\ \frac{J}{S} + 4.5 \times 10^{-9}R^2\ \frac{J}{S}\right)^{1/2} \tag{5.12}$$

式中,R 表示来袭导弹与机动导弹系统的距离;J/S 为干扰信噪比。

2.单枚精确制导武器攻击下机动导弹系统的被毁伤概率模型

(1)未采取生存措施下的被毁伤概率模型。在轰炸机或战斗机突破防空系统,搜索发现机动导弹系统后,使用精确制导炸弹、精确制导空地导弹对机动导弹系统发动攻击。当机动导弹系统没有采取生存措施时,单枚精确制导武器对机动导弹系统的毁伤概率模型类似于单枚巡航导弹对机动导弹系统的毁伤概率模型,如式(5.11)。

(2)采取生存措施对机动导弹系统被单枚精确制导武器毁伤概率的影响。当敌方航空兵对机动导弹系统实施打击时,机动导弹系统在接收到预警信号后可以迅速转换到机动状态,增加敌方打击的难度。单枚精确制导武器攻击机动目标时,命中精度会有所下降,此时模型中的圆概率偏差需要再乘一个修正因子 θ,毁伤概率[54]

$$P_k = \left[1 - \exp\left(-0.693\ 1\lambda\ \frac{R_m^2}{(\theta \cdot CEP)^2}\right)\right]\frac{R_d^2}{R_m^2} \tag{5.13}$$

式中,θ 为单枚精确制导武器攻击机动目标时命中精度修正因子,一般来说,$\theta \geqslant 1$;$P_k, \lambda, R_m, CEP, R_d$ 意义同上。

除此之外,机动导弹系统还可以对来袭的精确制导武器实施电子干扰或者诱偏,降低其命中精度。此时,在计算毁伤概率时,CEP 用 CEP′ 替换,其中

$$CEP' = CEP\left(1 + 0.32\ \frac{J}{S} + 4.5 \times 10^{-9}R^2\ \frac{J}{S}\right)^{1/2} \tag{5.14}$$

式中,R 表示来袭精确制导武器与机动导弹系统的距离;J/S 为干扰信噪比。

因此,在常规攻击模式下,机动导弹系统总的防护生存能力模型为

$$P_s = \prod_{i=1}^{N} (1 - a_i P_{ki}) \tag{5.15}$$

式中,P_{ki} 为第 i 种攻击模式下机动导弹系统的被毁伤概率;a_i 表示第 i 种攻击模式的可能性;N 为可能攻击模式的类型数量,$N=2$。

5.2.3　机动导弹系统机动生存能力模型

机动导弹系统的机动生存有两种含义,一种是指处于隐蔽待机状态或发射状态下的机动导弹武器,在接到预警后通过机动而使其不被敌来袭武器命中和摧毁,统称为预警机动;另一种是指处于机动状态中(例如行军开进、转移)的机动导弹武器或机动指挥车辆被敌方侦察发现遭到攻击仍能继续实施机动,统称为连续机动。机动导弹系统的机动生存能力主要取决于敌方来袭武器的精度、毁伤方式、毁伤半径、机动导弹武器或机动指挥车辆的反应时间、机动速度、机动时间、被侦察发现概率、抗毁伤强度等因素。

1. 机动导弹系统预警机动生存模型

此时,机动导弹武器处于隐蔽待机状态或发射状态,在接到预警后迅速转换到机动状态并以最大机动速度进行随机机动。其生存概率模型可表示为

$$P_j = \begin{cases} \dfrac{vt_c - R_d - \text{CEP}}{vt_c} & (vt_c > R_d + \text{CEP}) \\ 0 & (vt_c \leqslant R_d + \text{CEP}) \end{cases} \tag{5.16}$$

式中,v 为机动导弹武器最大机动速度(m/s);t_c 表示可用时间,包括预警时间、指挥控制时间和撤收转换反应时间(s);R_d 表示敌精确制导武器毁伤半径(m);CEP 为敌方精确制导武器的圆概率偏差(m)。

2. 机动导弹系统连续机动生存模型

此时,机动导弹系统的生存概率主要取决于其在机动路线上的机动时间以及同敌侦察设备(卫星、侦察飞机等)的相遇概率,其被发现概率和被毁伤概率已在5.2.1 节和 5.2.2 节论述过。

(1)机动时间。假设机动路线中阵地总数为 n,点 i 到 j 的道路长度为 d_{ij},机动路线上各转折点坐标为 (x_i, y_i) $(i=1,2,\cdots,n)$,则

$$d_{ij} = \sqrt{(x_j - x_i)^2 + (y_j - y_i)^2}$$

假设机动导弹武器在道路上行进的时间为 t_{ij},则

$$t_{ij} = \frac{d_{ij}}{v_{ij}}$$

式中,v_{ij} 为车辆机动速度。

假设作战车辆的平均无故障时间为 t_1，若车辆行进时间 $t \geqslant t_1$，则总的机动时间里需加入平均维修时间；若 $t < t_1$，则总机动时间不变。

假设道路各转折点的逗留时间为 $t(i)$，于是总机动时间

$$t = \sum t_{ij} + \sum_{i=2}^{n} t(i) + Mt_2 \tag{5.17}$$

式中，M 表示故障发生次数；t_2 表示平均维修时间。

(2) 相遇概率。假设机动导弹武器初始时位于面积为 S 的区域中的任意一点，以速度 v 做规避运动，其运动方向是随机的，则在 t 时间内侦察卫星或侦察机搜索到目标的概率[55]

$$P(t) = 1 - \exp\left[-\int_0^t \frac{wv_s}{S(t)} dt\right] \tag{5.18}$$

式中，v_s 为卫星或侦察机的速度；w 为卫星或侦察机的有效搜索宽度。

对于突入作战区域寻找机动导弹武器或机动指挥车的战斗机（轰炸机），一般可以认为其是在仅知目标初次发现位置且目标速度比搜索者速度小的条件下进行搜索（应召搜索），此时常采用在目标初次发现区域内的螺线航向搜索。

根据螺线搜索原理，任意时刻 t 的搜索者矢径

$$R = \hat{v}_t t$$

式中，$\hat{v}_t$ 为目标速度的估计值。

由于搜索宽度为 w，故允许目标速度估计值在一定的上下限 (v_t', v_t'') 内，仍能发现目标，

$$\left.\begin{array}{l} v_t' = \hat{v}_t - \dfrac{\frac{w}{2}}{t} = \hat{v}_t - \dfrac{w\hat{v}_t}{2\boldsymbol{R}} \\[3mm] v_t'' = \hat{v}_t + \dfrac{\frac{w}{2}}{t} = \hat{v}_t + \dfrac{w\hat{v}_t}{2\boldsymbol{R}} \end{array}\right\} \tag{5.19}$$

由于目标航向在 $[0,360°]$ 上是均匀的，因此目标航向在 $[\psi, \psi+d\psi]$（ψ 为螺线转角）上的概率为 $d\psi/2\pi$，若设目标速度分布密度为 $f(vt)$，则沿螺线搜索 ψ 角搜索到目标的概率

$$P(\psi) = \frac{1}{2\pi} \int_0^{\psi} d\psi \int_{v_t'}^{v_t''} f(u) du \tag{5.20}$$

因此，机动导弹系统连续机动生存能力模型可表示为

$$P_s = (1-P_x) + P_x(1-P_f) + P_x P_f(1-P_h) \tag{5.21}$$

式中，P_x 为机动导弹系统与敌侦察设备的相遇概率；P_f 为机动导弹系统被发现的概率；P_h 为机动导弹系统被毁伤的概率。

5.3　机动导弹系统作战运用中的生存能力总体分析模型

由于战场环境复杂多变,经过充分论证的机动导弹系统型号方案研制出来以后,型号系统在战场上不一定能达到预期的作战效果,系统的生存能力也可能不如预期的理想。因此,需要结合机动导弹系统的作战运用,进一步研究系统在整个作战过程中的战场生存能力。这一方面可以为作战指挥提供辅助决策支持;另一方面通过对整个作战过程中系统生存能力的分析研究,可以发现系统生存能力的薄弱环节,以便于战时灵活运用各种战术战法,有针对性地进行生存活动,千方百计提高机动导弹系统的战场生存能力。下面从机动导弹系统生存作战的四个阶段出发,对各个阶段机动导弹系统的生存能力模型进行研究。

5.3.1　存储阶段的机动导弹系统生存概率模型

在这一阶段,机动导弹武器储存于主阵地内,此时主阵地的生存概率就是机动导弹系统的生存概率。由于主阵地一般地处纵深地带,敌方实施航空轰炸难度较大,因此主要考虑敌方巡航导弹对主阵地的打击。根据巡航导弹作战特点,敌方使用巡航导弹可以相当成功地攻击机动导弹系统的主阵地、隐蔽待机阵地、发射阵地(包括处于暴露状态的装备和人员)以及固定指挥所。因此,存储阶段机动导弹系统的生存概率模型可以表示为

$$P_1 = 1 - P_{F_1} + P_{F_1}(1 - P_{k_1})^{N(1-a)} \tag{5.22}$$

式中,P_{F_1} 表示主阵地总的被敌侦察发现概率;P_{k_1} 为单发巡航导弹对主阵地的毁伤概率(见 5.2.2 节);N 为同类型巡航导弹数;α 为己方对巡航导弹的拦截率。

5.3.2　机动阶段的机动导弹系统生存概率模型

机动阶段由于暴露时间长(每次机动时间在 ×h 以上),可以认为是始终处于敌方的侦察监视之下,虽采取了伪装和示假措施,但仍是遭受打击的重点阶段。此时,机动导弹系统的生存能力主要取决于系统的伪装能力、抗毁伤能力、对空拦截能力等[56]。于是,机动导弹系统在机动阶段的生存概率模型可表示为

$$P_2 = 1 - P_{F_2} + P_{F_2}[1 - P_{k_2}/(\lambda m + 1)]^{MN(1-\beta)} \tag{5.23}$$

式中,P_{F_2} 为机动导弹武器总的被敌侦察发现的概率;P_{k_2} 为单发精确制导武器对机动导弹武器的毁伤概率;m 为假目标的数量;$\lambda = P_f/P_t$,P_f 为真机动导弹武器的被发现识别概率,P_t 为假机动导弹武器的被发现识别概率;M 为航空轰炸的波次;

N 为同类型精确制导武器数；β 为己方对敌来袭飞机的拦截率。

5.3.3 待机阶段的机动导弹系统生存概率模型

机动导弹系统进入待机阵地或隐蔽待机点后，一旦被敌侦察发现，就可能遭到敌巡航导弹和航空兵的双重打击。但是考虑到采用航空轰炸时，己方具备一定的预警能力并能够组织预警机动而打击效果不佳。因此，这个阶段仅考虑遭敌巡航导弹打击的情况。此时机动导弹系统的生存能力主要与待机阵地的隐蔽伪装能力、机动导弹系统的状态转换能力、对空拦截能力、抗毁伤能力以及恢复能力等因素相关。于是，机动导弹系统在待机阶段的生存概率模型可以表示为

$$P_3 = 1 - P_{F_3} + P_{F_3}(1 - P_{k_3})^{N(1-\alpha)} \tag{5.24}$$

式中，P_{F_3} 表示待机阶段机动导弹系统总的被敌侦察发现的概率；P_{k_3} 为单发巡航导弹对机动导弹系统的毁伤概率；N 为同类型巡航导弹数；α 意义同上。

5.3.4 发射阶段的机动导弹系统生存概率模型

在发射阶段，由于机动导弹武器装备长时间（该机动导弹系统的发射准备时间和撤收时间之和大约为 $\times$ min）暴露在敌侦察之下，而且发射阵地配置较为靠前，一旦被敌发现识别后就可能遭到敌巡航导弹和航空兵的双重打击，此时机动导弹系统的生存能力主要取决于系统的机动能力和防护能力。于是，机动导弹系统在发射阶段的生存概率模型可以表示为

$$P_4 = 1 - P_{F_4} + P_{F_4}\left[1 - P_{k_4}/(\lambda m + 1)\right]^{N_1(1-\alpha)}\left[1 - P_{k_5}/(\lambda m + 1)\right]^{MN_2(1-\beta)}$$

$$\tag{5.25}$$

式中，P_{F_4} 表示发射阶段机动导弹系统总的被敌侦察发现概率；P_{k_4} 表示单发巡航导弹对机动导弹系统的毁伤概率；m 为假目标的数量；$\lambda = P_f/P_t$，P_f 为真目标的被发现识别概率，P_t 为假目标的被发现识别概率；N_1 为同类型巡航导弹数；P_{k_5} 为单发精确制导武器对机动导弹系统的毁伤概率；N_2 为同类型炸弹数；M,α,β 意义同上。

在以上机动导弹系统生存作战各阶段生存概率模型的基础上，得到机动导弹系统总的生存概率模型：

$$P_S = P_1 P_2 P_3 P_4 \tag{5.26}$$

式中，P_S 表示系统在整个作战过程中的生存概率；P_1 表示系统在存储阶段的生存概率；P_2 表示系统在机动阶段的生存概率；P_3 表示系统在待机阶段的生存概率；P_4 表示系统在发射阶段的生存概率。

5.4　机动导弹系统作战运用中的生存能力分析示例

结合第 4 章给出的与该机动导弹系统生存能力相关的战术、技术指标及性能参数,并做一些相关的假设,对在 5.1.2 节给出的生存作战运用方案下,该机动导弹系统的生存能力进行论证分析。

5.4.1　机动导弹系统生存作战方案想定

1.存储阶段

假设对主阵地出入口实施各种隐蔽伪装,并且主阵地防护门的抗压值足以承受任何常规攻击;保持预警雷达开机,对敌巡航导弹具备拦截能力,且拦截概率为 0.3;敌方使用的巡航导弹的 CEP 为 8 m,毁伤半径为 20 m,攻击数量为 10 枚,武器可靠性为 0.9。

2.机动阶段

机动过程中对机动导弹武器实施伪装,并按 1∶1 配置假目标,且假设假目标被发现概率为真目标被发现概率的 1.2 倍;机动过程中保持预警雷达开机,对发现的敌方来袭作战飞机进行拦截,拦截概率为 0.36,并对敌方发射的精确制导武器进行干扰和诱偏;敌方使用的精确制导武器 CEP 为 10 m,毁伤半径为 10 m,攻击数量为 5 枚,对机动导弹系统进行两个波次攻击,武器可靠性为 0.9。

3.待机阶段

待机阶段实行严密的隐蔽伪装,并设置少量假目标,保持预警雷达开机,对敌巡航导弹以及各类作战飞机具备拦截能力,巡航导弹的拦截概率为 0.3;敌方使用的巡航导弹的 CEP 为 8 m,毁伤半径为 20 m,攻击数量为 10 枚,武器可靠性为 0.9。

4.发射阶段

发射阶段按 2∶1 配置假目标,且敌方侦察系统对假目标的发现概率为真目标被发现概率的 1.2 倍;保持预警雷达开机,对发现的敌方来袭武器实施干扰和拦截,巡航导弹的拦截概率为 0.3,作战飞机的拦截概率为 0.36;敌方使用的巡航导弹的 CEP 为 8 m,毁伤半径为 20 m,攻击数量为 2 枚;精确制导武器 CEP 为 10 m,毁伤半径为 10 m,攻击数量为 5 枚,对目标进行两个波次攻击;我方进攻武器的可靠性为 0.9。

5.4.2 机动导弹系统生存作战方案分析计算

1.存储阶段的生存概率

根据假设条件以及主阵地的隐蔽伪装及防护性能参数,经5.2.1节计算出主阵地被敌方侦察发现的概率为0.46,但由于主阵地的抗压强度很大,携带常规战斗部的巡航导弹难以对其造成毁伤,系统的高防护性能会导致用式(5.22)计算存储阶段生存概率时,模型失效。因此,运用蒙特卡罗法对存储阶段的生存概率进行仿真,仿真原理为计算来袭巡航导弹爆炸后在主阵地防护门处的超压值并将其与主阵地防护门的抗压值进行比较,如果超压值大于抗压值,则说明主阵地被毁,反之生存。经过5 000次仿真,结果表明主阵地在遭受我方常规巡航导弹打击时,其生存概率在0.99以上。因此,在存储阶段机动导弹系统的生存概率近似为1,即$P_1 = 1$。

2.机动阶段的生存概率

根据假设以及机动导弹系统的机动参数,由式(5.23)得

$$P_2 = 1 - P_{F_2} + P_{F_2}\left[1 - P_{k_2}/(\lambda m + 1)\right]^{2\times5\times(1-0.36)}$$

式中,P_{F_2}为机动导弹武器总的被敌侦察发现的概率,由5.2.1节计算得到$P_{F_2} = 0.58$;P_{k_2}表示单枚精确制导武器对机动导弹武器的击毁概率,可由式(5.13)、式(5.14)进行计算;m表示假目标的数量,且为1,$\lambda = 0.833\ 3$。根据作战想定以及系统相关参数,计算P_{k_2}得到

$$P_{k_2} = \left[1 - \exp\left(-0.693\ 1\times0.9\times\frac{4^2}{(1.5\times10)^2}\right)\right]\times\frac{10^2}{4^2} = 0.271\ 2$$

于是

$$P_2 = 0.42 + 0.58\times(1 - 0.271\ 2/1.833\ 3)^{6.4} = 0.628\ 2$$

3.待机阶段的生存概率

由于机动导弹系统采用多种伪装手段,作战过程中实施全程伪装,且待机阵地或者隐蔽待机点又具备良好的隐蔽伪装条件,待机阶段系统的生存概率取决于被敌方侦察发现的概率。因此,依据类似存储阶段的仿真原理,运用蒙特卡罗法进行5 000次的仿真试验。仿真结果表明,待机阵地被敌侦察发现的概率在0.12上下小范围内波动,由此可得在待机阶段系统的生存概率为0.88,即$P_3 = 0.88$。

4.发射阶段的生存概率

这一阶段机动导弹武器处于发射阵地,一旦被敌方发现识别后就可能遭受敌方巡航导弹和航空兵的双重打击。此时,生存概率可由式(5.25)进行计算,得

$$P_4 = 1 - P_{F_4} + P_{F_4} \left[1 - P_{k_4}/(\lambda m + 1)\right]^{2 \times (1 - 0.3)} \times$$
$$\left[1 - P_{k_5}/(\lambda m + 1)\right]^{2 \times 5 \times (1 - 0.36)}$$

式中,$\lambda = 0.833\,3$,$m = 2$,由 5.2.1 节计算得到被敌方侦察发现的概率 $P_{F_4} = 0.68$;P_{k_4} 表示单枚巡航导弹对机动导弹武器的击毁概率,由式(5.11)、式(5.12)计算得到

$$P_{k_4} = \left[1 - \exp\left(-0.693\,1 \times 0.9 \times \frac{25^2}{8^2}\right)\right] \times \frac{20^2}{25^2} = 0.638\,5$$

P_{k_5} 表示单枚精确制导炸弹对机动导弹系统的击毁概率。

式中,同样由式(5.11)、式(5.12)计算得到

$$P_{k_5} = \left[1 - \exp\left(-0.693\,1 \times 0.9 \times \frac{25^2}{10^2}\right)\right] \times \frac{10^2}{25^2} = 0.156\,8$$

于是

$$P_4 = 0.32 + 0.68 \times (1 - 0.638\,5/2.666\,7)^{1.4} \times$$
$$(1 - 0.156\,8/2.666\,7)^{6.4} = 0.634\,5$$

由于机动导弹系统在整个生存作战过程中的生存能力是上述四个阶段系统生存的串联结构,因此,系统总的生存概率

$$P = P_1 P_2 P_3 P_4 = 1 \times 0.628\,2 \times 0.88 \times 0.634\,5 = 0.350\,8$$

5.4.3　结果分析

从上述的生存能力计算结果可以看出,机动导弹系统在主阵地和待机阵地的生存概率很大,而在机动阶段和发射阶段的生存概率较小。这是由于主阵地的防护能力较强,弥补了其在隐蔽伪装能力方面的不足,即使被敌方侦察发现,敌方常规打击也难以对其造成毁伤;而待机阵地的隐蔽伪装能力较强,加上有地形地貌等方面的优势,被敌侦察发现的概率较小。在机动阶段和发射阶段,由于暴露时间长,被敌方侦察发现的概率较大,容易遭到敌方的精确打击,加之机动导弹武器自身的防护能力有限,一旦被敌毁伤,难以在短时间内恢复。

由上述论证结果可知,从整个作战过程来看,在 5.1.2 节拟订的作战运用方案下该机动导弹系统的生存概率较小,与研制方案论证的结果有一定出入,需要对系统的作战运用方案进行改进。考虑到主阵地和待机阵地的特点,存储阶段和待机阶段的生存能力已经很难有较大幅度的提高。而机动阶段和发射阶段则可以通过改进作战运用方案,对这两个阶段的生存概率有所提高。结合经济条件及技术水平,在对空拦截、预警时间不能进行质的提升、而从伪装和防护入手对经费需求又

过大的前提下,计划通过增设假目标,分散敌方侦察及打击力量,从而对目标的生存产生积极的作用。于是,将机动阶段的假目标数量从原来方案中的 1 个增加至 2 个,发射阶段则增加至 3 个,结合改变后的作战运用方案,再分别计算机动阶段和发射阶段的生存概率分别为

$$P_2' = 0.42 + 0.58 \times (1 - 0.271\,2/2.666\,7)^{6.4} = 0.712$$

$$P_4' = 0.32 + 0.68 \times (1 - 0.638\,5/3.5)^{1.4} \times (1 - 0.156\,8/3.5)^{6.4} = 0.702\,5$$

增加假目标后系统在整个作战过程中总的生存概率

$$P' = P_1 P_2' P_3 P_4' = 1 \times 0.712 \times 0.88 \times 0.702\,5 = 0.440\,2$$

通过对修改后的作战运用方案的再次论证分析不难发现,在其他条件不改变的情况下,在机动阶段和发射阶段各增加一个假目标后,机动发射单元的生存概率从原来的 0.350 8 提高到 0.440 2,说明假目标的设置确实可以有效地提高机动导弹系统的战场生存能力。但是假目标的数量不宜过多,过多的假目标一方面增加了费用支出,另一方面当假目标达到一定数量后,再增加假目标的效果将越来越不明显,会造成作战资源的浪费(见图 5.4)。假目标可以采用二手民用厢式卡车改装而成,这样的价格较低,示假效果较好,是未来生存作战的首要选择。

因此,要提高机动导弹系统在整个作战过程中的生存能力,主要应从机动阶段和发射阶段着手。对于机动阶段,应采取不同的机动路线、机动时机、机动规模、机动方式等策略,缩短一次机动的距离,减少机动时间。同时应避开敌方侦察卫星临空时间实施机动,减小被敌侦察发现的概率。此外,还应该按 2∶1 或 3∶1 的比例配置假目标进行伴动。研究结果表明,通过上述的生存作战策略可以显著提高机动导弹系统在机动阶段的生存概率。对于发射阶段,要提高机动导弹系统的战场生存能力,一方面需要对发射准备和撤收操作进行简化,尽可能缩短发射准备时间和撤收时间;另一方面还需要增加假目标配置,分散敌方侦察和打击力量,从而提高真目标的生存概率。

参 考 文 献

[1] 黄宝安,姚玉山,胡瑜.现代武器装备论证应用研究[J].国防科技,2005(7):81-84.

[2] 李明,刘澎,等.武器装备发展系统论证方法与应用[M].北京:国防工业出版社,2000.

[3] 顾基发.系统工程方法论的演变[M].北京:科学技术文献出版社,1994.

[4]　谭云涛,郭波.以费用为独立变量的武器装备型号论证方法研究[J].兵工学报,2007(6):761-764.

[5]　王书敏,贾现录.武器装备作战需求论证中的系统理论与方法[J].军事运筹与系统工程,2004,18(2):18-21.

[6]　高峰,陆欣,王强.SVM方法在武器装备综合论证中的应用[J].装备指挥技术学院学报,2007,18(4):97-101.

[7]　贾现录,王书敏,赵新会.装备作战需求综合集成论证方法初探[J].装备指挥技术学院学报,2005,16(2):43-47.

[8]　张荣,罗小明,熊龙飞.数据包络分析及其在武器装备论证中的应用[C]//第四届中国青年运筹与管理大会论文集,2001:367-382.

[9]　郑卫东.鱼雷武器系统论证方案的模糊多目标生成与优选方法[J].舰船科学技术,2007(4):133-136.

[10]　赵保军,杨建军.装备论证中的数据处理方法[J].指挥技术学院学报,2001,12(5):11-14.

[11]　李永,郭齐胜,李亮.基于 AD/QFD/TRIZ 的装备论证方法创新研究[C]//2007年管理科学与工程全国博士生学术论坛,2007:427-434.

[12]　邓会光,滕克难.飞航导弹武器综合论证方法研究[J].海军航空工程学院学报,2002,17(2):50-52.

[13]　王基祥,常澜.美国弹道导弹地面生存能力评估模型研究(1)[J].导弹与航天运载技术,1999(5):9-21.

[14]　WALLICK J. Aircraft Design for S/V. Proceedings of a Workshop in Survivability and Computer-aided Design[R]. ADA 113556, 1981-04-6.

[15]　DOUGLAS D M. Introduction to the Operational Nuclear Survivability Assessment Process[R]. ADA 210072, 1988-04.

[16]　WONG F S. Modeling and Analysis of Uncertainties in Survivability Assessment[R]. ADA 167630, 1986-03.

[17]　GUZIE, GARY L. Integrated Survivability Assessment [R]. ADA 422333, 2004.

[18]　丁保春.系统仿真技术在导弹武器发展论证中的应用[J].系统仿真学报,2001,13(4):528-531.

[19]　伍发平.机动战略导弹生存能力研究[D].西安:第二炮兵工程学院,1999.

[20]　汪民乐,高晓光.导弹作战系统生存能力新概念[J].系统工程与电子技术,

1999,21(1):8-10.

[21] 甄涛,王平均,张新民.地地导弹武器作战效能评估方法[M].北京:国防工业出版社,2005.

[22] 邵强,李友俊,田庆旺.综合评价指标体系构建方法[J].大庆石油学院学报,2004,20(3):74-76.

[23] 郭强.常规地地导弹武器系统生存能力研究[D].西安:第二炮兵工程学院,2008.

[24] 杨先德,汪民乐,朱亚红.机动导弹系统生存能力的综合评价[J].战术导弹技术,2010(5):71-74.

[25] 黄桂生,苏五星.基于层次分析法的地面雷达战场生存能力评估[J].现代电子技术,2008(7):47-49.

[26] 刘天坤,熊新平,赵育善.防空导弹网络化作战体系生存能力指标分析[J].弹箭与制导学报,2006,26(2):720-723.

[27] 冯韶华,路建伟,黄浩,等.自行高炮武器系统机动生存能力建模评估[J].火力与指挥控制,2007,32(10):89-92.

[28] 王超,孙玉涛,吴超.复杂电磁环境下地空导弹武器系统生存能力评估[J].舰船电子工程,2009,29(8):54-57.

[29] 陈守煜.求解系统无结构决策问题的新途径[J].大连理工大学学报,1993,33(6):705-710.

[30] 黄宪成,陈守煜.定量和定性相结合的威胁排序模型[J].兵工学报,2003,24(1):78-82.

[31] 陈守煜,黄宪成.确定目标权重和定性目标相对优属度的一种新方法[J].辽宁工程技术大学学报,2002,21(2):245-248.

[32] CHEN S Y. Multiobjective Decision-making Theory and Application of Neural Network with Fuzzy Optimum Selection[J]. The Journal of Fuzzy Mathematics, 1998, 6(4):45-48.

[33] 田振清,周越.信息熵基本性质的研究[J].内蒙古师范大学学报(自然科学版),2002,31(4):347-350.

[34] 陈雷,王延章.基于熵权系数与TOPSIS集成评价决策方法的研究[J].控制与决策,2003,18(4):456-459.

[35] 傅祖芸.信息论:基础理论与应用[M].北京:电子工业出版社,2001.

[36] 邱菀华.管理决策与应用熵学[M].北京:机械工业出版社,2002.

[37]　毕义明,汪民乐,等.第二炮兵运筹学[M].北京:军事科学出版社,2005.

[38]　袁孝康.星载合成孔径雷达导论[M].北京:国防工业出版社,2003.

[39]　刘永弘,胡东杰,吕进.假目标作战应用研究及其效果分析[J].工兵装备研究,2003,22(2):39-41.

[40]　胡晓峰,罗批,司光亚,等.战争复杂系统建模与仿真[M].北京:国防大学出版社,2005.

[41]　李凡,姚光仑,赫海燕.弹炮结合防空武器系统机动生存能力模型研究[J].火力与指挥控制,2005(1):76-78.

[42]　张最良,李长生,等.军事运筹学[M].北京:军事科学出版社,1993.

[43]　钱进,叶寒竹.基于作战过程的机动导弹武器系统生存能力评估建模[J].装备指挥技术学院学报,2007,18(4):116-121.

[44]　戴小云.常规导弹旅在敌精确打击下的生存仿真评估[D].西安:第二炮兵工程学院,2007.

第2篇　导弹武器系统快速反应能力分析

第6章　导弹武器系统快速反应能力分析导论

6.1　引　言

自从我国进入世界核俱乐部以来,一直把积极防御作为战略方针,执行有限核报复战略,承诺绝不首先使用核武器。这是从当时国情、军情出发,建立一支有限但却精干有效的战略导弹力量的需要,是遏制超级大国对我国的核威慑和核讹诈的手段,同时也是由于我国战略导弹力量及相应的指控、预警、反导手段与核大国相比,在数量和质量上均处于劣势地位。但是随着太空侦察预警技术以及战略导弹力量的发展,我国战略导弹力量的作用不应只局限于受到打击后的有限报复,而更应该立足于预警条件下的快速反应与快速反击,以实现最大限度的反击效果。本篇立足于此,对导弹力量的快速反应能力进行评估,从中发现导弹快速反击作战中存在的不足,并提出相应的优化策略,以提高导弹力量的快速反应速度。

6.2　国内外研究现状

国外战略核导弹快速反应能力的发展已经经过了几十年的论证和实践,特别是美国、俄罗斯,在推动战略核导弹快速反应能力的发展进程上发挥了巨大的作用[1-2]。

20世纪末,由于世界局势的发展和美苏关系的缓和,以及在核武器方面各项条约的签订,各有核国家在拥有核导弹的数量上有了一定的限制。为了确保在核导弹方面的优势,从数量优势转向质量优势,发展水平更高的精确制导核武器和快速反应能力成为有核国发展导弹核力量的新目标[3]。

为了确保美国在核军备竞赛中的绝对优势,美国在退役了一批战略核武器后,又加快了更高层次的导弹武器研究。美国现役的地地洲际弹道导弹由 450 枚"民兵Ⅲ"、100 枚 MX/和平卫士和 500 枚"侏儒"三种型号导弹组成,共 1 050 枚导弹,2 850 个核弹头。"民兵Ⅲ"经过改进,采用先进的材料和推进系统,质量比原来的"民兵Ⅲ"轻,但投掷质量大,以便为进一步发展钻地弹头创造条件,不仅具有打击硬目标能力,而且反应时间由 40 min 减至 4 min,其快速反应能力得到大大提升。实施"民兵Ⅲ"导弹的"改进计划"后缩短了民兵导弹武器系统的作战准备时间,并且提高了其可靠性以及作战效率。另外,美国还把"民兵Ⅲ"导弹做了全面改变,这种改变包括弹头、控制系统、发动机、指挥控制系统等,虽然表面上还称作"改进计划",但实际上这一"改进型民兵Ⅲ洲际弹道导弹"已经无异于一个新型号了。洲际导弹的快速反应能力能够达到如此高的水平,那么常规导弹的快速反应能力达到美国所说的随时发射也就不是空穴来风。MX/和平卫士导弹是铁路机动部署方式,采用有待机阵地的掩体(阵地上建有 4 个并排的掩体),并随时处于戒备状态。待机阵地建在美国空军的 7 个基地上,50 枚导弹分别装在 25 列火车上,每列火车装载 2 枚导弹,当局势紧张或出现非正常的军事活动征兆时,导弹发射列车接到战略预警命令后,立即从 7 个基地以平均 48 km/h 的速度(最大速度达 80 km/h)开出,12 h 后,25 列火车可疏散在 1.1×10^5 km 的铁路线的任何位置上。如果这些列车遭到对手 150 枚各携带 10 个弹头的 SS-18 洲际弹道导弹的攻击,MX/和平卫士导弹的生存概率仍可达 90%。若来不及疏散,只要打开车厢顶盖,也可以在待机阵地发射导弹。"侏儒"机动洲际导弹采用加固的运输、起竖、发射车来实施公路机动,机动发射车可抗 0.21 kPa/cm² 的冲击波超压,机动范围为 32 362 km²,机动行驶速度可达 96 km/h。将这些核弹头进行改进,将拉开美国核力量与其他国家间的实力差距,在加强美国核武器打击实力的同时,最终使美国确立核军备上的绝对优势[4-6]。

俄罗斯也不例外,以前的导弹,无论是战略弹道导弹,还是战役战术弹道导弹,发射前均要进行复杂的发射准备工作。如导弹的定位、起竖、测试、瞄准等,绝不是只要一按按钮,就能将导弹打出去的简单事情。弹道导弹发射技术水平的高低是衡量一个国家导弹技术发展水平的重要标准,因此,拥有导弹武器的国家都在致力于提高导弹的发射技术水平,推动着导弹发射技术向着快速、安全、隐蔽的方向发展。俄罗斯 SS-25 导弹在到达发射点后,先将发射筒前端在水平状态下打开,使其自动解锁脱落,然后再对水平放置的导弹进行测试和瞄准定向。同时,采用了液压加燃气动力的方法,将起竖的时间缩短到 10 s,导弹起竖后即可发射,这项技术使得俄罗斯的弹道导弹的快速反应水平有了一个很大提升,而采用水平传递和方位垂直传递及全自动瞄准技术已成为弹道导弹发展的必然趋势。S-300PMU2

导弹系统把指挥中心、制导站、监控雷达、导弹及发射架等各部件均安装在通行能力很强的重型卡车底盘上,从而保证导弹系统的高度快速反应能力,该导弹能在公路、铁路上运输。据报道,在事先没有准备的阵地上将 S-300PMU2 导弹系统部署完毕仅需 5 min,行进中准备发射的时间也仅为 5 min。S-300PMU2 导弹系统能自动对指示目标实施战斗行动,能自动地跟踪发现和拦截目标,导弹在临攻击目标之前能识别敌我,还可以同时制导 12 枚导弹攻击 6 个目标,每个目标可用 1 枚导弹攻击,也可以 2 枚导弹齐射,发射间隔为 3 s。另外,俄罗斯也一直在发展装有分导多弹头的导弹,正如俄罗斯总统普京所说:作为对抗美国单方面部署导弹防御系统的手段,俄罗斯将实现"核导弹的多弹头化"。这是对美国最有效也是最廉价的回应,他们在未来 50～100 年间都将无法应对这些措施[7-8]。

在现代高技术条件下的信息化战争中,利用精度高、毁伤能力强的导弹武器完成主要目标的打击任务已经成为战争的一个新的发展模式。总结最近几场局部战争的经验,不难发现,战争无不是以精确制导武器对地面的"外科手术"式快速打击开始的,所以现代条件下的信息化战争对于导弹武器系统的生存能力、快速反应与反击能力、作战可靠性等技、战术性能提出了更高的要求。中国一贯坚持积极防御的战略方针,面对潜在对手的核威胁与核打击,导弹武器系统如何能在最短的时间内成功发射,给敌方有效反击,并能够保持持续战斗力,继续实施有效、连续的反击,已经成为保持战略导弹力量威慑与实战有效性的重中之重,而这必然要求提高战略导弹武器系统的快速反应能力[9-12]。战略导弹武器系统的快速反应能力是关系到战略导弹反击作战成败的关键因素,是直接决定导弹武器能否充分发挥其战斗效能的重要方面。它既是导弹力量战斗力的重要体现,也是反映战略导弹作战能力的关键指标,对能否完成作战任务具有重要的影响。所以,全面地分析研究战略导弹武器系统的快速反应能力对于导弹力量完成战略反击任务非常必要。

6.3 导弹武器系统快速反应能力影响因素分析

导弹武器系统的快速反应能力,不仅取决于导弹武器系统的反应时间,还取决于人、武器装备、人和武器装备相结合的水平以及导弹力量的作战勤务保障、技术保障、后勤保障等有效的协同及战场环境条件的影响和制约等诸多因素。对于这些因素的分析非常必要,是导弹武器系统快速反应能力评估与优化的基础。

6.3.1 武器装备

武器是决定战争胜负的重要因素,是战斗力的重要物质基础,没有导弹武器装备的发展和形成战斗力,战略导弹力量就不可能发展壮大,作战能力就不可能提高,这在现代战争中体现得尤为明显。现代武器的灵活机动、快速准确、高可靠性和巨大的破坏力,为现代高技术战争的胜利提供了可靠保障,而快速反应则是夺取战场主动权的重要手段[13-14]。因此,快速反应能力已经成为战略导弹力量发展水平的一个重要标志。导弹武器系统的快速反应时间越短,快速反应能力就越强;其次是导弹武器系统的可靠性的影响,可靠性越低,在作战中出现故障等不可预见问题的可能性就大,快速反应就难以保证,必然影响快速反应能力。导弹武器系统的快速反应能力与导弹武器装备本身的系统效能有着密切的联系。

导弹武器系统效能是指系统在规定的条件下完成特定任务剖面的能力[15-16]。不同的武器装备有不同的任务剖面,即使是不同型号的导弹武器系统,也因其目标特性、作战空域等不同而各自有不同的任务剖面。而武器系统的作战效能表示不同武器系统完成各自不同任务剖面的能力。对于这项指标的定量化,比较典型的方法是 ADC 模型[17-18],该模型把系统效能分解为可用性、可信赖性和能力三部分,而这三部分是由相应的概率表示的。即

$$\boldsymbol{E}^{\mathrm{T}} = \boldsymbol{A}^{\mathrm{T}} \boldsymbol{D} \boldsymbol{C} \tag{6.1}$$

式中,$\boldsymbol{E}^{\mathrm{T}}$ 为效能行向量;$\boldsymbol{A}^{\mathrm{T}}$ 为可用性行向量;$\boldsymbol{D}$ 为可信性矩阵;$\boldsymbol{C}$ 为能力矩阵。

可用性行向量 $\boldsymbol{A}^{\mathrm{T}}$ 是由系统开始执行任务时处于所有可能状态的概率组成,一般表达式为

$$\boldsymbol{A}^{\mathrm{T}} = \begin{bmatrix} a_1 & a_2 & \cdots & a_n \end{bmatrix} \tag{6.2}$$

式中,a_i 为开始执行任务时系统处于第 i 种状态的概率;n 为系统可能处于的状态数。

可信性矩阵是由各种状态变化为其他状态的概率组成的,若系统开始执行任务时有 n 种可能状态,则在执行任务过程中就会呈现出 $n \times n$ 种可能的转化状态。因此,可信性是一个 $n \times n$ 阶方阵,即

$$\boldsymbol{D} = \begin{bmatrix} d_{11} & d_{12} & \cdots & d_{1n} \\ d_{21} & d_{22} & \cdots & d_{2n} \\ \vdots & \vdots & & \vdots \\ d_{n1} & d_{n2} & \cdots & d_{nn} \end{bmatrix} \tag{6.3}$$

武器系统的能力是指系统最后完成特定任务的程度,一般由完成特定任务的概率表示。这个概率与系统在执行任务过程中所处的状态密切相关。同一系统,由于所处的状态不同,其完成特定任务的概率也不同。如果系统效能由 n 个品质因数(都是用概率描述的)组成,则系统的能力也有相应的 m 个指标,其中每一个能力指标在 n 种不同状态下出现 n 个数值,那么 m 个能力指标就呈现出 $m \times n$ 个数值,则能力矩阵是一个 $n \times m$ 阶矩阵,即

$$\boldsymbol{C} = \begin{bmatrix} c_{11} & c_{12} & \cdots & c_{1m} \\ c_{21} & c_{22} & \cdots & c_{2m} \\ \vdots & \vdots & & \vdots \\ c_{n1} & c_{n2} & \cdots & c_{nm} \end{bmatrix} \tag{6.4}$$

6.3.2　作战人员

导弹武器系统的快速反应时间是影响导弹力量快速反应能力的主要因素,但从作战角度看,快速反应能力还受到人为主观因素的制约。一是各级指挥员的指挥能力。导弹武器系统是一个复杂系统,必须做到整体协调一致,否则,一旦某个环节出现问题就会影响整体作战进程。而要协调地完成各项工作,按时达到作战目的,各级指挥员必须具有很强的指挥能力,保证各种情况下都能正确处置复杂的战场情况和协调一致指挥作战。二是技术水平。现代武器装备尖端科技对人的素质提出了很高的要求,尤其在技术方面,要求技术人员能够在作战条件下迅速处理各种技术问题,提出技术决策意见并能定下技术决心,否则,就会影响快速反应速度,导致贻误战机,甚至招致导弹反击作战的失败。三是操作技能。导弹测试与发射需要技术高度熟练的操作手,否则就会出现操作延缓或操作失误,从而影响发射进程,进而影响快速反应能力。

作战人员素质的衡量由经验分析法确定,主要是专家学者或智囊团队根据征询或调查的资料,结合自身的经验,对作战人员参与作战所发挥作用情况的分析和判断的一种评估方法,多靠分析者的直觉经验和先验知识,通过对分析对象过去和现在的延续状态及最新的信息资料,对分析对象的性质、特点和发展变化规律作出判断,本章通过专家打分法对作战人员的素质进行量化。

6.3.3　人与武器的结合

人和武器的是战场上的两个主体,两者能否做到最佳结合,直接关系到快速反应能力的提高。人与武器结合水平高,说明武器系统在适应人的操作使用方面比较完善。人对武器系统的技术、战术性能做到了熟练掌握,使导弹武器系统的测试、发射更加顺畅,快速反应能力就强。人与武器的最佳结合,包括两个方面的含义:一方面,导弹武器系统在现有技术、工艺水平的基础上必须在测试手段、操作方法和系统配置方面达到与人的最佳适应;另一方面,人对导弹武器系统的技术、战术性能必须做到精准掌握,达到能够创造性地使用武器装备的程度。因此,要提高人与导弹武器结合的水平,必须大力开展科研革新活动,改革烦琐的测试操作程序,革新落后的测试手段,排除操作使用中不可靠、不安全的因素;必须创造性地对导弹武器加以应用,使其发挥出更高的技术、战术水平。只有这样,才能将人的军事技术与武器装备的技术性能有机地结合起来,从而提高导弹力量的快速反应能力。

6.3.4　武器系统与保障系统的协同能力

导弹力量要形成作战能力,除武器系统外,还要有与之配套的各种阵地设施及保障措施,主要包括侦查、通信、电子对抗、后勤等保障。组织与实施全面、周密的作战保障对提高导弹力量的快速反应能力有着重要作用。现代战争对作战保障的依赖性越来越大,要求也越来越高,做到保障有力必须努力做到:保障人员素质过硬,专业技术精通,能够科学地组织与实施保障,具有较高的现代科技水平,能够保障导弹武器装备发挥最佳效能;提高武器装备的现代化水平,重点实现作战指挥、后勤指挥自动化,以适应信息化协同作战的保障需要;优化保障体制和保障力量结构,健全保障管理机制,改善保障力量运行效率,提高保障的整体效能。武器系统与保障系统相辅相成,缺一不可,二者之间的协同水平直接影响导弹力量的快速反应能力。

6.3.5 战场环境条件的影响和制约

战场环境是指由各种情况和条件构成的战场形态,是指战场及其周围对作战有影响的情况和条件,包括自然条件和人文条件。可以认为战场环境是作战空间中对战争态势有影响的各类客观因素集,包括自然因素和人文因素。导弹力量的战斗行动受到战场环境条件的影响和制约,如导弹武器装备的机动、发射及各种保障等,都与环境条件有着密切关系,甚至直接影响到导弹力量的快速反应能力。

影响导弹力量快速反应能力的战场环境主要包括地形状况、道路状况、气象状况和敌方的攻击状况。在战场环境各个因素中,对作战行动影响最大的是地形,某种地形对应某通行性等级,相应的通行性等级影响车辆、人员的机动速度,道路等级同样也影响车辆、人员的机动速度,而天候条件可影响到作战行动中的观察、射击、运动及通信,例如:雨、雪、雾影响能见度,降低观察能力,影响射击精度;高温、低温、干燥、潮湿会影响人员的意志力和操作能力;雨季对导弹武器系统的机动影响很大;敌方的攻击状况更是极大地影响导弹武器系统的机动和发射行动[19-20]。因此,战场环境也是影响快速反应能力的一个重要的因素。

就目前战争所涉及的客观因素来分析,战场环境应该包含战场物质环境和战场信息环境两大基本要素,这两大要素又由下一级的许多子要素组成。由于战场环境中各类子要素互相影响、渗透,对它们的界定和分类有许多不同的看法,没有一个明确的标准,为了便于对其进行研究,图 6.1 对战场环境的构成要素分成两个基本要素和七个子要素[21]。

根据以上对影响导弹武器系统快速反应能力的众多因素分析,总结归纳出图6.2 所示的因素结构图。

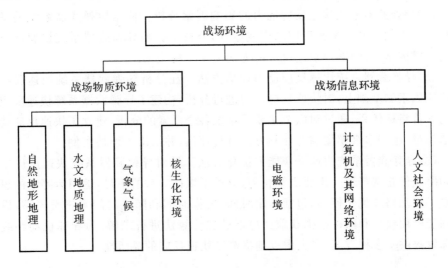

图 6.1 战场环境构成要素图

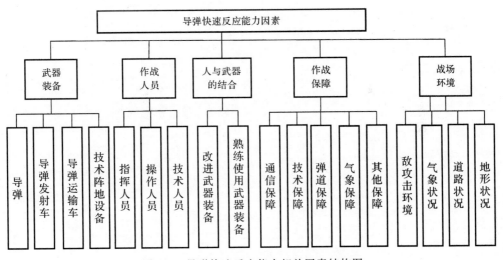

图 6.2 导弹快速反应能力相关因素结构图

6.4 本篇主要内容

本篇在对影响导弹武器系统快速反应能力的关键因素进行分析的基础上,构建了导弹武器系统快速反应能力的评价指标体系,建立了评估模型,对导弹武器系统的机动过程建立优化模型,并提出了改进方案。本篇的主要内容如下:

(1)导弹武器系统快速反应能力的影响因素分析。依据导弹武器系统的基本组成和导弹武器系统快速反应的作战流程,分析了影响导弹武器系统快速反应能力的关键因素,并归纳了快速反应能力的因素结构关系。

(2)导弹武器系统快速反应能力评估方法。在分析导弹武器系统快速反应能力影响因素的基础上,对快速反应能力进行分析,构建了导弹武器系统快速反应能力的评价指标体系,通过对六个主要子系统各个要素的分析,建立了快速反应能力评估模型,运用多级模糊综合评判方法进行评估,并给出了评估实例。

(3)导弹武器系统快速反应能力优化方法。针对导弹武器系统快速反应中的机动路线优化选择这一重要决策行为,分析了以往方法的不足,运用运筹学的思想建立了机动路线优化模型,包括确定时间、模糊时间和随机时间等三类模型,设计了基于模糊模拟和随机模拟获取适应度的遗传算法进行求解,为导弹机动路线优化选取提供了多种方案,最大限度地提高了快速反应的灵活性。

第7章　导弹武器系统快速反应能力评估

7.1　引　　言

导弹武器系统的快速反应能力涉及很多方面的因素,它是导弹力量的装备技术水平和战术行动水平等因素融为一体的综合能力。导弹武器系统的快速反应能力评估包括快速反应能力评价指标体系的构建和评估模型的建立,而导弹武器系统快速反应能力评价指标体系的构建是快速反应能力评估的基础,是导弹力量快速反击方案优化的依据,因此,评价指标体系的构建是导弹武器系统快速反应能力评估过程中的首要环节,对导弹武器系统快速反应能力评估的整个进程有着重要影响。评价指标体系构建要全面地反映导弹武器系统快速反应的实际作战进程,这就需要将局部参数和模糊参数结合起来构建快速反应能力评价指标体系,这样才能真实地反映导弹武器系统的快速反应能力。

7.2　导弹武器系统快速反应能力评估指标体系

按系统工程的思想方法提高导弹武器系统快速反应能力,首先必须建立明确而又具体的能力指标体系,通过对影响快速反应能力指标的评价,来反映完成该系统任务的程度[22]。因此根据影响导弹力量快速反应能力的相关因素分析,得到影响快速反应能力的指标体系,主要分为以下六个子系统:作战组织指挥、导弹测试、导弹转载、导弹机动、快速发射和快速撤收。

7.2.1　作战组织指挥能力

作战组织指挥能力是指各级指挥人员接到上级命令后,在作战决策分析人员的辅助和指挥信息系统的支持下,以高速率、高效率进行判断情况、拟制计划、定下决心,并将作战计划进行周密安排、部署并组织实施的能力。组织指挥在导弹武器系统快速反应中占有非常重要的地位,因此,分析研究并建立适应导弹武器系统作战特点的指挥机制,达到高效灵活的指挥效率,是提高导弹武器系统快速反应能力的重要途径。

科学的指挥机制包括有效的指挥机构、先进的指挥设施、科学的指挥手段和方法。在作战组织指挥过程中,必须实行组织战斗程序的优化,并简化战斗文书,缩短组织战斗的时间。作战组织指挥能力的具体指标如下：

(1)指挥主体组织指挥能力。指挥人员必须充分领会并贯彻上级的作战意图，在接到命令后，迅速制定出作战方案，确保作战指挥的高效、顺利进行。指挥人员是上级命令的直接受领者和负责人，是单位作战行动的组织指挥者。指挥人员的素质好坏直接关系到作战效能的发挥程度和快速反应的速度。导弹的作战具有时间短、指挥密度大、连续紧张和组织动作复杂等特点，要求指挥人员和技术人员密切合作、集中统一、迅速准确。指挥人员又是作战单位的领导核心，其素质的高低直接影响指挥机构的整体水平，同时对作战单位的参战人员也有很大的影响作用。指挥主体组织指挥能力包括以下两点：

1)指挥人员的指挥能力，主要是由指挥人员的政治思想、文化、军事、心理素质、知识结构和指挥经验、应变能力所决定的。

2)作战决策分析人员的辅助决策能力，指参与指挥活动以辅助指挥员实施指挥的能力，通常用辅助指挥员决策生成的时间和可用率来表示。

(2)指挥控制(简称指控)系统的辅助决策效能，是指指挥控制系统在规定时间内完成规定任务的程度，包括以下几点：

1)指控系统的传输率，是指指控系统传输信息的效率，可以用单位时间传输的信息量表示。

2)指控系统的保密性，是指指控系统保密性能，亦指通信密码不被破译的概率。

3)指控系统的准确性，是指指控系统传输信息的准确度，又称为可信度，用于度量信息的传输质量，这里指信息传输中不出现误码的平均概率。

4)指控系统的可靠性，是指指控工具的可靠性，用出现故障的概率表示。

(3)人机交互能力。指作战指挥中人员与所操作使用的计算机之间的协调性，主要指操作速度，显然对作战程序和计算机了解程度越高，训练次数越多，操作越熟练，操作能力就越强，可用单位工作量所用时间来衡量。

1)人员的计算机操作素质，主要是指操作人员对计算机技术的熟练程度。

2)计算机的性能，主要是指计算机的处理速度。

7.2.2　导弹测试能力

导弹测试能力是指导弹武器系统机动到发射阵地后，在规定时间内完成各项测试任务，或在规定的导弹发射数量的情况下，快速完成导弹发射测试任务，以具备正常发射的能力。

在实际作战当中，导弹的测试时间偏长，占时间比例很大。因此，一方面，要逐步提高测试设备的现代化水平，利用先进的测试设备代替落后的设备，可以有效地缩短测试时间，而且可以提高测试的可靠性。另一方面，立足现在的导弹测试技术,在导弹测试手段、操作方法、人员的合理配置方面采取措施,优化测试操作方法,革新落后的测试手段,科学安排人员的配置和导弹的测试程序,缩短每个阶段测试时间。

根据导弹测试能力分析,把导弹测试能力分为以下几项子指标。

(1)人员的测试能力。技术人员是使导弹测试顺利进行以及设备维修保障的基本力量,是战斗力的重要组成部分。现代导弹武器系统复杂,对系统的认识和维护需要刻苦学习和长期的经验积累,技术水平、动手能力要求高,在恶劣环境下心理素质要好。人员的素质是由人员的文化素质、技术水平、经验积累及创新能力来决定的。

1)测试组织指挥能力,是测试指挥人员对操作人员的组织能力和协调能力,以及对测试操作规程的熟练程度。

2)测试人员的操作能力,是由测试人员的文化素质、操作熟练程度、操作人员之间的协同能力来决定的,通常用测试速度或测试操作的时间来衡量。

3)测试人员分配的合理性,是指测试人员与使测试设备和仪器的高度协调及对场地的充分利用,既不空缺,也不冗余。

(2)测试系统的测试效能。

1)测试设备的可靠性,是指在测试期间设备的可靠程度,可用故障率高低来衡量。

2)测试设备的维修效率,是指设备出现故障以后维修需要的人力、物力和财力的综合利用效率,可用平均修复时间来衡量。

3)测试设备配套数量的合理性,是指测试仪器数量应与测试人员合理配套,既没有人员富余,也没有设备闲置,使得测试资源的利用达到最优,测试时间越短,测试效能就越高。

7.2.3　导弹转载能力

导弹力量在接到快速反击命令后,必须立即把技术状态良好的导弹转载到发射车上,并机动至发射阵地。把转载能力用导弹的平均转载时间来衡量,分为以下几项子指标:

(1)转载场地的容量,指转载场地上能同时展开的转载作业数。

(2)转载设备的可靠性,指转载中各种转载设备的可靠程度。

(3)转载设备的配套数量,决定着单位时间转载导弹数量。

7.2.4　导弹机动能力

导弹的机动能力是指一定数量的导弹转载完成后,能够快速机动,到达指定发射阵地,实施发射任务的能力,是导弹快速反应能力的一个重要体现。把机动能力分为以下几项子指标。

(1)导弹武器系统的机动能力。

1)发射车辆的机动速度,指各种车辆机动中的最大速度,一般用平均速度表示。

2)发射车辆的机动范围,指发射车辆的最大机动半径。

3)发射车辆的机动可靠性,指车辆发射故障率的大小。

4)发射车辆故障的快速修复效率,是指机动中发射车辆出现故障时的平均修复时间。

(2)导弹武器系统适应机动区域外界环境能力。

1)地形适应性,指导弹武器系统对平原、山地、丘陵等不同地形的适应程度。

2)机动道路适应性,指导弹武器系统对不同等级的道路、桥梁等的适应程度,通常以最大可通行速度来表征。

3)天候条件适应性,指导弹武器系统对风、霜、雨、雪等恶劣天候的适应程度。

(3)机动路线选取的合理性。

(4)机动时机选取的合理性。

7.2.5 快速发射能力

导弹武器系统的快速发射能力是指在指定时间内,导弹力量完成上级赋予的指定数量发射任务的作战能力,是导弹武器系统快速反应能力的关键体现。根据影响导弹发射能力的各种因素,将导弹发射能力分为以下几项子指标。

(1)人员快速反应能力。

1)发射方案快速拟制的时间。

2)发射组织指挥能力。

3)发射人员的操作能力。

(2)导弹武器系统本身的快速响应能力。

1)导弹发射率,是指在单位时间(天)内导弹武器系统能够发射的导弹数。

2)导弹发射的可靠性,是指发射过程中导弹武器系统的可靠性。

3)发射车辆的可靠性,是指发射过程中发射车辆的故障率。

4)转换发射场地的速度。

(3)发射保障能力。发射保障能力是指导弹武器系统到达预定发射阵地后,各种发射保障力量的保障能力及保障力量之间的协调能力。发射保障能力有以下几项主要指标:

1)通信保障能力。

2）测地保障能力。

3）弹道保障能力。

4）气象保障能力。

7.2.6　快速撤收能力

快速撤收是减少导弹武器系统对空暴露时间,提高射前和射后生存能力的重要措施,同时也是实现快速转移阵地,进而提高后续打击的快速反应速度的重要保证。在目前情况下,进一步缩短导弹发射准备时间的困难相对较大,所以,应尽力实现快速撤收。现代侦察技术和侦察手段,能在数十秒内捕获到导弹发射征候并测得发射点的坐标位置,进而实施打击,因此,导弹武器系统的快速撤收能力也是体现其快速反应能力的一个重要指标。快速撤收能力主要表现为导弹发射车辆的撤收时间,可以用如下几个子指标来表征。

(1)人员的素质。

1)撤收指挥能力。

2)撤收操作的熟练程度。

(2)撤收程序的合理性。

(3)撤收中的车辆可靠性。

根据以上分析,可建立具有层次递阶结构的导弹武器系统快速反应能力评价指标体系,如图 7.1 所示。

7.3　导弹武器系统快速反应能力评估模型

现实生活中,对一个事物的评价常常要涉及多个因素或多个指标,评价是在多因素相互作用下的一种综合判断。模糊综合评价是在模糊的环境中,考虑多种因素的影响,关于某种目的对某种事物做出综合决断或决策[23]。具体地说,就是应用模糊变换原理和最大隶属原则,考虑与被评价事物相关的各个因素,对其所作的综合评价。

综合评价方法中最简单的是评分的方法,但是在许多情况下,各指标或因素在总评价中的地位并不完全相同,存在着一种权衡意识,即因子的重要性的相对比较。因此,不能平等评价对象中的各种指标,而模糊综合评判正是针对这种情况所提出的一种数学方法。多层次模糊综合评判的一般模型建立在一级综合评判模型基础上,所以先建立一级模糊综合评价模型,在此基础上完成多级模糊综合评价模型[24-26]。

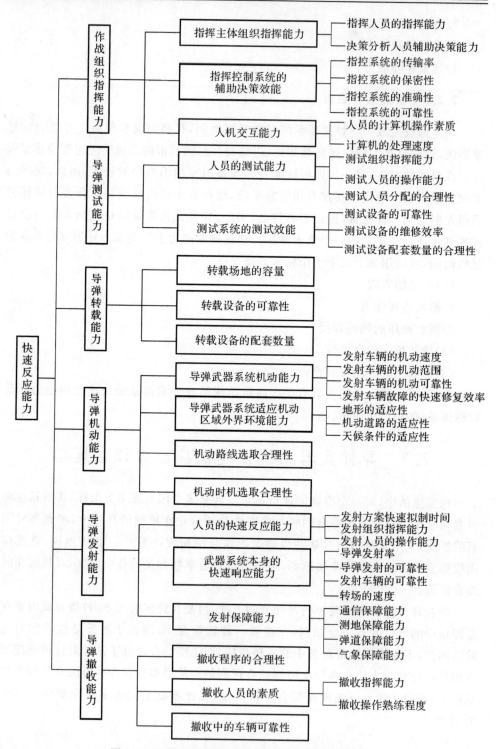

图 7.1　导弹武器系统快速反应能力评价指标体系

7.3.1　一级模糊综合评判模型

1. 建立因素集

因素集是评判对象的各种因素所组成的一个普通集合。即 $U = \{u_1, u_2, u_3, \cdots, u_m\}$

式中，U 是因素集；$u_i(i = 1, 2, \cdots, m)$ 代表各影响因素。

这些因素可以是模糊的，也可以是非模糊的，但通常具有不同程度的模糊性。

2. 建立备选集

备选集通常用 V 表示，即 $V = \{v_1, v_2, \cdots, v_n\}$。各元素 $v_j(j = 1, 2, \cdots, n)$ 代表各种可能的评判等级。

3. 建立权重集

为了反映各个因素的重要程度，对各个因素赋予一相应的权数 $a_i(i = 1, 2, \cdots, m)$，称 $A = \{a_1, a_2, \cdots, a_n\}$ 为权重集。其满足归一性和非负性：

$$\sum_{i=1}^{m} a_i = 1, \quad a_i \geqslant 0 (i = 1, 2, \cdots, m) \tag{7.1}$$

4. 模糊综合评判

对因素 U 中的单因素 $u_i(i = 1, 2, \cdots, m)$ 作单因素评判，从因素 u_i 确定该事物对备选等级 $v_j(j = 1, 2, \cdots, n)$ 的隶属度 r_{ij}，就这样得出第 i 个因素 u_i 的单因素评判集为

$$r_{ij} = \{r_{i1}, r_{i2}, \cdots, r_{in}\} \tag{7.2}$$

它是备选集 V 上的模糊子集。这样 m 个因素的单因素评判集就构造出一个总的评判矩阵 $\boldsymbol{R}$

$$\boldsymbol{R} = \begin{bmatrix} r_{11} & r_{12} & \cdots & r_{1n} \\ r_{21} & r_{22} & \cdots & r_{2n} \\ \vdots & \vdots & & \vdots \\ r_{m1} & r_{m2} & \cdots & r_{mn} \end{bmatrix} \tag{7.3}$$

$\boldsymbol{R}$ 是因素 U 到备选集 V 上的一个模糊关系，r_{ij} 表示因素 u_i 对评判等级 v_j 的隶属度。

设各因素 $u_i(i = 1, 2, \cdots, m)$ 权重系数分配为 $a_i(i = 1, 2, \cdots, m)$，因此，模糊综合评判可表示为

$$B = AR = b_1 b_2 \cdots b_n \tag{7.4}$$

B 为模糊综合评判集，$b_j(j = 1, 2, \cdots, m)$ 称为模糊综合评判指标。根据最大隶属度原则，求 $\max(b_j)(j = 1, 2, \cdots, m)$ 得到对评判对象的评判结果即相应的评判等级。

7.3.2 多级模糊综合评判模型

第一步:划分因素集 $U = \{u_1, u_2, u_3, \cdots, u_m\}$。

对其中的 $u_i(i=1,2,\cdots,m)$ 作划分: $u_i = \{u_{i1}, u_{i2}, \cdots, u_{in}\}$。

对其中的 u_{ij} 再作划分: $u_{ij} = \{u_{ij1}, u_{ij2}, \cdots, u_{ijn}\}$,根据问题可照此继续划分。

第二步:对每个子集分别进行一级综合评判。从最后一级划分的各因素开始,一级一级往上评,构成多级模糊综合评判的一般模型如下:

$$B = A \circ R = \begin{bmatrix} A_1 \circ \begin{bmatrix} A_{11} \circ R_{11} \\ A_{12} \circ R_{12} \\ \vdots \\ A_{1n} \circ R_{1n} \end{bmatrix} \\ \vdots \\ A_m \circ \begin{bmatrix} A_{m1} \circ R_{m1} \\ A_{m2} \circ R_{m2} \\ \vdots \\ A_{mn} \circ R_{mn} \end{bmatrix} \end{bmatrix} \qquad (7.5)$$

7.3.3 快速反应能力评价的模糊综合评判模型

(1)依据导弹武器系统快速反应能力评价指标体系,从六个方面进行综合评价。

(2)评价指标集。

一级评价指标集 $U = \{u_1, u_2, u_3, u_4, u_5, u_6\}$

二级评价指标集 $U_1 = \{u_{11}, u_{12}, u_{13}\}$

$U_2 = \{u_{21}, u_{22}\}$

$U_3 = \{u_{31}, u_{32}, u_{33}\}$

$U_4 = \{u_{41}, u_{42}, u_{43}, u_{44}\}$

$U_5 = \{u_{51}, u_{52}, u_{53}\}$

$U_6 = \{u_{61}, u_{62}, u_{63}\}$

三级评价指标集 $U_{11} = \{u_{111}, u_{112}\}$

$U_{12} = \{u_{121}, u_{122}, u_{123}, u_{124}\}$

(3)评语集。以导弹能否快速完成任务为评价标准,将其反应能力划分为五个等级:很高、较高、一般、较低、很低,这样得到最终评价等级集合的量表见表 7.1。

表 7.1 评价指标等级

评判等级	很高	较高	一般	较低	很低
快速反应能力	$0.81 \sim 1.0$	$0.61 \sim 0.80$	$0.41 \sim 0.60$	$0.21 \sim 0.40$	0.20 以下

（4）确定各个层次的权重系数集，即权重向量：

一级权重向量　　$\boldsymbol{A} = \begin{bmatrix} a_1 & a_2 & a_3 & a_4 & a_5 & a_6 \end{bmatrix}$

二级权重向量　　$\boldsymbol{A}_1 = \begin{bmatrix} a_{11} & a_{12} & a_{13} \end{bmatrix}$

$\boldsymbol{A}_2 = \begin{bmatrix} a_{21} & a_{22} \end{bmatrix}$

$\boldsymbol{A}_3 = \begin{bmatrix} a_{31} & a_{32} & a_{33} \end{bmatrix}$

$\boldsymbol{A}_4 = \begin{bmatrix} a_{41} & a_{42} & a_{43} & a_{44} \end{bmatrix}$

$\boldsymbol{A}_5 = \begin{bmatrix} a_{51} & a_{52} & a_{53} \end{bmatrix}$

$\boldsymbol{A}_6 = \begin{bmatrix} a_{61} & a_{62} & a_{63} \end{bmatrix}$

三级权重向量　　$\boldsymbol{A}_{11} = \begin{bmatrix} a_{111} & a_{112} \end{bmatrix}$

$\boldsymbol{A}_{12} = \begin{bmatrix} a_{121} & a_{122} & a_{123} \end{bmatrix}$

其中权重系数的确定采用层次分析法：所谓权重系数是表征因子相对重要性大小的量度值[27]。目前，关于表征的确定方法有十几种之多，这种方法大致可以分为两类：主观赋权法和客观赋权法[28-30]。而常见的权重系数确定方法有权重系数专家估测法、频数统计分析法、主成分分析法、层次分析法、模糊逆方程法等几种方法，在此采用层次分析法[31-32]。

所谓层次分析法，是系统工程中对非定量事件作定量分析的一种简便方法，也是对人们的主观判断作客观描述的一种有效方法。其具体过程如图 7.2 所示。

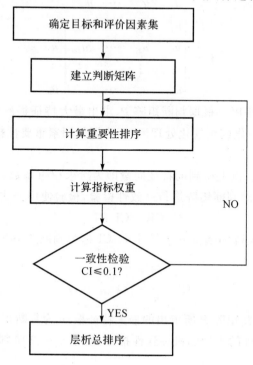

图 7.2　层次分析法的评估步骤

1) 确定目标和评价因素集 U。

2) 建立判断矩阵，$u_i(i=1,2,\cdots,m)$ 表示评价因素，u_{ij} 表示 u_i 对 u_j 的相对重要性，u_{ij} 的取值依表 7.2 进行。

表 7.2   判断矩阵标度及其含义

标 度	含 义
1	表示因素 u_i 与 u_j 比较，具有同等重要性
3	表示因素 u_i 与 u_j 比较，u_i 与 u_j 稍微重要
5	表示因素 u_i 与 u_j 比较，u_i 与 u_j 明显重要
7	表示因素 u_i 与 u_j 比较，u_i 与 u_j 强烈重要
9	表示因素 u_i 与 u_j 比较，u_i 与 u_j 极端重要
2,4,6,8	分别表示重要性位于 1,3,5,7,9 之间
倒数	表示因素 u_i 与 u_j 比较得到判断 u_{ij}，则 u_i 与 u_j 比较得到判断 $u_{ji}=1/u_{ij}$

根据上述各标度的意义构造出判断矩阵 $\boldsymbol{P}$：

$$\boldsymbol{P}=\begin{matrix} & u_1 & u_2 & \cdots & u_m & \\ \begin{bmatrix} u_{11} & u_{12} & \cdots & u_{1m} \\ u_{21} & u_{22} & \cdots & u_{2m} \\ \vdots & \vdots & \vdots & \vdots \\ u_{m1} & u_{m2} & \cdots & u_{mm} \end{bmatrix} & \begin{matrix} u_1 \\ u_2 \\ \vdots \\ u_m \end{matrix} \end{matrix} \tag{7.6}$$

3) 计算重要性排序。根据判断矩阵 $\boldsymbol{P}$，求出最大特征根所对应的特征向量。所求特征向量作归一化或正规化处理后，即为评价因素重要性排序，也就是权重系数分配。

4) 一致性检验。以上得到的特征向量即为所求权重系数，那么权重系数的分配是否合理，这需要对判断矩阵进行一致性检验，检验使用公式：

$$CR = CI/RI \tag{7.7}$$

式中，CR 称为判断矩阵的随机一致性比率；CI 称为判断矩阵的一般一致性指标，它由下式给出：

$$CI = \frac{1}{n-1}(\lambda_{\max} - n) \tag{7.8}$$

式中，$\lambda_{\max}$ 为根据判断矩阵 $\boldsymbol{P}$ 所求出的最大特征根；n 为判断矩阵 $\boldsymbol{P}$ 的阶数。

RI 称为判断矩阵的平均随机一致性指标，对于 $1\sim9$ 阶判断矩阵，RI 值已给出，见表 7.3。

表 7.3　判断矩阵一致性指标

n	1	2	3	4	5	6	7	8	9
RI	0.00	0.00	0.58	0.90	1.12	1.24	1.32	1.41	1.45

当 CR＜0.10 时,即认为判断矩阵具有满意的一致性,说明权重系数分配是合理的,否则就需要调整判断矩阵,直到取得具有满意的一致性为止。

5）确定模糊评价集。对于评价因素中定性因素,其评价值的定量化由专家打分法得出,对于评价因素中定量因素,其评价值可由计算公式给出,根据得到的数值,计算出指标满足要求的程度,即满意度来进行统一化。在此采用公式（7.9）和（7.10）来计算：

确定正向指标的隶属函数：

$$\mu(x) = \begin{cases} 0 & (0 \leqslant x < a) \\ \dfrac{1}{2} + \dfrac{1}{2}\sin\dfrac{\pi}{b-a}\left(x - \dfrac{a+b}{2}\right) & (a \leqslant x \leqslant b) \\ 1 & (x > b) \end{cases} \tag{7.9}$$

式中,b 为正向指标期望值（期望值可根据有关标准、规定,或先进单位已达到的,或经过努力可达到的数字来表示）;a 为下限:$a = b/e$。

逆向指标的隶属函数：

$$\mu(x) = \begin{cases} 0 & (0 \leqslant x < b') \\ \dfrac{1}{2} - \dfrac{1}{2}\sin\dfrac{\pi}{b'-a'}\left(x - \dfrac{a'+b'}{2}\right) & (b' \leqslant x \leqslant a') \\ 1 & (x > a') \end{cases} \tag{7.10}$$

式中,b' 为逆向指标期望值（期望值可根据有关标准、规定,或先进单位已达到的,或经过努力可达到的数字来表示）;a' 为上限:$a' = b' \cdot e$。

6）综合评价。

三级综合评价：　　　　　　　$\boldsymbol{B}_{1i} = \boldsymbol{A}_{1i} \circ \boldsymbol{R}_i$

二级综合评价：　　　　　　　$\boldsymbol{B}_1 = \boldsymbol{A}_1 \circ \boldsymbol{R}$

一级综合评价：　　　　　　　$\boldsymbol{B} = \boldsymbol{A} \circ \boldsymbol{R}$

其中,$\circ$ 算子采用 $M(\bullet, \oplus)$。

因此,得到快速反应能力的大小为

$$E = \sum_{i=1}^{6} A_i P_i \tag{7.11}$$

式中,P_1 为作战组织指挥能力;P_2 为导弹测试能力;P_3 为导弹的机动能力;P_4 为导弹的转载能力;P_5 为导弹发射能力;P_6 为导弹撤收能力;A_i 为 P_i 相对于该导弹快速反应能力所占的权重。

7.4   导弹武器系统快速
反应能力评估实例

以一个导弹武器系统为对象,对其快速反应能力进行综合评价。

7.4.1   按层次分析法确立权重集

首先根据各个因素的相对重要性,建立判断矩阵 P

$$P = \begin{bmatrix} 1 & \frac{1}{3} & 2 & 3 & 5 & 2 \\ 3 & 1 & 4 & 5 & 7 & 4 \\ \frac{1}{2} & \frac{1}{4} & 1 & 2 & 4 & 1 \\ \frac{1}{3} & \frac{1}{5} & \frac{1}{2} & 1 & 3 & \frac{1}{2} \\ \frac{1}{5} & \frac{1}{7} & \frac{1}{4} & \frac{1}{3} & 1 & \frac{1}{4} \\ \frac{1}{2} & \frac{1}{4} & 1 & 2 & 4 & 1 \end{bmatrix} \tag{7.12}$$

(1)利用 7.3.3 节的方法计算各因素的重要性排序,经归一化处理,得权重系数分配,即权重向量 W

$$W = \begin{bmatrix} 0.150\,1 & 0.054\,1 & 0.088\,0 & 0.243\,1 & 0.376\,7 & 0.088\,0 \end{bmatrix}$$

(2)计算判断矩阵 P 的最大特征值:

$$\lambda_{\max} = 6.071\,9, \quad CI = 0.014\,4$$

(3)进行判断矩阵的一致性检验,查表得 $RI = 1.24$,由式(7.7)得

$$CR = 0.011\,6 < 0.1$$

说明判断矩阵 P 具有满意的一致性,也就是说 W 可作为满意的权重向量,由此得出一级权重向量 A

$$A = \begin{bmatrix} 0.150\,1 & 0.054\,1 & 0.088\,0 & 0.243\,1 & 0.376\,7 & 0.088\,0 \end{bmatrix}$$

进一步计算得出二级权重向量

$$A_1 = \begin{bmatrix} 0.400\,0 & 0.400\,0 & 0.200\,0 \end{bmatrix}$$

$$A_2 = \begin{bmatrix} 0.400\,0 & 0.600\,0 \end{bmatrix}$$

$$A_3 = \begin{bmatrix} 0.250\,0 & 0.500\,0 & 0.250\,0 \end{bmatrix}$$

$$A_4 = \begin{bmatrix} 0.500\,0 & 0.200\,0 & 0.150\,0 & 0.150\,0 \end{bmatrix}$$

$$\boldsymbol{A}_5 = [0.200\ 0 \quad 0.500\ 0 \quad 0.300\ 0]$$

$$\boldsymbol{A}_6 = [0.400\ 0 \quad 0.300\ 0 \quad 0.300\ 0]$$

三级权重向量:

$$\boldsymbol{A}_{11} = [0.500\ 0 \quad 0.500\ 0]$$

$$\boldsymbol{A}_{12} = [0.250\ 0 \quad 0.250\ 0 \quad 0.250\ 0 \quad 0.250\ 0]$$

$$\boldsymbol{A}_{13} = [0.500\ 0 \quad 0.500\ 0]$$

$$\boldsymbol{A}_{21} = [0.400\ 0 \quad 0.400\ 0 \quad 0.200\ 0]$$

$$\boldsymbol{A}_{22} = [0.600\ 0 \quad 0.300\ 0 \quad 0.100\ 0]$$

$$\boldsymbol{A}_{41} = [0.300\ 0 \quad 0.300\ 0 \quad 0.300\ 0 \quad 0.100\ 0]$$

$$\boldsymbol{A}_{42} = [0.400\ 0 \quad 0.400\ 0 \quad 0.200\ 0]$$

$$\boldsymbol{A}_{51} = [0.400\ 0 \quad 0.300\ 0 \quad 0.300\ 0]$$

$$\boldsymbol{A}_{52} = [0.200\ 0 \quad 0.300\ 0 \quad 0.300\ 0 \quad 0.200\ 0]$$

$$\boldsymbol{A}_{53} = [0.250\ 0 \quad 0.300\ 0 \quad 0.300\ 0 \quad 0.150\ 0]$$

$$\boldsymbol{A}_{61} = [0.500\ 0 \quad 0.500\ 0]$$

7.4.2　确定评价模糊集

本节所选择与确定的评价指标体系的相关基础数据可以来自有关的技术报告、特殊的评价结果或用试验的方法(如实战演习、平时训练、专门试验、模拟仿真等)。对于难以进行量化的指标数据,采用专家打分法给出,结果见表 7.4。

表 7.4　各层次指标权重

一级指标	权重系数	二级指标	权重系数	三级指标	权　重	$u(x)$值
作战组织指挥能力	0.150 1	指挥主体组织指挥能力	0.400 0	指挥人员指挥能力	0.500 0	0.800 0
				作战决策分析人员的辅助决策能力	0.500 0	0.700 0
		指挥控制系统辅助决策效能	0.400 0	指控系统传输率	0.250 0	0.850 0
				指控系统保密性	0.250 0	0.800 0
				指控系统准确性	0.250 0	0.850 0
				指控系统可靠性	0.250 0	0.800 0
		人机交互能力	0.200 0	人员的计算机操作素质	0.500 0	0.650 0
				计算机处理速度	0.500 0	0.723 5

续 表

一级指标	权重系数	二级指标	权重系数	三级指标	权 重	$u(x)$值
导弹测试能力	0.054 1	人员的测试能力	0.400 0	测试组织指挥能力	0.400 0	0.750 0
				测试人员的操作能力	0.400 0	0.700 0
				测试人员分配的合理性	0.200 0	1.000 0
		测试系统的测试效能	0.600 0	测试设备的可靠性	0.600 0	0.809 5
				测试设备的维修效率	0.300 0	0.829 2
				测试设备配套数量的合理性	0.100 0	1.000 0
导弹转载能力	0.088	转载场地容量	0.250 0			0.682 5
		转载设备可靠性	0.500 0			0.631 7
		转载设备配套数量	0.250 0			1.000 0
导弹机动能力	0.243 1	导弹武器系统机动能力	0.500 0	发射车辆的机动速度	0.300 0	0.825 0
				发射车辆的机动范围	0.300 0	0.625 0
				发射车辆的机动可靠性	0.300 0	0.785 0
				发射车辆故障的快速修复效率	0.100 0	0.805 0
		导弹武器系统适应机动区域外界环境能力	0.200 0	地形适应性	0.400 0	0.700 0
				机动道路适应性	0.400 0	0.900 0
				天候条件适应性	0.200 0	1.000 0
		机动路线选取合理性	0.150 0			0.900 0
		机动时机选取合理性	0.150 0			0.635 0

续 表

一级指标	权重系数	二级指标	权重系数	三级指标	权 重	$u(x)$值
快速发射能力	0.376 7	人员的快速反应能力	0.200 0	发射方案快速拟制的时间	0.400 0	0.750 0
				发射组织指挥能力	0.300 0	0.750 0
				发射人员操作能力	0.300 0	0.700 0
		武器系统本身的快速响应能力	0.500 0	导弹发射率	0.200 0	0.700 0
				导弹发射的可靠性	0.300 0	0.850 0
				发射车辆的可靠性	0.300 0	0.800 0
				转换场地的速度	0.200 0	1.000 0
		发射保障能力	0.300 0	通信保障能力	0.250 0	0.725 0
				测地保障能力	0.300 0	0.613 5
				弹道保障能力	0.300 0	0.687 5
				气象保障能力	0.150 0	0.750 0
快速撤收能力	0.088	撤收人员的素质	0.400 0	撤收指挥能力	0.500 0	0.750 0
				撤收操作熟练程度	0.500 0	0.750 0
		撤收程序的合理性	0.300 0			0.765 0
		撤收中的车辆可靠性	0.300 0			0.900 0

由表 7.4 数据计算得

$$P_1 = 0.751\ 5, \quad P_2 = 0.81, \quad P_3 = 0.736\ 5,$$

$$P_4 = 0.773\ 8, \quad P_5 = 0.745\ 2, \quad P_6 = 0.791\ 5$$

$$\boldsymbol{A} = [0.150\ 1 \quad 0.054\ 1 \quad 0.088\ 0 \quad 0.243\ 1 \quad 0.376\ 7 \quad 0.088\ 0]$$

$$E = \sum_{i=1}^{6} A_i P_i = 0.760\ 6$$

根据快速反应能力评价等级的量化表可得出,所评价的作战单元的快速反应能力较强,具备一定的快速反击水平。

第8章 导弹武器系统快速反应能力优化

8.1 引　言

导弹武器系统实施快速反击时,需要迅速机动至发射阵地,而机动的过程必须进行最优战术选择。敌方侦察手段的多样化,导弹武器系统的快速反击可能会随时处于敌方侦察监视体系的严密监视之下,暴露的机会比较大,使隐蔽作战行动的方案执行起来更加困难。如果机动路线选择不当,导弹机动行动可能会随时遭到敌方破坏,这就对导弹武器系统的快速机动能力提出了更高要求。

要实现机动,就必须有合理的机动方案,其中机动路径的优化选择是导弹快速反应的一个重要途径。以往机动路径的选取和机动计划的制定,是依据作战力量和导弹阵地的分布,采用类似民用领域的研究方法和技术路线,结合军用交通运输规则和工作经验,在纸制地图上手工作业完成的。这种选取方法时间长、任务重、实时性差,没有很好地反映战时机动路径选取的特点[33-35]。因此,必须综合考虑战时导弹武器系统的军事运输实际,如各路段通行时间的不确定性、通行期限等问题,运用最优化方法和现代智能计算技术,快速、科学地选择导弹最优机动路径,并尽可能多地计算出相对较优的不同机动路径以作备选,这样才能最大限度地挖掘导弹武器系统的机动作战潜力,最大限度地缩短导弹武器系统的反应时间,从而提高导弹武器系统的快速反应能力。

8.2 基于确定时间的导弹武器系统机动路径优化

8.2.1 问题的描述与建模

一般情况下,道路各路段的通行时间是确定的,此时问题可以描述为:导弹武器系统由 S 地出发前往 E 地,S 地、E 地间存在交通道路网络,求从 S 地出发前往 E 地,怎样走使得路径最优。这个问题是图论中的最短路问题,它的数学模型如下:

根据战时的军事机动任务,建立从起点 S 到终点 E 的网络图 $G=(V,E,T)$,其中 V 代表节点集,E 代表弧集,T 代表各弧的通行时间集,它是确定的。如果 G 中不存在边 (v_i,v_j),则令 $t(v_i,v_j)=\infty$,路的长度定义为组成路的各条边的长度总和。顶点 v_i,v_j 之间是否有边相连,由邻接矩阵来决定。邻接矩阵 $\boldsymbol{M}$:对一个具有 v 个顶点,e 条边的图 G 的邻接矩阵 $\boldsymbol{M}=[a_{ij}]$ 是一个 $v\times v$ 阶方阵,其中 $a_{ij}=1$,表示 v_i 和 v_j 邻接,$a_{ij}=0$,表示 v_i 和 v_j 不邻接(或 $i=j$)[41]。

该图同时满足

(1)G 为简单图,不含环和多重边;

(2)时间的可加性。

若路径 p 为 $v_i-v_k-v_j$,则有

$$t(v_i,v_j)=t(v_i,v_k)+t(v_k,v_j) \tag{8.1}$$

S,E 间最短路径 p^* 的长度即为导弹机动的最优路径,满足

$$\min T=\sum_{v_i,v_j\in p^*}t(v_i,v_j) \tag{8.2}$$

8.2.2　模型的求解

最短路径问题是典型的组合优化问题,且是一个 NP‐hard 问题。其可能的路径数目随顶点数目的增加成指数增长。目前求解最短路径最常用的方法是 Dijkstra 算法。它的优点是计算点对点的最短路径时效率较高,算法简单明了,易于学习和掌握[36]。然而,从其运算步骤中可以看到,它也有致命的弱点,那就是每一步都要计算和存储一次当前节点与其他各节点间的距离。因此计算速度慢,在计算机上实现时占用内存大,特别是当道路网上节点多的时候,其低效率更显得突出[37]。

为了提高计算效率,采用遗传算法来求解最短路问题。

1.遗传算法概述[38-41]

遗传算法是模拟遗传选择和自然淘汰的生物进化过程的计算模型。它是由美国 Holland 教授首先提出的。它和传统的搜索算法不同,遗传算法从一组随机产生的初始解,称为"种群"开始搜索过程。种群中的每个个体是问题的一个解,称为"染色体"。在遗传算法中最重要的概念是染色体,染色体通常是一串数据(或数组),用来作为优化问题的解的代码,其本身不一定是解。这些染色体在后代迭代中不断进化,成为遗传。在每一代中用"适应度值"来测量染色体的好坏。生成的

下一代染色体称为后代。后代是由前一代染色体通过交叉或者变异运算形成的。新一代形成中,根据适应度值的大小选择部分后代,淘汰部分后代,从而保持种群大小是常数。适应度值高的染色体被选中的概率较高。据此,经过若干代之后,算法收敛于最好的染色体,它很可能就是问题的最优解或次优解。

遗传算法与爬山法、枚举法、随机搜索法以及其他启发式搜索算法等传统算法相比,具有如下特点:

(1)遗传算法处理的对象是参数集的代码,而不是参数本身。因此遗传算法的搜索过程既不受函数连续性的约束,也不受函数可导的约束,所以遗传算法与具体问题领域无关。

(2)遗传算法的搜索过程是从一组初始点开始搜索的,而不是从一个初始点开始搜索。这种机制使得遗传算法易于并行化且搜索不易陷入局部极值点,因此遗传搜索具有很好的全局搜索能力。

(3)遗传搜索的搜索过程仅使用适应度函数进行启发,而不需要导数和其他辅助信息,不受可导、可微等传统方法思路的限制,过程简单,易于实施。

(4)遗传算法的搜索过程采用的是概率转换准则,而不是确定性准则。这种准则仅仅作为一种工具来引导其搜索过程朝着搜索空间的更优的解区域移动。

2.遗传算法的基本流程

标准遗传算法的步骤可以描述如下[42]:

(1)根据问题特点,设计个体的编码方式;

(2)随机产生一组初始个体构成初始种群,并评价每一个个体的适应度值;

(3)判断算法收敛性是否满足,若满足则输出搜索结果,否则执行下一步;

(4)根据适应度值大小以一定的方式执行选择操作;

(5)按照交叉概率 P_c 执行交叉操作;

(6)按照变异概率 P_m 执行变异操作;

(7)返回步骤(2)。

上述算法中,适应度值是对染色体进行评价的一种指标,是遗传算法进行优化的主要信息,它与个体的目标值存在一种对应关系;选择操作通常采用比例选择,即选择概率正比于个体的适应度值,这就意味着适应度值高的个体在下一代中复制自身的概率大,从而提高了种群的平均适应度值;交叉操作通过交换两父代个体的有效模式,从而有助于产生优良个体;变异操作通过随机改变个体中某些基因而产生新个体,有助于增加种群的多样性,尽量避免早熟收敛。

标准遗传算法的流程图描述,如图 8.1 所示。

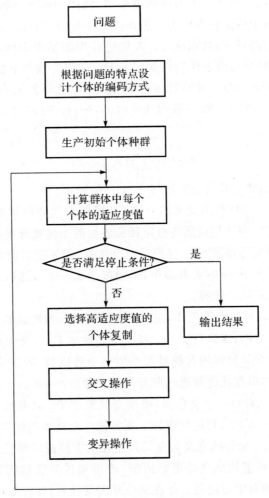

图 8.1 遗传算法流程图

由图 8.1 可见,遗传算法运行过程涉及四个空间:参数空间、编码空间、模式空间和适应度空间,其功能循环关系如图 8.2 所示。

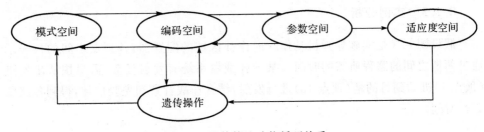

图 8.2 遗传算法功能循环关系

3.问题的遗传算法实现

(1)染色体编码。对于一个给定的图模型,将图中各顶点按顶点号自然排序,然后按此顺序将每个待选顶点作为染色体的一个基因,当基因值为 1 时,表示相应的顶点被选入该条路径中,否则反之。此染色体中的基因排序即为各顶点在此条通路中出现的先后顺序,染色体的长度应等于该图中的顶点个数。

(2)适应度函数 $f(i)$。对具有 n 个顶点的图,已知各顶点 (v_i,v_j) 的边长度 $t(v_i,v_j)$,把表示 v_{i1} 到 v_{in} 的一条通路 $v_{i1},v_{i2},\cdots,v_{in}$ 的路径长度定义为适应度函数:

$$f(i) = \sum_{r=1}^{n-1} t(v_{ir},v_{ir+1}) \tag{8.3}$$

对该优化问题,就是要寻找解 x_m,使得 $f(x_m)$ 值最小。

(3)选择操作。选择作为交叉的双亲,是根据前代染色体的适应函数值所确定的,质量好的个体,即从起点到终点路径长度短的个体被选中的概率较大。本节采用改进后的轮盘赌选择法[43]。在选择新个体时,首先在当前代的可行个体中选择最佳个体直接进入下一代(若有多个,则随机选取一个),然后对其他个体适应度大小采用轮盘赌方式进行选择。

(4)交叉操作。对每个染色体,按照交叉概率 P_c,判断是否交叉,即随机产生概率数 P,如果 $P \leqslant P_c$,则进行交叉。其中交叉概率 P_c 不可选择过小。将被选中的两个染色体进行交叉操作的过程是先产生一个随机数,确定交叉点位于染色体的第几位基因上,然后在此位置进行部分基因交换。

(5)变异操作。对每一个染色体,按照变异概率 P_m 判断是否变异,即随机产生概率数 P,如果 $P \leqslant P_m$,则进行变异。变异操作是将染色体中某位基因逆变,即由 1 变为 0,或反之。变异的意义为在某条路径上去掉或增加某顶点。

为了使算法尽可能快地获得更好的解,改善遗传算法的收敛性,在变异操作时,增加个体求优的自学习过程。即在某位基因变异后,计算新产生的染色体的适应度函数值,若适应度函数值更小,即获得的路径更短,则保留;否则,保持原来的解不变。如果有连续 $N/3$ 次没有得到更好的解,则该过程结束。其中,N 表示从起点到终点的顶点数。

8.2.3 实例分析

假设图 8.3 是实施导弹机动作战时作战区域的配置图,各顶点之间的权表示通过两地之间的路程所需的时间。某导弹武器系统有发射任务,需尽快从出发点(顶点 1)机动到目的地(顶点 15)进行发射,结合作战背景和先验估计,得到各路段通行时间。

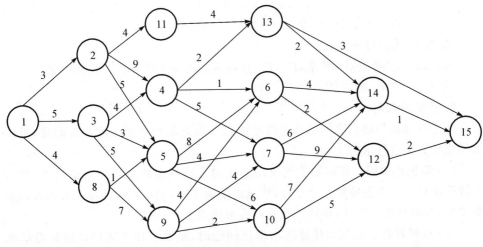

图 8.3　导弹机动路径网络图

根据网络的节点数得到染色体长度为 15,并设遗传算法的种群大小为 40,交叉概率 $P_c=0.90$,变异概率 $P_m=0.09$,最大迭代次数为 120 次,计算后得到最优路径集为 {1—2—11—13—15;1—3—4—6—12—15;1—2—11—13—14—15;1—3—4—13—15;1—3—4—13—14—15},最短路径的长度为 14。

8.2.4　模型的扩展

由于战争的特殊性,战时导弹武器系统的机动路径选择根据战场环境的变化还要考虑禁行点和必经点、禁行路段和必经路段问题。禁行点和禁行路段就是导弹武器系统在执行任务的过程中,必须绕过的节点和路段(如战时已毁的地段、敌火力控制地段等),必经点和必经路段就是导弹部队在执行任务的过程中,必须通过的节点和路段(如重要的交通枢纽、给养地等)[43]。

对于禁行点和禁行路段的处理,在道路赋权图中可将与禁行点和禁行路段相连的路段以及自身从网络图中删除;对于必经路段,可将路段的起、止点转化为必经点。

1. 模型的建立

由于路径中存在"必经点"和"禁行点",因此,须建立相应的"必经点"集合 V_b 和"禁行点"集合 V_z。此时,最短路径的模型如下[44-45]:

$$\text{Min} \sum t(i,j)x_{ij} \tag{8.4}$$

$$\text{s.t} \sum_{i \in E_b^+} x_{ib}=1, \quad \sum_{j \in E_b^-} x_{bj}=1 \tag{8.5}$$

$$x_{ij}=\begin{cases}0, & \text{弧}(i,j) \text{ 不在路径 } P \text{ 上} \\ 1, & \text{弧}(i,j) \text{ 位于路径 } P \text{ 上}\end{cases} \tag{8.6}$$

$$i,j \in V, \quad b \in V_b \tag{8.7}$$

注:V 为网络中除去禁行点和禁行路段后的节点集合;

式(8.4)为目标函数;

式(8.5)为"必经点"约束,E_b^+,E_b^- 分别为进入和发出节点 b 的弧集合;

式(8.6)为 x_{ij} 的定义。

2. 模型的求解

为了在起点与终点之间的众多路径中搜索出满足约束要求的最优路径,可以采用遗传算法进行求解。

(1)染色体编码。该问题依然采用上述的二进制编码方式构造染色体,将每个待选顶点作为染色体的一个基因,当基因值为 1 时,表示相应的顶点被选入该条路径中,否则反之。此外,必经点处基因值始终为 1。

(2)选择操作。在用遗传算法求解该问题时,依然采用上述的改进轮盘赌选择法。其中,不包含"必经点"的个体不参与选择。

(3)交叉和变异操作。将被选中的个体以概率 P_c 进行交叉操作,产生新的个体,然后以概率 P_m 进行变异操作,变异后的染色体必须包含所有"必经点",否则得重新变异。

3. 算例

在图 8.3 中,假设顶点 13,14 为禁行点,3 为必经点,此时染色体长度依然为15,并设遗传算法的种群大小为 40,交叉概率 $P_c = 0.90$,变异概率 $P_m = 0.09$,最大迭代次数为 120 次,计算后得到最优路径为

$$1\text{—}3\text{—}4\text{—}6\text{—}12\text{—}15$$

最短路径长度为 14。

8.3 基于模糊时间的导弹武器系统机动路径优化

以上主要探讨了确定性最短路径问题,即各路段的通行时间是确定的。近来,随着人们对于最短路径问题的研究深入,另一类引起人们关注的问题是由确定性最短路径派生出的许多变形问题,如多权网络路径、随机网络路径以及模糊网络路径等[46]。

模糊网络和随机网络在实际中有着重要的应用价值,它们已成为系统分析的一个有力工具,如交通网络中,弧权不一定是取固定值的点间距离,可能是某一区间的模糊通行时间或者服从某一分布的随机数,甚至可能是无分布函数的随机数,也可能是由距离、路况等多因素构成的一个模糊量纲等。随着实践的发展,越来越多的应用领域提出了弧权是模糊变量或者随机变量的最短路问题。因此,虽然模糊网络和随机网络问题比较复杂,但由于它的用途广泛,对模糊网络以及随机

网络最短路径进行研究探讨,有着十分重要的现实意义[46-47]。

考虑战时的导弹武器系统机动问题,由于敌袭干扰、车况、路况等方面的影响,各路段的通行时间会存在极大的不确定性(模糊性或者随机性),此时各路段通行时间可认为是模糊数或者随机数,导弹机动道路网相应地变为模糊网络或者随机网络。此时,不能用式(8.2)来计算道路通行总时间。在这种情况下,必须建立新的模型来规划最优机动路径,并且寻找新的有效算法进行求解。

基于导弹机动实际,下面分别就导弹机动道路网络为模糊网络和随机网络的情况进行探讨,以便更深入地解决导弹机动路径优化问题。

8.3.1　问题的描述

战时导弹武器系统机动问题中,通常会规定一个时间期限 t,要尽力保证导弹武器系统在 t 时间内从起点到达目的地。此外,在战时机动中还得考虑禁行点和必经点、禁行路段和必经路段问题。因此当导弹发射车通过每一路段所需时间为模糊数并且从起点到终点不存在绝对保险的通路时,选择一条最优路径具有十分重要的意义。

8.3.2　问题的分析

由于各路段通行时间为模糊变量,且有限制期 t,因此,从起点 S 到终点 E 的时间也是模糊的。此外,由于路径中存在必经点和禁行点、禁行路段和必经路段,因此,须对它们进行相应的处理。处理方法为:对于禁行点和禁行路段,在道路赋权图中可将与禁行点和禁行路段相连的路段以及自身从网络图中删除;对于必经路段,可将路段的起、止点化为必经点。关于各路段时间的模糊集的确定,一般根据历史经验估计或专家评定的方法得到。

考虑到模糊数间没有直接的线性序关系,确定最短路问题的模型已经不适用,因此需从其他角度进行分析。早在 1980 年,Dubois 和 Prade 首次提出了模糊最短路径问题[48],他们利用模糊数扩展和、扩展减的运算规则以及模糊极大、模糊极小的概念,可以求出模糊最短路径的长度,但难以找到相应的一个确切路径,其主要原因是经过多次运算后得到的模糊数已不能与原来任一模糊数相对应。C. M. Klein 基于模糊效用函数的概念,提出了一种动态规划方法。S. Okada 等人对模糊最短路径的研究成果较多[49],但基本都是以多准则决策理论为基础的,得到的解为非被支配路径的集合,当网络较大时,该集合的规模也较大,决策者难以从中选择出满意的方案。

随着人们对数学规划理论的不断深入研究,数学规划形成了一个大分支——不确定性规划。不确定性规划包括随机规划和模糊规划,它们是处理带有随机参数和模糊参数优化问题的两个有力的数学规划工具[50]。针对战时模糊环境下的导弹机动路径优化问题,不能只搜索具有最短时间的路径,对于决策人员还要考虑它的置信度问题,因此,可以从模糊机会约束规划的角度进行分析、求解。

1. 模糊机会约束规划

机会约束规划是由 Charnes 和 Cooper 提出的一类随机规划,它主要是指约束条件中含有随机参数,机会表示约束条件成立的概率。在模糊环境下,将机会理解成约束条件成立的可能性,即为模糊机会约束规划[51]。它的建模思想是允许所做的决策在某种程度上不满足约束条件,但模糊约束条件成立的可能性(可信性或必要性)不小于决策者预先给定的置信水平。

模糊机会约束规划模型可写成如下形式[51]:

$$\max \overline{f} \tag{8.8}$$

$$\text{s. t.} \ \text{Pos}\{f(\boldsymbol{x}, \boldsymbol{\xi}) \geqslant \overline{f}\} \geqslant \alpha \tag{8.9}$$

$$\text{Pos}\{g_j(\boldsymbol{x}, \boldsymbol{\xi}) \leqslant 0, j=1,2,\cdots,p\} \geqslant \beta \tag{8.10}$$

其中,$\boldsymbol{x}$ 为决策向量;$\boldsymbol{\xi}$ 为模糊向量参数;$f(\boldsymbol{x}, \boldsymbol{\xi})$ 为目标函数;$g_j(\boldsymbol{x}, \boldsymbol{\xi})$ 为约束函数;α 和 β 为事先给定的对目标和约束的置信水平;$\text{Pos}\{*\}$ 表示 $\{*\}$ 中事件的可能性;$\overline{f}$ 为目标函数在置信水平 α 下取得的最大值。

2. 模糊模拟

在模糊机会约束规划中,虽然有些机会约束可以转化为解析的清晰等价类,对于更一般的情况,需要采取手段检验模型系统约束和处理目标函数。目前,解决模糊优化问题的方法之一是利用模糊模拟技术。它是利用计算机模拟模糊过程或模糊系统的一种技术,在检验模糊约束以及估计模糊系统(或子系统)的可能性方面,模糊模拟取得了成功的应用。

模糊模拟算法如下[52-53]:

步骤 1:置 $\overline{f} \to -\infty$;

步骤 2:从模糊向量 $\boldsymbol{\xi}$ 的水平截集 α 中随机生成清晰向量 $\boldsymbol{\xi}^0$;

步骤 3:若 $\overline{f} \leqslant f(\boldsymbol{\xi}^0)$,则置 $\overline{f} = f(\boldsymbol{\xi}^0)$;

步骤 4:重复步骤 2 和步骤 3,共 N 次(N 为事先设定的一个很大的数);

步骤 5:返回 $\overline{f}$。

由上述内容可见,模糊模拟也是基于随机过程的一种直接搜索法。该算法仍不可避免地存在计算量大、只能收敛到次优解等缺点。

8.3.3 模型的建立

经过以上分析,可建立该问题的模糊机会约束规划模型:

$$\min \overline{T_D} \tag{8.11}$$

$$\text{Pos}\{T_D \leqslant \overline{T_D}\} \geqslant \alpha \tag{8.12}$$

$$T_D = \sum_i \sum_j \tilde{t}_{ij} x_{ij} \tag{8.13}$$

$$\sum_{i \in E_b^+} x_{ib} = 1, \quad \sum_{j \in E_b^-} x_{bj} = 1 \tag{8.14}$$

$$T_D \leqslant t \tag{8.15}$$

$$x_{ij} = \begin{cases} 0 & (\text{弧}(i,j) \text{ 不在路径 } P \text{ 上}) \\ 1 & (\text{弧}(i,j) \text{ 位于路径 } P \text{ 上}) \end{cases} \tag{8.16}$$

$$i, j \in V, \quad b \in V_b \tag{8.17}$$

注:V 为网络中除去禁行点和禁行路段后的节点集合,V_b 为必经点集合;

式(8.11)为模糊机会约束规划模型的优化目标;

式(8.12)模糊机会约束条件,α 为 T_D 不大于 $\overline{T}_D$ 的可能性水平;

式(8.13)为通行总时间 T_D 的定义,$\tilde{t}_{ij}$ 为弧(i,j) 的模糊通行时间;

式(8.14)为"必经点"约束,E_b^+,E_b^- 分别为进入和发出节点 b 的弧集合;

式(8.15)为限制期 t 的约束;

式(8.16)为 x_{ij} 的定义。

8.3.4　模型的求解

对于问题模型的求解,采用传统的方法是很难的,甚至是不可行的,而采用模糊模拟的方法求解是可行的。但模糊模拟也是基于随机过程的一种直接搜索法,该方法计算量大,优化解的精度和计算时间则是较难解决的矛盾。为了在起点与终点之间的众多路径中搜索出满足模糊机会约束要求的最优路径,采用基于模糊模拟获取适应度的遗传算法对问题进行算法设计和求解。

1.染色体编码与初始种群生成

采用自然数编码方式构造染色体,染色体的基因是网络的节点序号,而排列顺序代表着起点到终点的路径。

设路网的节点集合 V 中节点个数为 n,则染色体的基因数也设定为 n。染色体基因的组成方式:第一个为起点的序号"1";接下来是中间节点,分为两部分,一部分由必经点集合 V_b 中的所有节点序号构成,设有 k 个,另一部分为 l 个其他节点构成,$0 \leqslant l \leqslant n-k-2$,然后是终点"$n$"。如果 $l < n-k-2$,则在终点后补"0",使基因总数保持为 n。设染色体中从"1"到"n"的基因个数为 $m+1$(即有效基因数),则代表的路段弧数为 m。

初始种群的生成,是通过产生$[k, n-2]$ 之间的随机整数表示中间基因节点个数,以及对中间部分基因节点位置做随机排列得到的。

2.适应度函数

由于问题的目标是搜索满足模糊约束要求的最短时间所对应的路径 p,因此

定义适应度函数形式为

$$F = \frac{1}{\overline{T}_D} \tag{8.18}$$

关于 $\overline{T}_D$ 的求取,可采用模糊模拟的方法获得。模拟步骤如下:

(1) 设由染色体基因得到的路径 p,其路段数为 m,置 $\overline{T}_D = +\infty$,模拟的次数设为 $N,j=1$;

(2) 如果 $j > N$,转(6);

(3) 设 $i=1,T_D^n = 0$;

(4) 如果 $i \leqslant m$,在路径 p 的第 i 路段时间的 α 水平集中均匀产生 t_i,计算 $T_D^n = T_D^n + t_i$;否则,如果 $\overline{T}_D > T_D^n$,则 $\overline{T}_D = T_D^n$,令 $j = j+1$ 后转(2);

(5) $i = i+1$,转(4);

(6) 此时,$1/\overline{T}_D$ 即为该染色体所对应的适应度。

在染色体生成的路径中,对于不存在弧相连的基因序列相邻节点对,设其通行时间为较大的值 t_{max}。

3. 选择操作

采用与前面相同的改进轮盘赌选择法。

4. 交叉操作

采用类部分匹配法实施交叉操作,步骤如下:

(1) 随机从父代个体 A,B 的基因中选择两个交叉点,交叉点必须同时位于两个染色体的起点之后,终点之前,交叉点之间的部分为匹配区域;

(2) 将 B 的匹配区域加到 A 的基因"1"之后,将 A 的匹配区域加到 B 的基因"1"之后;

(3) 消除染色体匹配段后面的重复节点。

5. 变异操作

在此采用的染色体变异方式有 3 种:第一种是在基因"1"和"n"之间随机地删除一个非必经点,同时在"n"后增加一个"0"基因;第二种是当染色体从"1"到"n"的有效基因长度小于 n 时增加一个基因中没有的节点,并删除一个"0"基因;第三种是互换"1"和"n"之间的两个基因。

8.3.5　实例分析

设导弹武器系统接到上级命令,需在给定的限制期 t 内从起点 1 机动到达目的地 13 执行发射任务,各路段是双向的,通行时间为对称三角模糊数(Symmetric Triangular Fuzzy Number,STFN),如图 8.4 所示(其中节点 11 为必经点,节点 5 为禁行点)。

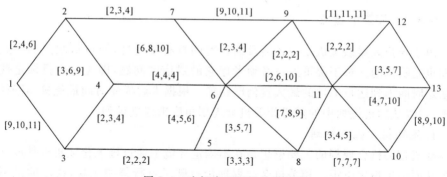

图 8.4　边权为 STFN 的道路图

限制期 t 和 α 是相互制约的，t 过小或者 α 过大都将导致没有最优路径。表8.1列出了 t 和 α 在相应的取值下得到的最优路径。

表 8.1　计算结果

参数设置	t/s	α	最优路径	通行时间 /s
$P_c = 0.85$ $P_m = 0.05$	28	0.80	$1-2-7-9-11-12-13$	25.02
		0.85	$1-2-7-9-11-12-13$	25.31
		0.90	$1-2-7-9-11-12-13$	25.55

8.4　基于随机时间的导弹武器系统机动路径优化

以上探讨了基于确定时间和模糊时间的机动路径优化问题，下面以战时随机时间的路径优化问题为对象进行研究。

8.4.1　问题的描述

导弹武器系统在战时的快速机动中，由于敌袭干扰、恶劣天气等随机因素的影响，此时，可以将各路段的通行时间看作是随机的。各路段通行的随机时间一般根据历史经验估计、专家评定等方法得到，分为两种：一种存在分布规律函数；另一种只存在经验分布。对于前一种情况，因存在着分布规律函数，其值可以认为服从某种分布，如正态分布；后一种情况，由于无法获得它的准确分布函数，只能够通过定性分析或少数先前经验综合分析估计出导弹以各种时间通过的概率，例如，通常描述为 4 h 内通过的概率为 0.6，5 h 内通过的概率为 0.7，等等。因此弧的权值集合为 $W = \{t_{ij} \mid (i,j) \in E\}$，$E$ 代表弧集（路段），而 $t_{ij} = \{(t_{ij}^1, p_{ij}^1), (t_{ij}^2, p_{ij}^2), \cdots\}$ 为弧 (i,j) 依概率 P_{ij} 的通行时间 t_{ij} 集合。

8.4.2 模型的建立

由于导弹武器系统机动中各路段通行时间具有随机性,所以从起点到终点的时间也是随机的。对于决策人员必须考虑它的置信度问题,即优化的目标是搜索在指定时间内到达目的地的最大置信度路径。根据求解模糊时间最优机动路径的思想,可以从随机规划中的随机相关机会规划角度来建立模型。

1.随机相关机会规划

随机相关机会规划的主要思想是在不确定环境下通过极大化随机事件成立的机会从而给出最优决策。相关机会规划理论打破了可行集的概念,代之的是不确定环境。简单地说,它是使事件的机会函数在不确定环境下达到最优的一种优化理论。在前面的模糊机会约束规划模型中,可行集本质上已经确定,而相关机会规划则不假设可行集是确定的,虽然它也给出一个确定的解,但只是要求这个解在实际问题中尽可能地执行。

单目标随机相关机会规划模型如下[54]:

$$\max \Pr\{h_k(\boldsymbol{x},\boldsymbol{\xi}) \leqslant 0, \quad k=1,2,\cdots,q\} \tag{8.19}$$

$$\text{s. t. } g_j(\boldsymbol{x},\boldsymbol{\xi}) \leqslant 0, \quad j=1,2,\cdots,p \tag{8.20}$$

其中,$\boldsymbol{x}$ 是一个 n 维决策向量;$\boldsymbol{\xi}$ 是一个随机向量参数;$\Pr\{*\}$ 表示随机事件 $\{*\}$ 的概率置信度;$h_k(\boldsymbol{x},\boldsymbol{\xi}) \leqslant 0, k=1,2,\cdots,q$ 为事件,而不确定环境为 $g_j(x,\xi) \leqslant 0, j=1,2,\cdots,p$。

该模型可以表示为:在不确定环境 $g_j(\boldsymbol{x},\boldsymbol{\xi}) \leqslant 0, j=1,2,\cdots,p$ 下极大化随机事件 $h_k(\boldsymbol{x},\boldsymbol{\xi}) \leqslant 0, k=1,2,\cdots,q$ 的概率。

2.随机模拟

随机模拟也称为蒙特卡罗模拟,是随机系统建模中刻画抽样试验的一门技术,它主要依据概率分布对随机变量进行抽样[55-58]。虽然模拟技术只给出统计估计而非精确结果,但对那些含有随机变量的复杂问题来说,这是一种有效的手段。

随机模拟的步骤如下:

步骤 1:置 $n=0$;

步骤 2:根据概率测度 $\Pr$,从样本空间产生随机样本 w;

步骤 3:如果 $h_k(\boldsymbol{x},\boldsymbol{\xi}) \leqslant 0, k=1,2,\cdots,q$,则 $n=n+1$;

步骤 4:重复步骤 2 和步骤 3 共 N 次;

步骤 5:$P=\dfrac{n}{N}$ 即为目标值。

由上述内容可见,随机模拟是基于随机过程的一种直接搜索法。该算法存在计算量大、只能收敛到次优解等缺点。

3.问题模型的建立

综合考虑禁行点和必经点、禁行路段和必经路段以及限制期 $\overline{T}_D$ 等问题,可建立战时导弹部队基于随机时间的机动路径优化模型：

$$\max \text{Pr}\{T_D \leqslant \overline{T}_D\} \tag{8.21}$$

$$T_D = \sum_i \sum_j t_{ij} x_{ij} \tag{8.22}$$

$$\sum_{i \in E_b^+} x_{ib} = 1, \quad \sum_{j \in E_b^-} x_{bj} = 1 \tag{8.23}$$

$$x_{ij} = \begin{cases} 0 & (\text{弧}(i,j) \text{ 不在路径 } p \text{ 上}) \\ 1 & (\text{弧}(i,j) \text{ 位于路径 } p \text{ 上}) \end{cases} \tag{8.24}$$

$$i, j \in V, \quad b \in V_b \tag{8.25}$$

注：式(8.21)为随机相关机会规划模型的优化目标，$\overline{T}_D$ 为时间期限；

式(8.22)为通行总时间 T_D 的定义，t_{ij} 为道路网络上节点 i 到节点 j 以概率 P_{ij} 的通行时间；

式(8.23)为"必经点"约束，E_b^+，E_b^- 分别为进入和发出节点 b 的弧集合；

式(8.24)为 x_{ij} 的定义；

式(8.25)中，V 为网络中除去禁行点和禁行路段后的节点集合，V_b 为必经点集合。

8.4.3　模型的求解

对于随机相关机会规划模型，采用传统的解析法是很难求解的，而采用随机模拟的方法求解是可行的。但随机模拟存在着计算量大、只能收敛到次优解等缺点，为了搜索出最优路径，采用基于随机模拟的遗传算法来求解随机相关机会规划模型。

基于随机模拟的遗传算法与上面求解模糊机会约束规划模型的基于模拟的遗传算法在染色体编码、选择、交叉、变异的操作上方法相同，在利用模拟技术求取适应度值的方法上不同，故这里只讨论利用随机模拟的方法求取适应度值。

根据问题模型，建立适应度函数为

$$F = \text{Pr}\{T_D \leqslant \overline{T}_D\} \tag{8.23}$$

如果染色体代表路径弧的通行时间服从同一分布规律的函数，则可采用解析法求出该路径符合时间的置信度，而当不服从同一分布规律函数或为经验分布时，则只能采用模拟方法求解。

以经验分布为例，模拟步骤如下：

(1) 设由染色体基因得到的路径 p 包含的路段数为 m，则第 i 路段的概率时间集合为 $t_i = \{(t_i^1, p_i^1), (t_i^2, p_i^2), \cdots\}$，模拟的最大次数设为 N，置 $k = 0, j = 0$；

(2) 如果 $k < N$，令 $k = k + 1$，并置 $T_D = 0$，否则转(4)；

(3) 在 $0 \sim 1$ 之间产生 m 个随机数 p_i，并依第 i 路段的通行概率时间集合查找

对应的时间 t_i,计算 $T_D = \sum_{i=1}^{m} t_i$,判断是否满足 $T_D \leqslant \overline{T}_D$,若成立则令 $j = j + 1$,转(2);

(4)计算 $F = j/N$。

对通行时间存在分布规律函数的路段,模拟时可依分布函数产生样本。

8.4.4　实例分析

设某导弹武器系统接到上级命令,需从出发点 1 机动到目的地 8 执行发射任务,两地间的道路网络如图 8.5 所示,其中节点 6 为必经点。

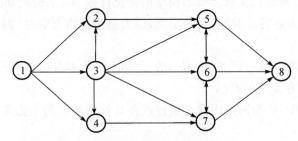

图 8.5　边权为随机时间的道路图

结合作战背景和先前经验估计,得到各路段概率通行时间,详细见表 8.2。上级给定的期限为 18,时间单位为 min。

表 8.2　各路段时间,概率

路　段	(时间,概率)
1—2	(3,0.08),(4,0.45),(5,0.75),(6,0.90),(7,1.00)
1—3	(1,0.05),(2,0.20),(3,0.50),(4,0.80),(5,1.00)
1—4	(1,0.10),(2,0.35),(3,0.80),(4,0.95),(5,1.00)
2—5	(3,0.08),(4,0.30),(5,0.80),(6,0.90),(7,1.00)
3—2	(3,0.09),(4,0.40),(5,0.75),(6,0.85),(8,1.00)
3—4	(3,0.07),(4,0.20),(5,0.45),(6,0.85),(7,1.00)
3—5	(3,0.10),(4,0.30),(5,0.50),(6,0.80),(7,1.00)
3—6	(2,0.05),(3,0.20),(4,0.50),(5,0.90),(6,1.00)
3—7	(4,0.08),(5,0.45),(6,0.70),(7,0.90),(8,1.00)
4—7	(1,0.01),(2,0.40),(3,0.85),(4,0.90),(5,1.00)
5—6	(2,0.10),(3,0.30),(4,0.60),(5,0.90),(6,1.00)

续表

路　段	（时间,概率）
5—8	(5,0.10),(6,0.45),(7,0.70),(8,0.80),(9,1.00)
6—8	(3,0.10),(4,0.30),(5,0.60),(6,0.80),(7,1.00)
6—7	(1,0.08),(2,0.40),(3,0.75),(4,0.85),(5,1.00)
7—8	(3,0.08),(4,0.40),(5,0.75),(6,0.90),(7,1.00)

设每条染色体路径的模拟次数 $N=1\,000$,遗传算法的种群大小为 50,交叉概率为 $P_c=0.90$,变异概率 $P_m=0.05$,通过在 MATLAB 7.0 上运行混合遗传算法,得到最优路径:1—3—6—8,通行时间为 15 min,机动完成概率为 0.92。

参 考 文 献

[1]　徐炳杰.世界当代战略预警体系建设发展述论[J].军事历史研究,2010(3):89-103.

[2]　李大光.美俄核武建设现状透视[J].国防科技工业,2010(5):62-64.

[3]　王海丹.美俄签署新《削减战略武器条约》[J].国外核新闻,2010(4):11-12.

[4]　夏新仁.美国导弹防御系统的现状与发展[J].中国航天,2007(3):39-43.

[5]　冯长启,美国战略核力量发展动向分析[J].国防科技,2011(4):89-92.

[6]　赵平.美国无核武世界主张与国际核裁军展望[J].当代世界与社会主义,2010(4):111-113.

[7]　夏薇.俄罗斯弹道导弹发展现状及未来预测[J].航天制造技术,2010(6):12-14.

[8]　思飞.核弹头的多弹头化能否制住美国[J].大众科技,2001(10):6-12.

[9]　徐炳杰.世界当代战略预警体系建设发展述论[J].军事历史研究,2010(3):89-103.

[10]　夏新仁.美国导弹防御系统的现状与发展[J].中国航天,2007(3):39-43.

[11]　孙连山,杨晋辉.导弹防御系统[M].北京:航天工业出版社,2004.

[12]　谭东风.高科技武器装备系统概论[M].北京:国防大学出版社,2009.

[13]　杨建军.地空导弹武器系统概论[M].北京:国防工业出版社,2006.

[14]　时继庆,姚勤,梁明.航空导弹武器系统战术技术指标结构研究[J].上海航天,2002(1):28-31.

[15]　廖勇,崔超.基于模糊理论的武器装备退役模型构建[J].兵工自动化,2008(2):13-16.

[16]　韩景倜.航空装备寿命周期费用与经济分析[M].北京:国防工业出版社,

2008.

[17] 甄涛,王平均,张新民,等.地地导弹作战效能评估方法[M].北京:国防工业出版社,2005.

[18] 仁旭.工程风险管理[M].北京:清华大学出版社,2010.

[19] 管华.战术导弹战场环境仿真系统的研究[D].郑州:信息工程大学,2003.

[20] 池亚军,薛兴林.战场环境与信息化战争[M].北京:国防大学出版社,2010.

[21] 陈振宇,曹婉,等.战场环境可视化技术[M].北京:军事科学出版社,2006.

[22] 周德群.系统工程概论[M].北京:科学出版社,2003.

[23] 张杰,唐宏.效能评估方法研究[M].北京:国防工业出版社,2009.

[24] 陈守煜.工程模糊集理论与应用[M].北京:国防工业出版社,1998.

[25] QU Z M,WANG X L. Application of Comprehensive Fuzzy Evaluation in LAN Security[J]. Proceedings of the 2009 First International Worksshop on Education Technology and Computer Science – Volume 01, 2009, 44 (2):209 – 213.

[26] QU Z M, NIU J P. Application of Comprehensive Fuzzy Evaluation in Network Course [J]. Proceedings of the 2009 First International Worksshop on Education Technology and Computer Science – Volume 02, 2009,118(1):494 – 498.

[27] 毕义明,汪民乐.第二炮兵运筹学[M].北京:军事科学出版社,2005.

[28] 杨军.常规导弹快速反应能力评估优化及软件系统实现[D].西安:第二炮兵工程学院,2001.

[29] 杨宝珍.常规导弹快速反应能力研究[D].西安:第二炮兵工程学院,2000.

[30] 刘俊勇,孙薇.企业业绩评价与激励机制[M].北京:中信出版社,2007.

[31] 朱建青,张国梁.数学建模方法[M].郑州:郑州大学出版社,2003.

[32] SVOBODNY T. Mathematical Modeling for Industry and Engineering [M].北京:机械工业出版社,2008.

[33] 李明雨.常规导弹测试及机动方案生成与评估[D].西安:第二炮兵工程学院,2006.

[34] YANG R B, CAI Y W. Study on Effectiveness Analysis for launch Vehicle [J]. Journal of Command and Technology of Equipment. 2002:50 – 52.

[35] KEVEN W,BROWN. Measuring the Effectiveness of Weapon Systems in Terms of Systems Attributes. Nave Post Graduate School,Monterey, California,1995.

[36] 王丽娜.面向城市交通的简化路网模型及路径规划问题的研究[D].重庆:重庆大学,2011.

[37] 曹鲁寅,罗斌,钦明浩.用遗传算法求解最短路径[J].合肥工业大学学报(自然科学版),1996,19(3):112-115.

[38] 王小平,曹立明.遗传算法:理论、应用与软件实现[M].西安:西安交通大学出版社,2002.

[39] 丁永生.计算智能:理论、技术与应用[M].北京:科学出版社,2004.

[40] CAO B Q,LIU J X. Currency Recognition Modeling Research Based on BP Neural Network Improved by Gena Algorithm[J]. Proceedings of the 2009 First International Worksshop on Education Technology and Computer Science - Volume 02,2010,27(2):246-250.

[41] ZHANG J B,XU J W,LI Y X. Gradient Gena Algorithm:a Fast Optimization Method to MST Problem[J]. Wuhan University Journal of Natural Sciences, 2009,26(7)35-42.

[42] KIEIN C M. Fuzzy Shortest Paths[J]. Fuzzy Sets and Systems,1991(39): 27-41.

[43] 石玉峰.基于战时模糊运输时间的路径优化[J].交通运输工程与信息学报, 2004,2(3):104-107.

[44] 刘宝碇,赵瑞清,王纲.不确定规划及应用[M].北京:清华大学出版社, 2003.

[45] 徐泽水.不确定多属性决策方法及应用[M].北京:清华大学出版社,2004.

[46] 李引珍.模糊最短路径的一种算法[J].运筹与管理,2004,13(5):6-8.

[47] 董振宁,张召生.随机网络的最短路径问题[J].山东大学学报(理学版), 2003,38(3):6-7.

[48] DUBOIS D,PRADE H. Systems of Linear Fuzzy Constraints[J]. Fuzzy Sets and Systems,1980(3):37-48.

[49] OSAKA S,GEN M. Fuzzy Shortest Paths Problem[J]. Computer and Industrial Engineering,1994,27(4):465-468.

[50] 丁晓东,吴让泉,邵世煌.一类含有随机和模糊参数的规划模型[J].控制与决策,2001(16):742-743.

[51] WILLIAM WEI LIANGLI,YINGJUN ZHANG,ANTHONY MAN - CHO SO. Slow Adaptive OFDMA Systems Through Chance Constrained Programming[J]. IEEE Transactions on Signal Processing,2001,58(7):3858-3869.

[52] NANDA S,PANDA G,DASH J K. A New Solution Method for Fuzzy Chance Constrained Programming[J]. Fuzzy Optimization and Decision Making,2006,5(4):355-370.

[53] 刘宝碇,赵瑞清.随机规划与模糊规划[M].北京:清华大学出版社,1998.

[54]　王健鹏. 相关机会规划的解法及其应用[D]. 成都:西南交通大学,2005.

[55]　SARRAZIN E,BARRAND S,TRTOZON F. Electron Dynamics in Silicon Nanowire Using a Monte – Carlo Method [J]. Journal of Physics: Conference Series,2009,16(1):1 – 4.

[56]　KONSTANTINIDIS A,LIAPARINOS P. Investigation of two Heavy Element Scintillators by Monte – Carlo Method[J]. Journal of Instrumentation,2009,19 (5):365 – 368.

[57]　钱颂迪,甘应爱,田丰,等. 运筹学[M]. 修订版. 北京:清华大学出版社, 1990.

[58]　张最良,李长生,赵文志,等. 军事运筹学[M]. 北京:军事科学出版社,1993.

第3篇 导弹武器系统突防效能分析

第9章 弹道导弹突防效能分析导论

9.1 引 言

1999年3月,美国通过"弹道导弹防御计划",正式将弹道导弹防御列为美国国策。这种做法不仅有悖于时代潮流,而且可能会打破地区乃至全球的战略平衡,危及世界和平与稳定。2001年12月13日,美国政府单方面宣布退出反导条约,这更是给世界发出了一个危险的信号。对此,俄罗斯适时做出了反应。2004年11月29日,俄罗斯宣布:俄罗斯的一种现代化反弹道导弹系统已经研制成功并通过了试验。事实上,自从弹道导弹问世以来,世界军事大国就一直在寻找对付弹道导弹的技术途径,积极发展反导防御系统。到目前为止,全球已有18个国家和地区从美国、俄罗斯购买并部署了弹道导弹防御系统,12个国家和地区开展了反导系统的研制。以美国为代表的发达国家凭借其科学技术的优势,积极寻求发展先进的战区导弹防御系统(Theater Missile Defense, TMD)和国家导弹防御系统(National Missile Defense, NMD),并不断改进其弹道导弹防御计划,这严重削弱和降低了有限核力量国家的核威慑能力,破坏了全球战略力量的平衡与稳定。

弹道导弹是中国保持大国地位、维护和平、遏制战争的战略威慑武器,也是没有空天优势的发展中国家用以反击敌人的主要武器。在弹道导弹防御武器与技术不断发展的今天,发展有效的对付导弹防御武器的突防技术和方法,是确保弹道导弹继续发挥应有的军事作用的唯一途径,具有十分重要的战略意义。其战略意义主要表现为:第一,突防手段将是一种威慑力量,有了多种可以用来对付敌导弹防御系统的突防手段,将给敌方的防御造成一些不确定因素,使敌方没有防御导弹的足够把握,从而降低其信心,起到威慑的作用。第二,突防手段是"力量倍增器",没有突防手段,只能采用饱和攻击的战术,从而要求增加部署大量的弹道导弹数量;而有了突防手段,则可以采用有限攻击的战术,使敌方的防御失去作用或至少降低其作用,节省作战经费,达到更高的效费比。第三,突防手段是不对称战略思想的具体体现。发展多种突防手段,不仅可以使敌方防御系统的有效性降低,还会迫使敌方投入更多的经费来改进和完善其防御体系,付出更大的代价。在进攻性武器上的低投入,可造成敌方在防御性武器上的高花费,这已被事实所证明。随着美国、俄罗斯和西方一些国家的反导防御系统技术的不断进步,反导系统的预警时间不断增加,拦截命中精度不断提高,这些都对弹道导弹的突防构成严重威胁,因此,如何改进和提高弹道导弹的突防能力以保持其作战有效性是弹道导弹在 21 世纪面临的重大挑战。

要有效提高弹道导弹的突防效能,就必须从弹道导弹突防系统总体论证、设计、突防技术运用及弹道导弹作战运用入手,充分考虑影响导弹突防的各种因素,对导弹突防手段进行综合分析、综合集成,而所有这些提高弹道导弹突防能力的活动都离不开对导弹论证、研制方案及作战运用方案在突防方面有效性的评估,其本质是一定条件下导弹突防效能评估[1]。本篇以此为目的,以现代作战效能分析理论为研究基础,依据弹道导弹武器系统总体战术、技术指标和导弹突防系统总体设计要求,针对空—天—地一体化反导威胁环境下弹道导弹突防效能评估这一关键问题开展研究,通过综合运用作战效能分析方法,建立各种不同情形下的导弹突防效能评估模型,实现导弹突防效能指标的计算机仿真计算,为弹道导弹总体论证、设计及突防作战提供计算机仿真实验平台,避免实弹演习试验带来的负面影响,其优势和作用十分明显。如:导弹突防效能的计算机仿真计算能按照设计要求进行可重复性的模拟试验,减少实弹试验的经济消耗;能够部分代替靶场实弹试验积累战场数据;实现过程方便快捷,且成本低、无危险;不会有实弹试验可能带来的政治压力。本书能够为导弹突防总体设计和导弹突防作战提供决策方法和参考依据,尤其可用于我国新一代弹道导弹对导弹防御系统突防效能的预先评估。

9.2 国内外研究现状

9.2.1 突防基础理论研究

突防理论的研究,长期以来受到人们的重视,因为它具有广泛的应用背景,不仅弹道导弹,其他如反舰导弹、巡航导弹、作战飞机等远程打击武器都存在突防问题。从控制理论的角度看,突防问题是一个典型的最优控制问题,突防理论的研究也伴随着控制理论的发展而发展,常常出现在相关的文献中[2-5]。归纳起来,突防理论的表现形式主要有以下几种:其一,微分对策形式;其二,最优控制形式;其三,矩阵博弈形式。微分对策问题在数学中是一个泛函的双边极值问题,一般认为微分对策理论应用于突防问题始于把攻击和逃逸转化为微分对策问题来建立攻击和逃逸问题的状态方程,简化后用变分法得到解的表达式。但用微分对策法来研究攻击方和突防方的控制策略,需要知道很多信息,在目前的技术条件下,这是不可能实现的。我国对微分对策的研究开展得比较晚,得到公认的研究工作主要是原东北工学院的张嗣瀛教授和他的同事们,研究的背景问题是空战。他们对定量微分对策、确定可控域的边界条件、空战中攻击—突防角色二重性以及利用奇异摄动求解最优微分对策等方面进行了研究。在他们的研究中,考虑了攻击方和突防方的变速飞行以及运动学方程的状态变量关系问题,但仍将攻击方和突防方都视为质点,严重影响攻击—突防效果的控制系统的惯性仍没有得到考虑。将攻击—突防问题的攻击方的策略作为已知(例如比例导引)条件,单一地研究突防的最优控制问题,称之为最优突防。用最优控制的方法研究突防策略,比用微分对策方法研究突防策略的研究成果要多得多,其中贡献较大的要数 Shinar 及其同事。他们对突防策略的研究更为深入,系统数学模型考虑了指令和加速度之间的动态特性、机动载荷的限制,定义了脱靶量并把它和指标函数联系了起来。Shinar 在他的文章中对相对运动进行了线性化得到了脱靶量的表达式。他给出一种"Bang - Bang"最优突防策略,在攻击—突防进程中不断改变其符号,且改变符号的周期与攻击方比例导引系数有关。用最优控制的方法研究突防问题和用微分对策方法研究突防问题都遇到一个相同的难题,就是系统模型不能太复杂,否则,即使明知最优解存在,但却不能获得,因为两点边值问题的求解是困难的(除特殊情况外)。矩阵博弈是一种将微分对策研究对象的状态变量和控制策略分别在时间和控制性质上离散化后的一种研究方法,其解是次优的。这种方法需要有大量的数据分析,要求弹载计算机有很高的速度和足够大的容量。

除了以上介绍的基于控制理论的突防研究方法外,还有一种研究突防问题的工程方法,这种方法与基于控制理论的突防研究方法所采取的首先用数学方法找到一般运行规律,再用这种一般规律指导个别工程问题的过程相反,通过简化分析与仿真验证的有机结合,以工程上的实际系统作为研究突防问题(或从制导的角度分析制导精度)的依据,建立简化数学模型,进行理论分析,用仿真方法对理论分析结论进行验证,找到突防(制导)问题的一般性运行规律,再用一般规律指导突防(制导)问题的研究。用这种方法研究突防(制导)问题取得突出成果的当数 Paul Zarchan 和 Ernest J. Ohlmeyer 等人,他们曾用该方法进行过突防策略建模、制导系统简化模型、常值过载突防以及摆动突防下的脱靶量等方面的研究工作,但只考虑了脱靶量的稳态分量,低估了摆动突防策略的有效性。

9.2.2　提高导弹突防效能的技术与策略研究

提高导弹突防效能的技术是指从导弹设计和制造的角度出发,在弹上装载专门的突防装置与器件,开发专门的突防技术措施。提高导弹突防效能的策略是指从导弹作战使用与战术运用的角度出发采取的各种突防方法。二者相辅相成,在导弹突防中共同发挥作用。

国外对突防技术的研究开始较早,从美国对 NMD 系统拦截试验报道中拦截导弹的飞行弹道可以看出这一事实,突防制导技术已经成功地应用在"潘兴Ⅱ"的末制导段的低空突防中,它采用螺旋滚动的机动模式,如果拦截导弹没有反突防的特殊技术手段,"潘兴Ⅱ"的突防概率可达80%以上。美国"民兵"导弹高空突防时也采用了螺旋滚机动模式。因为弹道导弹的突防技术涉及国家机密,所以看到公开的技术研究报告是几乎不可能的。但经过严格消密的学术性的文献较多,从这些文献的字里行间可以看出导弹突防问题所受到的关注。国内对弹道导弹突防问题研究不多,有关资料又涉及国家机密,所以了解的资料很少,只是近些年针对美国研制的弹道导弹,在防御系统研究中相应提到国外弹道导弹突防的有关技术,还有就是在对弹道导弹再入后的末制导问题的研究中涉及导弹的机动控制,但并没有明确地把它与突防联系起来加以深入研究。国内有关单位对美国 TMD、NMD 的有关情报进行了跟踪搜集和分析,但对策尚在制定中,研究工作刚刚筹划。在某些与 NMD 关系不密切的领域做过一些研究工作,例如研究过反舰导弹对舰基导弹防御系统的突防问题,进行了方案论证、系统设计,作为技术储备,将用到新一代反舰导弹上。此外,国内还有一些突防方面的理论性研究。

从现代战争发展的趋势看,战场环境日益复杂,导弹武器的火力对抗日益激烈,攻和防这一矛盾的演化也越来越突出,导弹突防技术正朝着多种突防模式发展,如螺旋式、摆动式、滑翔式等机动突防技术,以增加导弹飞行弹道的不确定性,使拦截导弹无法预测弹道导弹的弹着点;发展多弹头技术;假目标(假弹头、诱饵)技术等。此外,当前正处在试验中的导弹突防前沿技术有下述几种[6-7]。

1.精确突防技术

弹道导弹的发展已经从能量型转向精度型,而精确突防技术(精确探测、精确控制、精确制导、精确打击)是主要发展方向,其突防效果有,使攻击导弹精确地探测到拦截导弹的方位,精确控制导弹的机动,用尽量小的机动来躲避拦截导弹的拦截,精确导引导弹进行弹道修正。导弹突防精确性还要求导弹能快速机动,耗费尽量少的燃料,这也是导弹突防技术的发展方向。

2.弹道导弹末制导技术

以上提到弹道导弹是朝着精度型发展的,提高命中精度才能减小战斗部的质量,才能提高导弹机动性。为满足弹道导弹高命中精度的要求,必须在弹道导弹的飞行末段进行精确制导控制,最大的难题是它的再入速度太高。对射程 3 000～10 000 km 的弹道导弹,制导控制需很大的可用过载。要降低对导弹可用过载的要求必须满足:

- 提高弹道导弹惯导导航段的导引精度。
- 增大导引头的作用距离 D。
- 降低中制导末段的导弹飞行速度 v。

只要在弹道导弹中制导末段(惯性导航段)能有效降低它的飞行速度,则带有导引头的弹道导弹或它的子弹头可以达到很高的命中精度。导引头除必须有一定的作用距离和探测精度外,最重要的是必须有高的目标识别和分辨能力。因此除设计某些特定目标,如舰船、机场可使用红外(雷达)导引头外,对于一般建筑物,光学(含红外)成像,地形匹配可能更为有效。不仅要使导弹能很好进行末制导,还能尽早准确探测到敌方拦截弹,给机动突防以充足时间。可以利用弹道导弹下降段时的高速度,从高空 60 km 左右开始,利用空气动力控制导弹高弹道,减小再入角,增大射程,降低速度,达到减速增程的目标。这就是说,在一定高度,弹道导弹具备利用空气动力进行控制的条件,当距目标一定距离,且导弹速度下降到一定程度时,即可进入主动寻的制导。通过弹道导弹下降段的弹道控制,不仅使导弹具备了末段寻的制导的条件,而且增大了射程,或者为达到一定射程可以减小导弹的发射质量。

3. 气动布局及弹道控制技术

由于再入体的严重的气动加热,采用锥体外的气动舵面很困难,所以设计导弹气动布局往往考虑采用喷气(燃气或压缩气体)来操纵导弹,其目的一是提高突防能力,二是提高命中精度。再入时利用控制翼或转动不对称外形的弹头,产生升力改变惯性弹道,进行滑翔和螺旋机动,以躲避拦截,对于弹道弹头在主动段终点分离后还要经历自由飞行段和再入段,在自由飞行段,弹头在升弧段速度减小,在降弧段由于空气稀薄,在重力的作用下速度增加,到 70～100 km 高度,空气阻力开始显现出来,并开始抵消重力的影响,一般以此为再入点,高度降低,空气阻力上升,当达最大过载时,弹头速度减小。再入点弹道参数和弹道系数确定了再入段弹道,是影响弹头再入特性的主要设计参数,再入点弹道参数主要有再入速度和再入弹道倾角,二者是由主动段终点弹道参数赋予的。对最小能量弹道,射程越大,要求再入速度增加,弹道倾角小。弹头的弹道系数又称质阻比,它等于弹头的再入质量除以阻力系数和参考面积。再入点弹道参数一定时,弹道系数高意味着再入飞行速度快,再入飞行时间短,落地马赫数高,弹头再入散布小,低空突防能量强,因此在导弹突防中,弹道控制技术必须考虑。通过对导弹实施弹道控制,它的弹道将不再是固定的抛物弹道,也就是说,它的弹道是机动的。这就使现有的反弹道导弹难以有效对弹道导弹过多拦截,从而大幅度提高弹道导弹的突防能力。

9.2.3 导弹突防效能评估研究

要有效提高弹道导弹的突防能力,就必须从弹道导弹突防系统总体论证、设计、突防技术运用及弹道导弹作战运用入手,充分考虑影响导弹突防的各种因素,对导弹突防手段进行综合分析、综合集成,而所有这些提高弹道导弹突防能力的活动都离不开对导弹论证、研制方案及作战运用方案在突防方面有效性的评估,其本质是一定条件下导弹突防效能评估。

目前,国内外导弹突防效能评估的主要方法有靶场实际试验方法、半实物仿真方法和基于模型的全计算机仿真实验方法。前两种方法属于突防效能评估的工程方法,成本高且实施过程复杂,不利于推广应用。第三种方法属于突防效能评估的计算机仿真方法,代表了目前导弹突防效能评估的发展方向,具有较高的应用价值,也是本书的研究重点,但目前,在基于模型的导弹突防效能评估方法的发展中还存在以下问题:

(1) 对导弹突防效能定性分析较多,而对导弹突防效能定量计算研究较少,其原因主要是突防措施多种多样,不可控因素较多,再者是缺少大量的拦截弹的资料,进攻导弹和拦截弹的影响因素随科研技术进步变化多而快。

(2) 对战术导弹突防效能研究较多,而对战略导弹突防效能研究较少,这一方面是由于战术导弹在最近发生的几场高科技战争中均有应用,所以战术导弹突防在军事上具有较高的现实需求;另一方面是由于战略导弹武器系统自身及其作战过程远比战术导弹复杂,其突防过程也不例外,因而战略导弹突防效能研究比战术导弹突防效能研究更困难。

(3) 针对"爱国者"防御系统的突防效能研究较多,而对 NMD 等先进防御系统的突防效能研究较少,这主要由于美国的 NMD 系统尚未定型,虽然已经进行过多次试验,但公开数据极少,许多技术参数是高度保密的,从而给导弹对 NMD 系统的突防效能研究带来困难。

(4) 在突防效能评估模型验证方面缺乏有效手段。导弹突防效能评估结果将作为导弹综合设计和作战使用的依据,因而突防效能评估模型必须具有高度的可信性,但目前仿真模型验证仍是一个国际性难题,除实际试验外的其他有效验证手段尚未出现。

(5) 突防效能计算结果不够直观,有些计算结果的物理意义也不够明了。在此方面应充分利用现代仿真手段,不但用来验证计算结果的有效性,而且用来进行导弹突防系统的辅助设计,使它成为计算机辅助设计软件的一部分,以弥补系统设计数学方法的不足。利用三维视景仿真技术可以更直观地仿真弹道导弹攻击过程,达到突防结果可视化目的。

9.2.4　弹道导弹突防效能优化研究

弹道导弹突防效能优化与弹道导弹突防效能评估既有联系,又有区别。在导弹突防方案(突防系统研制方案及突防作战方案)有限的情况下,导弹突防效能优化就表现为有限个导弹突防方案的比较与选优,本质上就是导弹突防效能评估。但在导弹突防方案无限多(导弹突防参数的可行域为无限可数集或为不可数集)的情况下,为提高弹道导弹突防效能,必须运用导弹突防效能优化理论与方法,进行导弹突防方案的优化选择。弹道导弹突防效能优化活动主要包括两个方面:一是提高导弹突防系统(装置)性能的新技术与新材料;二是提高导弹突防效能的各种战术对策。前者主要出现于导弹论证及研制中,而后者出现于导弹作战使用中。具体来说,有关导弹突防效能优化的研究主要包括以下几方面:

(1)导弹弹道高度优化问题。一般而言,在发动机推力允许的情况下,尽量选择高弹道有利于导弹突防,因为在发射点与目标点已确定的情况下,弹道越高,则再入角越大、再入速度越快,使防御方难以截获目标,同时也可缩小拦截弹的可发射区与可杀伤区,但高弹道也存在风险,因为弹道越高,则飞行时间越长,可能给防御方提供更多的预警时间。因此,应该正确选择弹道高度。

(2)轻、重诱饵(假弹头)匹配问题。诱饵实际上就是迷惑对方雷达以掩护真弹头突防的假目标,分为重诱饵和轻诱饵,其中轻诱饵将在弹头再入时被大气层过滤掉,而重诱饵能够继续伴随真弹头飞行,但重诱饵质量较大,需占用较多的弹上载荷,因此,必须合理确定轻、重诱饵的数量,以实现轻、重诱饵的最佳匹配。

(3)有源干扰与无源干扰匹配问题。有源干扰指弹上携载的小型电子干扰机,无源干扰指导弹携带的各种轻、重诱饵。有源干扰与无源干扰的干扰机理不同,前者属压制性干扰,而后者属欺骗性干扰,二者相辅相成、共同作用,掩护导弹突防。考虑到弹上空间及载荷的限制,必须对有源干扰与无源干扰进行合理取舍,实现二者的最佳匹配[8]。

(4)电子突防手段综合优化问题。电子突防手段除有源干扰、无源干扰及红外隐身[9]等"软"手段外,还包括采用电磁脉冲发生装置对反导系统进行电子毁伤等"硬"手段,必须根据弹上空间及载荷的限制,对多种电子突防手段进行综合设计与布局,以实现电子突防手段的最优组合。

(5)各种突防装置的合理布局问题。为满足突防需要,弹道导弹需携带多种突防装置,但弹上空间及载荷均有限,必须根据各种突防装置的体积、质量及作用进行合理取舍,并对其布局进行合理设计,以最大限度地利用弹上空间。

(6)关机点参数优化问题。在满足射程要求的前提下,合理设计关机点参数,力争在大气层内实现发动机关机,将能发挥大气层的屏蔽作用,提高突防隐身效果。由于战术导弹射程较近,所要求的发动机燃烧时间较短,因而更易实现大气层内发动机关机。

(7)导弹反截获机动弹道优化设计问题。在一定的过载约束下,弹道导弹进行反截获机动飞行能有效降低拦截率[10]。为获得最佳的突防效果,应对机动弹道进行优化设计。以弹道平面内"S"形机动为例,包括实施机动飞行的时机、机动弹道的高度、机动弹道升弧段与降弧段设计等方面。

(8)末段反拦截智能规避问题。在实现导弹末段自导引的基础上,实现威胁自动探测、自动评估与自动规避。目前,该方面已有初步研究成果[11]。

(9)导弹发射点位优化选择问题。在满足射程要求的前提下,从多个可行的发射点位中选择有利于导弹飞行中规避反导威胁的发射点位,将能提高导弹突防效果,尤其在发射多发导弹时进行发射点位的合理配置,将使导弹防御系统面临来自多个方向的导弹攻击,从而进一步降低其拦截率。此外,由于战术导弹可发射点位较多,选择余地较大,所以更为有效。

(10)导弹突防波次规划问题。在导弹发射数量较多时,进行合理的突防波次规划将能有效提高突防效能。突防波次规划问题包括突防波次数的确定、突防波次间隔的确定、每一突防波次用弹量的确定及每一突防波次突击方式(齐射、连射)和突击时机的确定等方面。如果是打击多个目标,还应包括突防火力分配问题。

9.2.5 弹道导弹突防效能分析的发展趋势

(1)在弹道导弹预研、论证、研制及作战运用中,更广泛地应用导弹突防效能评估技术,发挥导弹突防效能评估的决策支持作用,主要是以导弹突防效能为评价指标,进行导弹突防系统论证、研制方案及导弹突防作战方案的定量比较与选优。

(2)更加重视对现代导弹防御系统的突防效能研究。针对 NMD、TMD 和后来形成的地基中段导弹防御系统(GMD),以及具体的陆基反战略导弹拦截系统[12]、PAC-3 反战术导弹拦截系统[13]、海基"宙斯盾"(Aegis)拦截系统的特点,包括预警探测的特点[14]、拦截杀伤的特点(动能杀伤、破片杀伤),研究相应的导弹隐身和防护手段,以提高突防效能。

(3)开发实用的导弹突防效能仿真评估系统。充分运用 HLA,VR,OpenGL 等现代建模与仿真技术、可视化实现技术,开发各种导弹突防效能可视化仿真评估系统[15],实现各种突防策略与导弹防御系统对抗结果的逼真演示与论证,并可用于导弹攻防对抗研究和攻防对抗作战训练。

(4)开展助推段导弹突防效能研究。虽然目前反导拦截主要集中在弹道导弹飞行的中段和末段进行,但随着海基拦截系统的不断完善和机载激光拦截器的日臻成熟,以及天基拦截正逐步成为可能,未来弹道导弹在其助推段所受到的反导威胁越来越大,因而,有关弹道导弹助推段突防效能的研究必将受到更多的重视。

(5)弹道导弹突破多层防御的效能将成为突防效能研究的新重点。美国的末段高空区域防御系统(THAAD)已完成拦截试验并已实际部署,且有进一步扩大部署地的趋势。该系统防御范围较大,既能在高空拦截,也能在低空拦截,并能实现多次拦截,加上目前已部署的海基中段防御系统和PAC-3末端防御系统,美国已具备对弹道导弹的多层、多次拦截能力,迫使弹道导弹必须正视该威胁,提高突破多层防御的能力。美国导弹防御系统的发展已经证明:未来的弹道导弹应具备全弹道突防能力。

9.3　本篇主要内容

本篇以弹道导弹论证、研制方案及作战运用方案突防有效性的综合评估为目的,以弹道导弹突防概率作为度量其突防效能的总指标,通过建立各种不同情形下的导弹突防效能定量评估模型,实现导弹突防效能指标的仿真计算。在研究方法上,将弹道导弹从起飞到引爆的突防全过程划分为隐身与发现的对抗、伪装与识别的对抗、摧毁与反摧毁的对抗等子过程,对每一个子过程确定相应的突防效能指标,并建立相应的突防效能指标计算模型,对各阶段攻防双方影响导弹突防的因素(突防技术、拦截器性能等)进行定量评估,对主要的突防参数进行突防灵敏性分析,以探索导弹突防能力的变化规律,从中发现影响弹道导弹突防的主要因素,寻求提高弹道导弹突防效能的技术和战术途径。

参 考 文 献

[1]　张最良,等. 军事运筹学[M]. 北京:军事科学出版社,1993.

[2]　朱宝鎏,等. 作战飞机效能评估[M]. 北京:航空工业出版社,1993.

[3]　BOWLIN W F. Evaluating the Efficiency of USA Air Force Real - Property Maintenance Activities [J]. Operational Research Society. 1987, 38 (1): 127 - 135.

[4]　李林森. 多机协同空战系统的综合智能控制[D]. 西安:西北工业大学, 2000.

[5]　温德义. 美国国家导弹防御系统发展概况[R]. 总装备部情报研究所,1999.

[6]　徐青,张晓冰. 反导防御雷达与弹道导弹突防[J]. 航天电子对抗,2007 (2):13 - 17.

[7]　王静. 动能拦截弹技术发展现状与趋势[J]. 现代防御技术,2008(4): 23 - 26.

[8]　张磊. 弹道导弹突防问题的研究[D]. 北京:北京航空航天大学,2002.

[9]　崔静. 导弹机动突防理论及应用研究[D]. 北京:北京航空航天大学,2001.

[10] 李廷杰. 射击效率[M]. 北京:北京航空学院出版社,1987.

[11] 杨秀珍,等. 战场环境下 C^3I 系统效能研究[J]. 火力与指挥控制,2000,25 (1):39 – 43.

[12] BOUTHNNIER V, LEVIS A H. Effectiveness Analysis of C^3 System[J]. IEEE Trans on System, Man and Cybernetics ,1984,14(1):123 – 134.

[13] 罗继勋,高晓光. 机群对地攻击分析动力学模型建立及仿真分析[J]. 火力与指挥控制,2000,25(1):13 – 53.

[14] 张安,佟明安. 空地航空子母弹靶场效能分析建模研究[J]. 火力与指挥控制,2000,25(1):22 – 25.

[15] 王和平. 飞机总体参数与作战效能的关系研究[J]. 航空学报,1994,15(9):1077 – 1080.

[16] 袁克余. 武器系统效能研究中几个问题的探讨[J]. 系统工程与电子技术,1991,13(6):52 – 64.

[17] 高尚,娄寿春. 武器系统效能评定方法综述[J]. 系统工程理论与实践,1998,21(7):109 – 115.

[18] 徐培德,崔卫华. 导弹综合效能分析与评价模型[J]. 国防科技大学学报,1997,19(2):20 – 24.

[19] 郁振安. 层次分析法在防空武器系统综合性能评价中的应用[J]. 系统工程与电子技术,1989,11(11):23 – 27.

[20] 刘栋,等. 武器系统方案评价与决策的 DEA 模型[J]. 军事系统工程,1996 (1):12 – 16.

[21] 李东胜,朱定栋. 用 DEA 法解决武器装备论证中装备结构优化问题[A]. 国防系统分析专业组,94 年会论文集[C],1994:187 – 192.

[22] 徐培德. 武器研制方案评估的 DEA 方法[R]. 国防科技资料,GF75377,1989.

[23] 练永庆,等. 基于 ANN 的武器作战效能评估方法. 军事运筹学会 1998 年会论文集[C]. 大连:海潮出版社,1998:216 – 223.

[24] 綦辉,宋裕农. DIS -计算机作战模拟的新领域[J]. 火力与指挥控制,1998,23(2):1 – 5.

[25] 汪成为,等. 灵境技术的理论、实现及应用[M]. 北京:清华大学出版社,1996.

[26] STYTZ M R. Distributed Virtual Environment[J]. IEEE Computer Graphics and Applications,1996:19 – 37.

[27] HO Y C, BRYSON A E, BARON S. Diferential Games and Optimal Pursuit – Evasion Strategies [J]. IEEE Transaction on Automation

Control，1985，10(4)：385-389.

[28]　张嗣瀛. A New Approach of Solving Qualitative Diferential Games and Determining the Boundary of Controllable Region[C]. IFAC 第八届会议论文集.

[29]　张嗣瀛. 空战格斗中的两个区域[J]. 自动化学报，1981，7(3)：16-20.

[30]　任萱，陈磊. 轨道机动中的两点边值问题[C]. 国防科工委第一届飞行力学学术交流会. 西安，1996.

[31]　SFUART D G. A Simple Targeting Technique for Two—Body Spacecraft Trajectories[J]. Journal of Guidance，Control and Dynamics，1971，9 (1)：27-31.

[32]　张洪波. 弹道导弹进攻中多目标突防的效能分析[J]. 宇航学报，2007(2)：394-397.

[33]　任萱. 航天飞行器轨道动力学[M]. 长沙：国防科技大学出版社，1987.

[34]　贾沛然，陈克俊，何力. 远程火箭弹道学[M]. 长沙：国防科技大学出版社，1993.

[35]　陈磊，王海丽，吴瑞林. 面向框架的弹道仿真方法[J]. 系统仿真学报，1999，11 (2)：101-103.

[36]　侯世明. 导弹总体设计与试验[M]. 北京：宇航出版社，1996.

第10章 弹道导弹突防隐身效能评估

10.1 引　言

在导弹突防中,隐身性能发挥着重要作用,与之相应,在反导系统的作战链中,导弹预警卫星和地基预警雷达对来袭导弹的探测是最底层节点,是实施反导拦截的基础,因此,导弹隐身是提高突防能力的重要手段。导弹隐身的目的是降低导弹的可探测性,而衡量可探测性的指标是导弹被雷达探测的概率和导弹被预警卫星红外系统探测的概率,本章综合运用解析法和仿真法,并考虑电子对抗的效果,给出导弹被雷达探测概率和被导弹预警卫星红外系统探测概率的计算方法,用以评估导弹突防中的隐身效果。

10.2　无干扰时导弹被雷达探测概率的计算

雷达在扫描过程中,当目标落入雷达波瓣时,雷达与目标发生能量接触,雷达能否检测出目标,取决于信号能量与噪声能量之比的大小。当无干扰时,噪声是雷达系统内部的热噪声;在有干扰时,噪声主要是干扰信号。本节根据搜索论和雷达工作原理计算无干扰时弹头被雷达探测的概率。

10.2.1　雷达单个脉冲探测概率的模型

目标回波在雷达检测器上表现为一系列脉冲信号,雷达对信号的检测一般是根据 Nelmann - Pirson 准则,在虚警率 P_{fa} 一定的情况下(一般假定 $P_{fa}=10^{-6}$),定出检测门限,检测目标的存在,在虚警率一定时,信噪比越大,雷达的发现概率也越大。

假设噪声服从瑞利分布,根据信号与噪声的统计特性,得出雷达单个脉冲发现概率 P_d 为

$$P_d = \exp\left(-\frac{y_0}{1+S_N}\right) \tag{10.1}$$

式中,y_0 为归一化门限值,当 $P_{fa}=10^{-6}$ 时,$y_0=61\mathrm{n}10$;S_N 为单个脉冲的信噪比,可由下面的雷达方程计算:

$$R = \left[\frac{P_{av}AT_f\sigma}{4\pi kT_0 F_n S_N L\Omega}\right]^{1/4} \tag{10.2}$$

式中,R 为雷达与目标的距离(斜距);P_{av} 为雷达天线平均发射功率;A 为雷达天线有效面积;Ω 为雷达天线的角搜索面积;σ 为目标的雷达反射截面;k 为玻尔兹曼常数;T_0 为标准室温 290 K;F_n 为雷达系统噪声指数;T_f 为雷达扫描空域一次的时间;L 为雷达系统损耗。

一般雷达在探测过程中都是基于多个脉冲进行检测的。

10.2.2　雷达频率不变时弹头被探测概率的计算

雷达用一种频率照射运动中的弹头,在一次扫描过程中雷达的回波振幅不变,不同次扫描中,雷达回波振幅服从瑞利分布,此时,弹头的被探测概率可用下式计算:

$$P_d = \left(\frac{nS_N + 1}{nS_N}\right)^{n-1} \exp\left(-\frac{y_0}{nS_N + 1}\right) \tag{10.3}$$

式中,S_N 为雷达单个脉冲的信噪比;y_0 为检测门限,有 $y_0 = 4.75\sqrt{n} + n$;n 为雷达一次扫描中脉冲积累数,$n = (\theta_{0.5}/\Omega)f_r$,其中 $\theta_{0.5}$ 为雷达天线半功率波束宽度,Ω 为雷达天线扫描角速度,$(°)/s$,f_r 为雷达脉冲重复频率。

10.2.3　雷达频率变化时弹头被探测概率的计算

此时,回波信号与噪声信号都服从正态分布,经平方滤波器和 n 次独立取样后,信号服从 χ^2 分布,弹头的被探测概率可用下式计算:

$$P_d = 1 - \phi\left(\frac{4.75 - \sqrt{n}S_N}{1 + S_N}\right) \tag{10.4}$$

式中,符号的意义同前,其中函数 $\phi(x)$ 表达式为

$$\phi(x) = \frac{1}{\sqrt{2\pi}} \int_{-\infty}^{x} \exp\left(-\frac{t^2}{2}\right) dt$$

10.3　无干扰时导弹被红外探测概率的计算

所有温度高于绝对零度的物体都会辐射电磁波,电磁辐射是物质的固有属性,这就为目标和景物的探测、识别奠定了客观基础。弹道导弹需在短时间内燃烧大量燃料,其火箭发动机的热气体在离开火箭喷嘴之后形成的尾焰是一种强烈的热辐射体。由于大气层外的空间最适于红外系统的使用,故红外探测是侦察卫星、导弹预警卫星采用的主要探测手段。反导系统利用弹道导弹在主动飞行段(又称助推段)、自由飞行段(又称中段)和再入飞行段(又称末段)较强的红外辐射特征,通过应用先进的被动红外探测设备接收这些红外辐射信号,使用优良的寻的设备锁定该红外辐射源,并运用快速信号处理设备分析这些红外跟踪数据,便能够探测、

跟踪和识别弹道导弹[1]。

红外探测跟踪系统是导弹防御系统远距离探测乃至跟踪目标的关键,是确保实施成功拦截的先决条件,而动能拦截器红外导引头则是拦截目标的关键[2]。随着红外探测技术的发展,特别是红外成像技术日益成熟,如1996年11月8日美国开始研制"天基红外系统"卫星,用以取代现役的"国防支援计划"(DSP)卫星,该卫星系统利用可见光、短波红外、中波红外和长波红外探测器,对弹道导弹进行全飞行过程跟踪,并将弹头从其他物体中识别出来,以满足美军对战略、战术弹道导弹预警的需要。与现役"国防支援计划"卫星相比,"天基红外系统"将能完成更多的任务,包括导弹预警,为防御导弹指引目标,提供技术情报和战场态势信息,通过星载探测器,在大视场范围内对固定区域或全球,尽早探测到战略导弹、战区和战术弹道导弹的发射、飞行方向,估计弹着点,并将有关信息迅速、及时传递给地面中心,从而为地面防御系统赢得尽可能长的预警时间。可见,红外探测跟踪系统对战略导弹突防、生存能力构成了极大的威胁。

本节根据导弹在飞行过程中红外辐射特性和红外探测系统工作原理计算无干扰时导弹被红外探测系统探测的概率。

10.3.1 红外探测系统及其探测工作原理

10.3.1.1 弹道导弹红外探测系统

美国弹道导弹防御系统是一个分层防御系统(分别针对弹道导弹目标的助推段、中段和末段进行拦截),其红外探测跟踪系统也分为几个层次,由天基红外预警系统、空间目标监视跟踪系统和机载红外探测系统等构成[3]。

1. 天基红外预警系统(太空红外系统 SBIRS)[3-6]

美军将部署由6颗运行在高轨道的天基红外系统(SBIRS)卫星和24颗位于低轨道的空间和导弹跟踪系统(SMTS)卫星组成的天基红外预警系统取代现用的DSP(国防支援计划)系统。SBIRS采用1台高速扫描型探测器和1台与其互补的凝视型 HgCdTe 探测器。其扫描型探测器比DSP卫星的探测器灵敏度高20倍、扫描速度快10倍。扫描探测器对飞行中的导弹所产生的尾焰进行初步测定,凝视型面阵以此为线索对导弹进行更详细的探测。从发现目标到告警信息中继到地面部队仅需10~20 s。此外,飞行在多个轨道面上的SMTS卫星将成对工作,以提供立体观测。每对卫星通过60 GHz卫星间通信链路进行相互通信。每颗卫星将装有1台宽视场短波红外捕获探测器和1台窄视场凝视型多色(中波、长波红外及可见光)跟踪探测器。目前美国已开始发射部署试验SBIRS卫星,并将逐步取代DSP卫星。

美国现有的导弹预警卫星系统是"国防支援计划"(DSP)系统,于20世纪70年代初开始发展,目前轨道上服役的是第二代、第三代卫星。该系统卫星的部署情况为,地球赤道上空同步轨道上保持有5颗DSP卫星,其中3颗卫星在工作,2颗备用。3颗工作卫星分布如下:一颗定位于印度洋上空东经69°处,用于监视中国和俄罗斯;一颗定位于太平洋中部上空西经134°处,用于监视太平洋海域;最后一颗定位于南美洲上空西经70°处,用于监视大西洋海域。

2.空间跟踪与监视系统[4-5]

空间跟踪与监视系统用于监视、跟踪处于后助推段、中段、末段前端的弹道导弹目标,是带有光学和红外探测系统的卫星,布置在低轨道上。这些系统几乎可在全弹道密切跟踪目标,并能监视弹头母舱投放子弹头、突防支援装置和诱饵的过程,所以它必须能从冷背景中探测跟踪弹头目标,并能识别真假目标,但由于目标在星载红外探测系统上显示为亚像元目标,而且在这段弹道的飞行时间内,目标和伴飞的物体是小间距物体,难以确认群目标中物体的数目、每个物体的具体位置和辐射强度,在这一探测层实现识别是非常困难的。

空间目标监视与跟踪系统由约24颗部署在1 600 km左右高度的小型、低轨道大倾角卫星组成。每颗卫星携带两类传感器,一类是宽视场短波红外捕获传感器,用于发现跟踪助推段的导弹;一类是窄视场高精度凝视型多色(中波、中长波和长波红外及可见光)跟踪探测器,用于跟踪后助推段的导弹以及最后的冷再入弹头。捕获探测器可以通过对比地球背景观察导弹的明亮尾焰,探测助推飞行中的导弹(这时导弹还处于地平线以下)。一旦锁定了一个目标,信息便传递给跟踪探测器,对整个弹道中段和再入段的目标进行跟踪。

3.机载光学探测系统

用于弹道导弹防御的机载光学探测系统是安装在飞行于20 km高度的大型飞机上的红外探测系统,用于探测、跟踪、识别弹道导弹目标。考虑到机载红外探测跟踪系统具有机动性、灵活性的优势,且能够从远距离探测到弹道导弹的助推段尾喷焰辐射或弹道导弹、巡航导弹正常飞行段的蒙皮气动加热,美国在里根政府时代就开始发展机载光学探测系统,研制了由波音767客机改装的机载光学探测器试验台,装有长波红外探测系统,其焦平面阵列有38 400个单元,在14~24 km高空飞行时,该系统可对天空作全空域扫描,用于对来袭导弹的中后段和末段探测。全面监视美国本土必须使用40架这种飞机,目前已研制了一架,但仅作为试验之用。

在研制了机载光学探测器试验台之后,美国又发展了多种用于导弹防御的机载红外搜索跟踪系统,包括空中预警机红外搜索和跟踪(IRST)装置、增强型机载全球发射探测器、用于助推段拦截的机载激光武器系统的红外搜索跟踪系统等。

10.3.1.2 红外跟踪探测系统的任务、组成及工作原理

红外跟踪搜索系统是搜索系统和跟踪系统组合的红外系统。其搜索系统的任务是，产生搜索信号，控制跟踪系统的位标器对选定的空域进行搜索，发现空域内目标使组合系统由搜索状态转入跟踪状态。

跟踪搜索系统由变换、放大电路，搜索信号产生器，陀螺系统和状态转换机构组成。方位探测系统（如光学系统、调制盘、探测器）和陀螺系统为搜索系统和跟踪系统共有。

实现对空间搜索的工作原理简述如下：状态转换机构最初处于搜索状态。当光学系统视场内没有目标时，搜索信号产生器产生"日"字形搜索信号。此信号送入变换、放大电路，经功率放大器输出电流，此电流送入陀螺系统进动线圈，产生进动力矩作用于陀螺转子，带动光学系统按"日"字形扫描运动。

光学系统搜索过程中探测到目标以后，目标辐射能经光学系统、调制盘和探测器后输出电压信号，此电压信号经放大、变换送到状态转换电路，使继电器动作，断开搜索信号并接通跟踪回路，使系统处于跟踪状态。

从放大变换电路引出的另一反映目标位置的极坐标信号，经坐标变换器变换成方位和俯仰信号，分别控制方位和俯仰电机去驱动显示器的目标标记运动，从而显示目标位置，或驱动执行机构。

将特制的红外系统安装在地球同步卫星上，并由多颗卫星组成预警网，以保证达到最佳全球覆盖。对地球定向的大型红外物镜之光轴随卫星自旋轴转动，使红外探测器线列作圆锥扫描，借以扩大视场。如有来袭导弹进入视界，系统接收其尾焰的红外辐射，滤除背景和阳光干扰，便得到真实目标的信号。连续扫描即能测出其空间位置及运动方向。采用红外焦平面器件，可实时获取目标的运动信息，利用图像进行目标识别，可提高探测概率。一旦发现目标，卫星上的电视摄像机即按指令向地面指挥中心发送目标图像。指挥中心控制地面雷达对目标跟踪，命令反导拦截系统起飞拦击。

星载红外预警技术监视范围广，不受地球表面曲率影响，大气衰减危害小，作用距离远，不易被干扰，探测概率高，能够在敌弹道导弹发射初始阶段发现目标，提供 15～30 min 的预警时间。采用长波红外器件时，还能发现烽火后的运载火箭、弹头、卫星等目标，性能更优越。

以美国现正在服役的第三代 DSP 预警系统[6]为例来说明红外系统性能及预警方式。

DSP 卫星上装载有红外、紫外、电磁和核辐射探测器,此外,每颗卫星上还装备一台电视摄像机作为辅助手段用于排除虚警。第三代 DSP 卫星使用的是具有 6 000 个阵元的红外焦平面阵列,可以在中红外($3\sim5$ μm)和远红外($8\sim14$ μm)两个红外大气窗口工作,红外望远镜使用的是长为 3.66 m 的施密特光学系统,可探测导弹喷流、喷气发动机尾焰的红外辐射。

"DSP"卫星进行预警的原理为:卫星上的红外望远镜偏离卫星对称轴 7.5° 安装,依靠卫星本体自旋每 $8\sim12$ s 对所监视的地面进行一次扫描,卫星上每个红外阵元负责监视地面上一片固定的地方,一个红外阵元的监视面积约 13.7 km^2,所以每颗卫星最大可覆盖 2/5 的地球表面。卫星上的红外望远镜每次扫描可测出导弹主动段发动机尾焰红外辐射强度和两维角度坐标,连续扫描可测出红外辐射源的移动方向。一般天气状态下,DSP 预警卫星在战术导弹飞行高度为 20 km 左右时才能发现,恶劣天气如厚云天气时导弹飞行高度为 30 km 左右才能发现。发现目标后每隔 30 s 向地面发送一次信息。

DSP 导弹预警卫星监视区域大,不易受干扰,生存能力强,预警时间早,但预警信息有一定误差,由于每 $8\sim12$ s 扫描一次,所以每颗卫星最大覆盖面积并不是卫星上红外望远镜的瞬时视场,即覆盖面积中任一地域并不是每时每刻都在红外望远镜的监视之下,有漏警存在。为改进这些缺点,美国目前正在加紧研制第四代 DSP 预警卫星,已研制成功的凝视式红外焦平面阵列由数百万个红外敏感元件和电荷耦合器的数据处理线路集成在一起,新的监视阵列处于卫星轨道相对静止状态,不须靠卫星自转来扫描,可对覆盖地面实施 24 h 连续监视,这样可减少虚警、漏警,而且计算的轨道更精确。

10.3.2　弹道导弹被反导系统红外探测和识别的机理分析

随着弹道导弹在各个飞行段的红外辐射特征不同,导致反导系统的被动红外探测设备在各个飞行段的最佳工作波段会有所区别。

在主动段,弹道导弹的红外辐射主要源于发动机的尾焰和导弹的蒙皮,反导系统红外探测器的最佳工作波段是短波和中波。发动机尾气的主要组分通常是水蒸气和二氧化碳,因此由水蒸气、二氧化碳分子转动和振动能级跃迁而辐射的离散谱线是主要的尾焰辐射,其中最明显的是 2.7 μm 和 4.3 μm 谱带;另外,发动机尾焰中还可能含有碳粒子和其他固体微粒,它们的作用如同温度约等于尾焰温度的灰体辐射源,在短波红外波段具有较强的辐射强度。主动段的气动加热效应也会使得导弹蒙皮的温度上升几百度,于是蒙皮的灰体辐射不容忽略,随着高度的增加、发动机推力的减弱,它在主动段红外辐射总量中占有越来越重要的份额。针对弹道导弹主动段红外辐射的光谱特点,同时考虑到地球及其大气对探测器的干扰集中在长波波段,所以,反导系统红外探测器探测主动段飞行的导弹时最好工作在短波和中波波段。

在自由飞行段,弹道导弹的红外辐射主要是蒙皮的灰体辐射及蒙皮反射的太阳辐射,反导系统红外探测器的最佳工作波段是长波和中波。自由飞行段没有空气,导弹表面不存在气动加热效应,蒙皮的温度会逐渐下降到 300 K 左右,根据维恩位移定律,此时蒙皮灰体辐射的峰值波长约为 10 μm;此外尽管太阳辐射很强,由于太阳离导弹很远且峰值波长约为 0.5 μm,加之蒙皮的吸收率较大、反射率较小,于是蒙皮的灰体辐射远远超过蒙皮反射的太阳辐射。另外,大气层外空间冷背景的红外辐射极其微弱。因此,反导系统红外探测器在自由飞行段的最佳工作波段是长波和中波。

在再入飞行段,弹道导弹的红外辐射主要源于导弹蒙皮和激波层气体,反导系统红外探测器的最佳工作波段是中波和短波。弹道导弹高速再入稠密大气层的过程中,由于剧烈的气动加热效应,蒙皮温度会上升到几千度,蒙皮在短波红外波段具有较强的灰体辐射;此外,由空气、烧蚀气体和固体颗粒所形成的激波层物质,其温度也会有上千度,在短波和中波波段的红外辐射比较强。同样,地球及其大气对探测器的干扰集中在长波波段,因此,反导系统红外探测器在再入飞行段的最佳工作波段是短波和中波。

10.3.3 导弹飞行过程中火焰及表面温度计算

为了获取弹丸的红外辐射特性,必须首先计算它的表面温度分布。而物体的表面温度取决于它与周围环境及它们内部的热交换和热平衡。至今已有了较精确的温度计算方法,称为热网络法(又叫节点网络法)。热网络法的原理是,将目标分为若干一定尺寸的单元,每一单元称为一个节点,每个单元具有均匀的温度、热流和有效辐射。单元之间的辐射、传导和对流,以及换热过程可以归为节点之间由多种热阻连续起来的热流传递过程。美国研制的 TRASYS 热分析系统,它的热网络模型能计算 1 000 个节点的瞬态和稳态温度,计算温度与实际温度之差在 2~5℃ 范围内[7]。文献[8-9]也简单介绍了节点网络法,并通过求解热平衡方程来计算目标表面的温度分布的模型。

实际上,空间目标的表面各部分温度均不相同,并且随时间而变化。为简化计算,可用如下的方法进行估算[10-11]。

10.3.3.1 助推段温度

火箭发动机因推进剂种类、结构形式、大小等不同,其推进系统高压燃烧反应产生的能量把反应生成的气体加热到最高温度也不同,最高温度高达 2 500~4 700℃,而排气羽流的流体温度可达 1 000~4 000℃,烧蚀粒子喷射速度大于 1 km/s。

对于主动段的弹道导弹尾焰的红外辐射相当于 2 000 K 的黑体辐射源,相当于在 2.7 μm 波长处的辐射强度为 $10^5 \sim 10^6$ W/(Sr·μm)。

10.3.3.2　中段导弹弹头的温度计算

火箭发动机关机后,进入自由飞行阶段(中段),此时火箭所携带的目标(弹头、卫星、丝条和气球等)和发动机碎片在高空环境中,由于太阳辐射、地球对太阳辐射的反照和地球的热辐射,进入辐射动平衡过程(忽略高空微小的气动加热),即

$$Q_e + Q_i = Q_r$$

式中,Q_e 为单位时间目标自外部吸收的能量,Q_e 可以包括三部分:太阳辐射、地球的反照和地球的热辐射;Q_i 为单位时间目标内部产生的能量;Q_r 为单位时间目标向外辐射的能量。

为便于计算,取目标 $Q_i = 0$ 的无源球形目标,在日照区(白天)球形目标的热平衡方程为

$$S\left\{\alpha E_1 + \left(1 + \frac{H}{R}\right)^{-2} (\alpha E_2 \cos\theta + \varepsilon E_3)\right\} = 4S\varepsilon\sigma T^4 + mc\frac{\mathrm{d}T}{\mathrm{d}t} \tag{10.5}$$

在地球阴影区(夜间)球形目标的热平衡方程为

$$S\varepsilon E_3 = 4S\varepsilon\sigma T^4 + mc\frac{\mathrm{d}T}{\mathrm{d}t} \tag{10.6}$$

式中,S 为球形目标的圆面积;E_1 为太阳常数,$E_1 = 0.139$ W/cm^2;E_2 为地球反照常数,$E_2 = 0.0474$ W/cm^2;E_3 为地球热辐射常数,$E_3 = 0.023$ W/cm^2;α 为目标表面材料的太阳光反射率;ε 为目标表面材料在温度 T 下的发射率;H 为目标离地面的高度;θ 为太阳方向同目标至地心连线的夹角;R 为地球半径;m 为目标质量;c 为目标表面材料的比热;$\mathrm{d}T/\mathrm{d}t$ 为目标表面温度的时间变化率。

假定:$\cos\theta = 1, 1 + H/R = 1$,球形目标质量 $m = 4S\delta\rho$,δ 为球形目标表面材料的厚度,ρ 为表面材料的密度,这样中段球形目标在白天的热平衡方程为

$$\alpha E_1 + \alpha E_2 + \varepsilon E_3 = 4\varepsilon\sigma T^4 + 4\delta\rho c \frac{\mathrm{d}T}{\mathrm{d}t} \tag{10.7}$$

中段球形目标在夜晚的热平衡方程为

$$\varepsilon E_3 = 4\varepsilon\sigma T^4 + 4\delta\rho c \frac{\mathrm{d}T}{\mathrm{d}t} \tag{10.8}$$

在 $\alpha = \varepsilon = 0.5$ 下,比较计算中段球形弹头和气球温度随时间变化的情况。

令球形弹头表面材料参数 $\delta = 1.76$ cm,$\rho = 1.923$ g/cm^3,$c = 1.13$ J/(g·℃),将参数代入式(10.7)和式(10.8),并作变换 $x = T/100$,得到白天球形弹头表面温度随时间变化方程为

$$\frac{\mathrm{d}x}{\mathrm{d}t} = 6.8 \times 10^{-5} - 7.39 \times 10^{-7} x^4$$

夜间球形弹头表面温度随时间变化方程为

$$\frac{\mathrm{d}x}{\mathrm{d}t} = 7.49 \times 10^{-6} - 7.39 \times 10^{-7} x^4$$

这样,根据温度随时间变化方程,再结合导弹关机时的弹头初始温度,就能得到每一时刻弹头表面的温度。

10.3.3.3 再入段弹头的温度计算

从弹头再入大气层到弹头落地的这一段弹道称为再入段。重新进入大气层之后,弹头受空气阻力的影响,速度急剧下降。在再入段,弹头是在稠密的大气层内高速飞行的。

1. 气动加热模型

再入飞行段弹道导弹的红外辐射主要源于导弹蒙皮。弹道导弹高速再入稠密大气层的过程中,由于剧烈的气动加热效应,蒙皮温度会上升到几千度。

气动加热效应引起的蒙皮温度变化可利用如下的经验公式进行计算[12]:

$$T = T_a\{1 + k[(\gamma - 1)/2]Ma^2\}$$

式中,T 为目标蒙皮驻点温度;T_a 为周围大气的温度;k 为恢复系数(在此取 0.82);γ 为空气的定压热容量和定容热容量之比(取 1.3);Ma 为马赫数,代入数值得

$$T = T_a(1 + 0.123Ma^2) \tag{10.9}$$

2. 大气温度模型

在 $0 \sim 85$ km 的高度范围大气温度可用 7 个连续的线性方程来描述[12],形式为

$$T_a = T_b + L_b(H_b - H) \tag{10.10}$$

式中,T_b 为层面温度;L_b 为温度梯度;H 为目标高度;H_b 为层面高度。

3. 运动模型

再入段弹道导弹的运动可假定为匀减速运动,所以目标到探测器的水平距离和竖直高度可近似表示为

$$x(t) = x_0 - (v_{0x}t - 0.5a_x t^2), \quad y(t) = y_0 - (v_{0y}t - 0.5a_y t^2)$$

式中,x_0 和 y_0 分别为初始水平距离和高度;t 为时间;v_{0x} 和 v_{0y} 分别为水平初速度和竖直初速度;a_x 和 a_y 分别为水平加速度的绝对值和竖直加速度的绝对值,而导弹加速度的大小和初速度的大小可表示为

$$a = \sqrt{a_x^2 + a_y^2}, \quad v_0 = \sqrt{v_{0x}^2 + v_{0y}^2}$$

所以 T 可表示为

$$T = \{T_b + L_b[H_b - y(t)]\}\{1 + 1.064[(v_{0x} - a_x t)^2 + (v_{0y} - a_y t)^2]\}$$

$$\tag{10.11}$$

10.3.4　导弹被红外探测器扫描一次的探测概率计算模型

10.3.4.1　红外探测距离及目标分辨率

红外系统的实际使用效果与它接收的目标红外辐射能量密切相关。在其他条件确定的情况下,目标越远,则进入红外系统的目标能量越少。假定在某一距离上,红外系统所接收的目标红外辐射刚好能产生预期的使用效果,则这个距离常被称为红外系统的作用距离,是红外系统一个极重要的综合性能参数。它与目标辐射功率、大气条件、红外光学系统性能、探测器特性、电路带宽和使用所要求的极限信噪比等因素密切相关,还受目标所处背景条件的影响[13]。

采用线阵列探测器的红外搜索系统的理想作用距离如下:

$$R_0 = \left[\frac{\pi}{2}D_0 J_{\lambda_1-\lambda_2} \tau_a \tau_0\right]^{1/2} (\text{NA})^{1/2} D^{*1/2} \left[\frac{\gamma C}{\dot\Omega}\right]^{1/4} \tag{10.12}$$

式中,D_0 为光学系统入射孔径;$J_{\lambda_1-\lambda_2}$ 为在波段 $\lambda_1 \sim \lambda_2$ 范围内的红外辐射强度;τ_a 为在波段 $\lambda_1 \sim \lambda_2$ 范围内大气的平均透过系数;NA 为光学系统数值孔径;τ_0 为光学系统透过率;D^* 为探测器的波段探测率;γ 为脉冲能见度系数,数值大致在 0.25 ~ 0.75 之间,表示信号处理系统从噪声中分离出信号的效率;C 为单个探测器元件的数目,DSP 卫星为 6 000 个;$\dot\Omega$ 为搜索速度,$\dot\Omega = \Omega/t$,Ω 为搜索视场大小(Sr),t 为帧时间,即卫星扫描整个搜索视场所需的时间。

上面给出了天基红外系统理想作用距离的计算公式,其最大探测距离可根据下式由理想作用距离求得:

$$R_{\max} = \left[\frac{R_0}{(V_s/V_n)_{\min}}\right]^{1/2} \tag{10.13}$$

式中,V_s 为探测器探测的目标红外辐射信号电压;V_n 为进入探测器的均方根噪声值;$(V_s/V_n)_{\min}$ 为红外接收系统侦察工作所需的最小信噪比。

SBIRS 的分辨率 D_i 为

$$D_i = R\frac{\lambda}{D} \tag{10.14}$$

式中,R 为探测器与导弹之间的距离;λ 为探测器的平均响应波长;D 为探测器的接收直径;λ/D 为探测器的衍射极限角分辨率。

对于 SBIRS - high,当取 $R = 36\ 000$ km,$\lambda = 2\ \mu m$,$D = 2$ m 时,则 $D_i = 36$ m;而对于 SBIRS - low,当取 $R = 1\ 000$ km,$\lambda = 4\ \mu m$,$D = 0.5$ m 时,则 $D_i = 8$ m。SBIRS - high 的分辨率大于 36 m,当然不可能对任何导弹成像;SBIRS - low 的分辨率大于 8 m,也不允许对弹头成像。这就是 SBIRS 只能给反导系统提供非成像红外数据的原因。

10.3.4.2 导弹在飞行中被红外探测器扫描一次的探测概率计算模型

红外探测系统对空间目标的红外辐射特征进行测量时,若空间目标表面平均温度为 T,表面材料或涂层的红外发射率为 ε,目标对探测方向的投影面积为 A_p,则在红外波段 $\lambda_1 \sim \lambda_2$ 区,空间目标在红外探测系统处产生的辐照度 $E_{\lambda_1-\lambda_2}$ 为

$$E_{\lambda_1 \sim \lambda_2}(T) = \frac{\tau_a \varepsilon A_p}{R^2} \int_{\lambda_1}^{\lambda_2} L_{b\lambda}(T) \, \mathrm{d}\lambda \tag{10.15}$$

式中,R 为目标至红外探测系统距离;τ_a 为目标至红外探测系统的大气光谱透过率;$L_{b\lambda}(T)$ 为温度为 T 的黑体光谱辐射亮度,$\mathrm{W}/(\mathrm{Sr} \cdot \mathrm{m}^2 \cdot \mu\mathrm{m})$;$\lambda$ 为波长,$\mu\mathrm{m}$;T 为目标表面温度,K。

光谱辐射亮度 $L_{b\lambda}$ 的公式为

$$L_{b\lambda}(T) = c_1/[\pi\lambda^5(\mathrm{e}^{c_2/\lambda T} - 1)] = 1.191\,0 \times 10^{-8}\lambda^{-5}(\mathrm{e}^{\frac{14\,388}{\lambda T}} - 1)^{-1}$$

式中,c_1 为第一辐射常数,$c_1 = 3.741\,8 \times 10^{-8}$ $\mathrm{W} \cdot \mathrm{m}^2$;$c_2$ 为第二辐射常数,$c_2 = 14\,388$ $\mu\mathrm{m} \cdot \mathrm{K}$。

入射到探测器上的光谱辐射功率 P_λ 应为

$$P_\lambda = E_{\lambda_1-\lambda_2} A_0 \tau_0 \tag{10.16}$$

式中,A_0 为光学系统入射孔径面积;τ_0 为光学系统的光谱透过率(包括保护窗口、聚光系统透镜、滤光片、调制盘基片的透过率,反射镜的反射率或遮挡等)。

探测器产生的光谱信号电压 $V_{s\lambda}$ 为

$$V_{s\lambda} = \Re(\lambda)P_\lambda \tag{10.17}$$

式中,$\Re(\lambda)$ 为探测器的光谱响应率。

对选定的光谱区间 $\lambda_1 \sim \lambda_2$,在这段区间内的信号电压 V_s 为

$$V_s = \int_{\lambda_1}^{\lambda_2} V_{s\lambda} \, \mathrm{d}\lambda \tag{10.18}$$

探测概率是指在搜索视场中出现目标时,系统能够将它探测出来的概率。

为了缩小问题的范围,作两点假设:① 假定所讨论的系统是一个非载波系统;② 如果总视场中有目标,则假定只有一个目标,而且是点状目标。前一假定保证了所讨论的系统在信号检测过程中没有非线性过程,对于这种过程基本上可以认为输出噪声属于瑞利(高斯)分布,平均值为零,方差为 V_n^2,即噪声的均方根为 V_n。后一个假定保证了所要得到的目标信号是一个短暂的方形脉冲,而且是一次观察(即在一个帧时间内)最多只有这样一个脉冲。这个信号若被检测出来,即目标被探测到,这时的探测概率又叫做单次观察时的探测概率。

由于目标出现,故它的信号与噪声一同被系统接收。当信噪比较大时,系统输出电压的幅值分布近似于高斯函数:

$$p(V) = \frac{1}{\sqrt{2\pi} V_n} \exp\left[-\frac{(V - V_p)^2}{2V_n^2}\right] \tag{10.19}$$

式中,V 为信号加噪声的总幅值;V_p 为目标信号脉冲所能达到的峰值;V_n 是噪声电压均方根偏差。

将 $p(V)$ 从门限电平 u_{th} 积分至 ∞,即得到信号与噪声的和超过门限的概率,此即探测概率:

$$P_d = \int_{u_{th}}^{\infty} p(V)\,\mathrm{d}V = 1 - \Phi\left(\frac{u_{th} - V_p}{V_n}\right) = \Phi\left(\frac{V_p - u_{th}}{V_n}\right) \tag{10.20}$$

式中,Φ 表示标准的正态分布函数。

可见,已知信号幅值、噪声均方差和确定门限电平后,可由正态分布函数表查得探测概率值[14]。

对于脉冲系统,方程中峰值信号电压 V_p 一般来代替探测器输出信号均方根电压(V_s)。而大多数脉冲系统的脉冲波形接近于矩形,因而信号占有很宽的频谱,其中一部分为信号处理系统的有限带宽衰减掉了,结果 V_p 小于 V_s,则量 $\delta = V_p/V_s$ 表示脉冲通过信号处理系统后信号损失的度量,称 δ 为信号过程因子。

从以上计算模型可以看出[15-17]:

(1) 红外探测器的探测概率受大气透过率影响较大。从目标发出的红外辐射,在到达红外系统之前受到大气中某些气体的选择性吸收和大气中悬浮微粒的散射,因此,辐射能受到衰减。红外辐射通过大气的透过率可表示为

$$\tau = \mathrm{e}^{-\sigma x}$$

式中,σ 为衰减系数;x 为通过大气路程的长度。

在大多数情况下 $\sigma = a + \gamma$,这里 a 是吸收系数,起因于大气中气体分子的吸收;γ 是散射系数,起因于大气中气体分子、霾和雾的散射,a 和 γ 二者均随波长而变化。

当导弹在大气层中飞行时,因天气分子的吸收和散射,红外辐射透过率在某些波段受大气影响较大,因而红外系统的探测概率受大气透过率影响也较大。因篇幅所限,在这里就不再作详细分析。

(2) 红外探测器的探测概率依赖于系统的峰值信噪比。峰值信噪比是指探测器输出信号均方根电压(V_s)与噪声均方根电压(V_n)之比,即 V_s/V_n。峰值信噪比越大,探测概率越向 1 逼近。为了保证足够大的探测概率,系统的峰值信噪比应在 $5 \sim 8$ 之间。

(3) 红外探测概率依赖于红外探测器的探测距离。当红外探测器与导弹目标的探测距离只有系统的理想探测距离的 1/5 时,探测概率就越向 1 逼近。

10.3.4.3　虚警概率、虚警时间及漏警概率的计算

无目标时,红外探测系统只有噪声时输出电压的幅值分布为

$$p_0(V) = \frac{V}{V_n^2}\exp\left[-\frac{1}{2}\left(\frac{V}{V_n}\right)^2\right] \tag{10.21}$$

虚警概率为

$$P_{\text{fa}} = \int_{u_{\text{th}}}^{\infty} p_0(V)\,\mathrm{d}V = \exp\left[-\frac{1}{2}\,(u_{\text{th}}/V_{\text{n}})^2\right] \tag{10.22}$$

在红外系统实际探测中关心的并不是在输出端究竟有多少次噪声脉冲发生，也不是每一次脉冲所可能引起的虚警概率，而真正关心的是在某一段时间内虚警的次数。为此，引入虚警时间的概率。所谓虚警时间是指在这个时间间隔内红外系统平均只给出不大于一次的假警报，用 T_{fa} 表示[18-20]。

$$T_{\text{fa}} = \frac{1}{\Delta f}\exp\left[\frac{1}{2}\left(\frac{u_{\text{th}}}{V_{\text{n}}}\right)^2\right] \tag{10.23}$$

虚警概率 P_{fa} 与噪声的性质密切相关，而探测概率 P_{d} 则依赖于噪声加信号的具体分布、平均值、方差和信噪比。二者都与门限电平 u_{th} 的选定密切相关。u_{th} 选得较大，则 P_{fa} 可以降低，但同时 P_{d} 也下降了，不利于发现目标。可见，P_{fa}，P_{d} 有相互制约的一面[21-22]。

漏警概率 P_1 是指搜索视场中有目标存在而没有被系统发现的概率，其值为 $P_1 = 1 - P_{\text{d}}$。

10.3.5 导弹被预警卫星红外系统探测概率的计算

10.3.5.1 多帧序列检测的探测概率

由于小目标无形状、尺寸和纹理信息，可供处理算法利用的信息量很小；且在低信噪比时，目标极易被噪声所淹没，单帧处理不能保证对目标的可靠检测等原因，因此，一般采用多帧处理来解决低信噪比下的小目标检测问题。实践证明，在红外搜索跟踪系统中，采用序列检测的方法可有效地提高对目标的检测性能。在 N 帧相互独立的红外目标图像中，如果有 M 帧图像信号灰度超过阈值灰度，即可定义探测到目标。此时，探测概率的概率分布函数为一个二项式分布，设单次观察的探测概率为 P_{d}，则 N 次观察 M 次检出的探测概率 P_{D} 表达式如下，具体推导过程见参考文献[23]：

$$P_{\text{D}} = \sum_{K=M}^{N} \mathrm{C}_N^K P_{\text{d}}^K\,(1 - P_{\text{d}})^{N-K} \tag{10.24}$$

其中，$\mathrm{C}_N^K = \dfrac{N!}{K!\,(N-K)!}$。

10.3.5.2 DSP 预警系统预警概率计算

这里以美国第三代 DSP 红外卫星预警系统为基础建立卫星预警模型。DSP红外预警卫星系统地面分辨率为 3 km，确定导弹战术参数需要的扫描点数为 4。对于红外预警卫星，天气对其预警效果有影响，主要体现在云的高度、厚度及分布情况三个方面。根据气象方面的有关资料，天气情况可分为晴天、多云、阴、雨（雪）4 种，其对应的云层的高度、厚度及分布情况见表 10.1。

表 10.1　天气状态与云层厚度表

天　气	云高度/m	云厚度/m	云分布概率
晴天	8 000	2 000	0.2
多云	6 000	2 000	0.3
阴	1 000	7 000	0.8
雨（雪）	1 000	7 000	0.9

　　弹道导弹的飞行历经主动段、自由飞行段和再入段，现有的 DSP 系统只能测量主动段信息。卫星预警是通过对导弹主动段飞行弹道的红外扫描，通过对扫描点信息的收集，从而确定目标导弹的整个弹道。

　　由于 DSP 地面分辨率为 3 km，在导弹飞行高度小于 3 km 之前，作为一个扫描点，该点导弹的飞行时间为 dsptime；云分布概率为 ratio，导弹穿出云层（高度为云高和云厚相加）的飞行时间为 cloudtime；导弹一级关机点的飞行时间为 tracktime，DSP 扫描周期为 deltatime。显然，对于分辨率较大的卫星，有云层且云高及云厚相加在其地面分辨率范围之内时，需取穿出云层的导弹飞行时间为第一个时间点。

　　无云层时，DSP 系统能够采集的时间段为一级关机点的时间减去飞行高度超过其地面分辨率所需的时间，考虑最大的情况，需附加一个点；另外 3 km 高度之前算作一个采集点。因此，无云层时 DSP 能够扫描的点数 ucloudnode 为

$$ucloudnode = floor[(tracktime - dsptime)/deltatime] + 1 + 1$$

式中，floor 是取整函数。

　　在所有的采集点中，只要不小于 4 个点，卫星预警系统能够进行预警。设一共采集到 totalnode 个点，则可以采用的 4 个点为 totalnode 个点的排列组合，因此，无云层时，卫星系统预警概率为

$$pt = \sum_{j=4}^{totalnode} C_{ucloudnode}^{j}\, sysp^{j}\, (1 - sysp)^{ucloudnode - j}$$

式中，sysp 为红外卫星通过采集点确定参数的概率。

　　有云层时，DSP 系统能够采集的时间段为一级关机点的时间减去穿出云层所需的时间，考虑最大的情况，需加一个点。因此，有云层时，DSP 能够扫描的点数 cloudnode 为

$$cloudnode = floor[(tracktime - cloudtime)/deltatime] + 1$$

　　同理，对采集点进行 4 个点的排列组合，得到有云层时的卫星系统预警概率为

$$cloudpt = \sum_{j=4}^{totalnode} C_{cloudnode}^{j} \, sysp^{j} \, (1-sysp)^{cloudnode-j}$$

综上所示,红外卫星系统预警概率 P 为

$$P = pt(1-ratio) + cloudpt \cdot ratio \qquad (10.25)$$

10.4 对反导预警探测系统电子干扰效果的估算

为降低进攻导弹的可探测性,从而提高突防能力,除了导弹(弹头、弹体、发动机)隐身设计外,还可以采用电子战手段对反导系统的预警探测系统实施积极的电子干扰,包括有源干扰和无源干扰。通过电子干扰,能够降低预警系统探测进攻导弹时的信噪比,从而降低导弹的被探测概率。本节通过建立电子干扰效果评估模型,计算电子干扰条件下导弹的被探测概率。由于涉及因素众多,故采用计算机仿真方法。

10.4.1 电子干扰效能评估模型组成

对反导预警探测系统实施电子干扰的效能评估模型包括进攻导弹弹道模型、预警系统探测及其他电子战效能模型。各部分的功能:①进攻导弹弹道模型:计算导弹飞行时的位置和速度。②预警系统探测及电子战效能模型:计算电子战条件下预警卫星和远程警戒雷达对进攻导弹的发现概率。

10.4.2 进攻导弹弹道模型

对于进攻导弹弹道模型的选取,只要能给出每一仿真时刻导弹相对于预警和反导拦截系统的位置、速度值即可,不必精确解算六自由度动力学和运动学方程组,因此采用考虑地球自旋情况下根据最小能量弹道理论迭代计算导弹椭圆弹道的方法,这一方法基本能满足导弹飞行弹道仿真的精度要求。

10.4.2.1 用迭代法构造导弹的椭圆弹道

假设条件:将地球视为一个仅绕其自转轴匀速旋转的均质圆球体;将导弹视为一个质点,利用椭圆弹道理论研究其在地球中心力场的运动;由于导弹再入弹道在全弹道中所占比例很小,因此将再入弹道视为椭圆弹道的一部分。

迭代计算导弹飞行弹道的步骤为:首先根据导弹的平均飞行速度,预估导弹的全射程飞行时间为 ΔT,构造惯性空间中从发射点到落点的最小能量弹道;再计算出在该椭圆弹道上导弹全射程实际飞行时间 ΔT^{*},如果 ΔT^{*} 和 ΔT 间的差值不满足设定的精度要求,则令导弹的预估飞行时间为 $\Delta T = \Delta T^{*}$,由此重新计算在地球自旋影响下导弹落点的位置,继续构造发射点和落点间的最小能量弹道求得导弹

的实际飞行时间；重复以上过程，直到 ΔT^* 与 ΔT 间的差值符合精度要求为止，这样就可以较为准确地迭代出导弹由发射点到落点的全射程实际飞行时间。根据这一时间，即可较为准确地构造出导弹的实际弹道并给出弹道参数，包括椭圆弹道长半轴 a、偏心率 e、关通径 P 等。

10.4.2.2　任意时刻导弹的位置和速度

根据最小能量弹道理论，在椭圆弹道上导弹仅受重力作用，从而可以确定出第 k 个仿真时间步长结束时导弹在发射点北天东坐标系（以导弹发射点为坐标原点，Ox 轴在发射点当地水平面内指正北方向，Oy 轴沿地心连线指向天顶，Oz 轴由右手规则确定并指向正东）中的位置和速度分别为

$$
\left.\begin{aligned}
x_m^{(k)} &= x_m^{(k-1)} + V_{mx}^{k-1} T \\
y_m^{(k)} &= y_m^{(k-1)} + V_{my}^{(k-1)} T \\
z_m^{(k)} &= z_m^{(k-1)} + V_{mz}^{(k-1)} T
\end{aligned}\right\}
$$

$$
\left.\begin{aligned}
V_{mx}^{(k)} &= V_{mx}^{(k-1)} + \left(-\frac{-\eta_e}{R_m^{(k-1)^3}}\right) x_m^{k-1} T \\
V_{my}^{(k)} &= V_{my}^{(k-1)} + \left(-\frac{\mu_e}{R_m^{(k-1)^3}}\right) y_m^{(k-1)} T \\
V_{mz}^{(k)} &= V_{mz}^{(k-1)} + \left(-\frac{-\mu_e}{R_m^{(k-1)^3}}\right) z_m^{(k-1)} T
\end{aligned}\right\} \tag{10.26}
$$

式中，μ_e 为地心引力常数；T 为仿真时间步长；$R_m^{(k-1)}$ 为第 $k-1$ 个时间步长结束时弹道导弹到坐标原点的距离。

导弹在发射时刻的位置和速度为

$$
\begin{bmatrix} x_m^0 \\ y_m^0 \\ z_m^0 \end{bmatrix} = \begin{bmatrix} 0 \\ 0 \\ 0 \end{bmatrix}, \quad
\begin{bmatrix} V_{mx}^{(0)} \\ V_{my}^{(0)} \\ V_{mz}^{(0)} \end{bmatrix} = \begin{bmatrix} V_F \cos\theta_F \cos A \\ V_F \sin\theta_F \\ V_F \cos\theta_F \sin A \end{bmatrix}
$$

式中，导弹在发射点的速度绝对值 V_F、速度矢量在当地水平面投影与正北方的夹角 A，以及速度矢量与当地水平面的夹角 θ_F 均可由弹道参数求得。

10.4.3　反导预警系统探测及其电子战效能模型

10.4.3.1　预警卫星探测及其电子战效能模型

1. 预警卫星的轨迹模型

在第 k 个仿真时间步长，地球同步轨道卫星在地心惯性坐标系（以地心为原点，Ox 轴在赤道卫星面内过春分点，Oz 轴指向北极，Oy 轴由右手规则确定）中的位置可表示为

$$\left.\begin{aligned} x_s^{(k)} &= r_s \cos(\lambda_s + \delta_0 + kT\Omega_e) \\ y_s^{(k)} &= r_s \sin(\lambda_s + \delta_0 + kT\Omega_e) \\ z_s^{(k)} &= 0 \end{aligned}\right\} \tag{10.27}$$

式中，λ_s，ϕ_s 为星下点的天文经纬度；r_s 为卫星到地心的距离；δ_0 为仿真零时刻格林尼治子午线的赤经；Ω_e 为地球自转角速度。

2. 无干扰时星载红外探测器探测效能模型

星载红外探测器的最大探测距离为

$$R_{\max}^{(S)} = \sqrt{\frac{R_0^{(S)}}{(V_s/V_n)_{\min}}} \tag{10.28}$$

式中，$R_0^{(S)}$ 为采用线阵列探测器的红外搜索系统理想作用距离，它与红外探测系统的入射孔径的直径、数值孔径、单位带宽的探测度、瞬时视场以及目标辐射强度、红外透过率等因素有关；$(V_s/V_n)_{\min}$ 为红外接收系统正常工作所需的最小信噪比。

脉冲型红外搜索系统对搜索视场内目标的单次探测概率可表示为

$$P_d = 1 - \exp[-\alpha(S_N^{(S)} - c)^\beta] \tag{10.29}$$

式中，$S_N^{(S)}$ 为红外探测器的信噪比；α，β，c 为待定常数。

3. 干扰条件下红外探测器的探测效能模型

对预警卫星进行有源和无源红外干扰时，其干扰条件下的探测概率仍按式(10.28)计算，不过此时要将式(10.28)中的信噪比 $S_N^{(S)}$ 换成信干比 $S_J^{(S)}$。

仿真时，计算每一时间步长结束时导弹与预警卫星的距离 $R^{(S)}$，当 $R^{(S)} > R_{\max}^{(S)}$ 时，预警卫星没有发现弹道导弹；当 $R^{(S)} \leqslant R_{\max}^{(S)}$ 时，抽取$(0,1)$ 间的均匀随机数 r，若 $r \leqslant P_d$，则判定弹道导弹被预警卫星发现。

10.4.3.2 远程警戒雷达探测及其电子战效能模型

1. 无干扰条件下警戒雷达探测效能模型

警戒雷达对来袭导弹探测区域的半径满足：$\bar{R} \leqslant \min(R_{\max}^{(r)}, R_s^{(r)})$，$R_{\max}^{(r)}$ 为雷达最大作用距离，$R_s^{(r)}$ 为雷达最远直视距离，均可根据雷达方程进行计算。

当突防导弹到警戒雷达的距离 $R^{(r)} > \bar{R}$ 时，雷达不能发现目标；当 $R^{(r)} \leqslant \bar{R}$ 时，警戒雷达的发现概率为

$$P_d = \exp\left(-\frac{4.75}{nS_N^{(r)}}\right) \tag{10.30}$$

式中，n 为雷达一次扫描中的脉冲积累数；$S_N^{(r)}$ 为单个脉冲信噪比。

2. 干扰条件下警戒雷达探测效能模型

对远程警戒雷达的电子战措施有突防导弹采用反雷达涂层降低雷达反射截面积、导弹飞行中段释放箔条和气球假目标、地面雷达干扰或电子干扰飞机远距离支

援干扰等。

　　分别求取上述干扰单独实施条件下警戒雷达的最大探测距离和雷达接收机的信干比 $S_J^{(r)}$；复合干扰条件下，最大探测距离为各干扰单独实施时探测距离集合中的最小值，雷达接收的信干比为各干扰单独实施时干信比之和的倒数。

　　再以 $S_J^{(r)}$ 代替 $S_N^{(r)}$，利用式（10.30），就可以计算出电子干扰条件下警戒雷达的探测概率。

参 考 文 献

[1]　杨华，凌永顺，陈昌明. 美国反导系统红外探测、跟踪和识别技术分析[J].
　　　红外技术，2001，23(4):1 - 3.

[2]　LEN L, SHELBY K. Peeling the Onion—an Heuristic Overview of Hit -
　　　to - kill Missile Defense in the 21st Century[C]. Proceedings of SPIE,
　　　Quantum Sensing and Nanophotonic Devices Ⅱ,2005, 5732:225 - 249.

[3]　范晋祥. 美国弹道导弹防御系统的红外系统与技术的发展[J]. 红外与激光
　　　工程,2006,35(5):536 - 540.

[4]　钟建业，魏雯. 美国预警卫星探测器及其相关技术[J]. 中国航天,2005(6):
　　　22 - 30.

[5]　郭文鸽,冯书兴. 美国导弹预警卫星系统分析及其启示[J]. 中国航天,2005
　　　(12):30 - 42.

[6]　关爱杰，安跃生，刘增良. DSP 预警系统对弹道导弹预警概率计算[J]. 飞
　　　航导弹，2005，(5):33 - 34

[7]　TOSSAINT M. "Verification of the Thermal Mathematical Model for Artificial
　　　Sattellites"[R]. AIAA 67 - 304,1967.

[8]　杨威，张建奇，刘劲松. 飞行弹丸红外辐射特性的理论计算[J]. 红外与激光
　　　工程，2005,34(1):42 - 45.

[9]　李群章. 弹道导弹弹道中段和再入段弹头红外光学识别方法研究[J]. 红外
　　　与激光工程,1999, 28(5):1 - 5

[10]　姚连兴，侯秋萍，罗继强. 弹道导弹中段目标表面温度与红外突防研究
　　　[J]. 航天电子对抗，2005，21(2):5 - 6

[11]　曹西征，郭立红，杨丽梅. 战术弹道导弹再入段红外辐射特性分析[J]. 光
　　　电工程,2006，33(9):23 - 26.

[12]　张建奇，方小平. 红外物理[M]. 西安:西安电子科技大学出版社,2004.

[13]　林锋.电子对抗[M].北京:科学出版社,1987.

[14]　林象平.雷达原理[M]. 北京:电子工业出版社,1996.

［15］ 关时宜. 战术弹道导弹的飞行特性分析［J］. 地面防空武器，2000(1)：25 - 29.

［16］ 徐青，张晓冰. 反导防御雷达与弹道导弹突防［J］. 航天电子对抗，2007 (2)：13 - 17.

［17］ PAUL ZARCHAN，TACTICAL，STRATEGIC MISSILE GUIDANCE ［R］，AIAA Tactical Missile Series，Vol. 124.

［18］ 张洪波. 弹道导弹进攻中多目标突防的效能分析［J］. 宇航学报，2007(2)：394 - 397.

［19］ ZARCHAN P. Proportional Navigation and Weaving Targets［J］. Guidance, Control and Dynamics，1995，18(5)：106 - 118.

［20］ 王刚，周凤岐，周军. 远程弹道导弹大气层外机动突防［J］. 弹箭与制导学报，2006(1)：364 - 366.

［21］ 张志斌，胡鹏. 地地弹道导弹的再入段突防［J］. 湖北航天科技，2001(6)：26 - 29.

［22］ 刘永红. 电子对抗系统作战效能模型及其应用［J］. 电子对抗技术，2002，17 (5)：30 - 34.

［23］ 杨卫平，李吉成，沈振康. 分层投票表决目标检测方法及其性能分析［J］. 红外技术，2004，25(6)：10 - 13.

第 11 章　弹道导弹突防伪装效能评估

11.1　引　言

在导弹突防中，除了采取各种隐身措施以降低被探测概率外，还必须采取各种反识别措施对导弹进行伪装，以使反导系统即使能够探知进攻导弹信号，但其识别系统不能正确识别出进攻导弹或正确识别的可能性被降低。在各种导弹突防伪装措施中，通过诱饵(轻诱饵、重诱饵)对反导识别系统进行无源干扰是一种简便有效的措施[1-2]。本章以弹头的被识别概率和弹头平均突防数作为效能指标，考虑不同的诱饵干扰情形和反导拦截策略，对诱饵掩护下的导弹突防伪装效能进行定量分析。

11.2　诱饵掩护下弹头被识别概率的计算

当一定数量的诱饵伴随真弹头一起飞行时，诱饵的掩护作用将大大增加反导系统识别真弹头的困难。诱饵的掩护效果可定量描述，从而计算出诱饵掩护下弹头的被识别概率。计算中运用符号如下：

W_r——真弹头数目；

W_f——诱饵数目；

P_{12}——真弹头被识别为诱饵的概率；

P_{11}——真弹头被正确识别为真弹头的概率；

P_{21}——诱饵被识别为弹头的概率；

P_{22}——诱饵被正确识别为诱饵的概率。

运用概率理论可计算反导系统正确识别出 $W_1(W_1 \leqslant W_r)$ 枚真弹头的概率 P_r，分两种情况计算。

(1) 恰好有 W_1 枚真弹头被正确识别，其余均被识别为诱饵

$$P_r = C_{W_r}^{W_1} \ P_{11}^{W_1} \ P_{22}^{W_f} \ P_{12}^{W_r-W_1} \tag{11.1}$$

(2) 反导系统将 W_2 个目标(弹头、诱饵)识别为弹头，但其中仅有 $W_1(W_1 \leqslant W_r)$ 个真弹头。

$$P_r = C_{W_r}^{W_1} \ P_{11}^{W_1} \ C_{W_f}^{W_2-W_1} \ P_{22}^{W_f-W_2+W_1} \ P_{12}^{W_r-W_1} \ P_{21}^{W_2-W_1} \tag{11.2}$$

特别地,当 $W_r = 1$ 时,即一枚真弹头伴随 W_f 个诱饵的情况下,真弹头被识别的概率为

$$P_r = P_{11} P_{22}^{W_f} \tag{11.3}$$

11.3 诱饵掩护下至少一枚弹头突防概率的计算

考虑反导系统可进行两层拦截的情况,第一层拦截是指大气层外拦截,第二层拦截指大气层内拦截。进攻弹头携带的诱饵有两种,即轻诱饵与重诱饵。计算中采用的符号如下:

k——进攻弹头数;

N_1——突防中施放的诱饵总数;

N_{11}——诱饵中的轻诱饵数;

N_{12}——诱饵中的重诱饵数;

N_2——经过反导系统第一层拦截后,进入第二层防区的诱饵总数;

n_1——反导系统第一层可拦截的来袭目标(弹头、诱饵)数;

m_1——第一层拦截时,反导系统对付一个目标(弹头、诱饵)的拦截弹数;

P_1——第一层拦截时,单发拦截弹的拦截成功概率;

n_2——反导系统第二层可拦截的来袭目标(弹头、诱饵)数;

m_2——第二层拦截时,反导系统对付一个来袭目标的拦截弹数;

P_2——第二层拦截时,单发拦截弹的拦截成功概率;

$P(W)$——至少一枚弹头突防的概率。

轻诱饵只能在突破反导系统第一层拦截(大气层外)起作用,而重诱饵在两层拦截中均能发挥掩护弹头突防的作用,这是因为经过反导系统第一层拦截后,虽然有些轻诱饵未被识别或击中,但进入大气层后由于质量轻,在空气阻力的作用下,其速度与弹头相比将大大落后,只有重诱饵能够在大气层内伴随弹头飞行,因此需要计算经过第一次拦截后被拦截掉的重诱饵数 $\tilde{N}_{12}$,以便计算进入第二次拦截的重诱饵数 N_2。

在大气层外(第一层)拦截时,N_{12} 个重诱饵中被捕获 i 个的概率为

$$\frac{C_{k+N_{11}}^{n_1-i} C_{N_{12}}^{i}}{C_{k+N_{11}+N_{12}}^{n_1}} \tag{11.4}$$

所捕获的 i 个重诱饵又被拦截弹摧毁的概率为

$$\frac{C_{k+N_{11}}^{n_1-i} C_{N_{12}}^{i}}{C_{k+N_{11}+N_{12}}^{n_1}} \left[1 - (1-P_1)^{m_1}\right]^i \tag{11.5}$$

把平均击毁数作为经过反导系统第一层拦截后被击毁的重诱饵数,即

$$\widetilde{N}_{12} = \sum_{i=1}^{N_{12}} i \frac{C_{k+N_{11}}^{n_1-i} C_{N_{12}}^{i}}{C_{k+N_{11}+N_{12}}} \left[1-(1-P_1)^{m_1}\right]^i \tag{11.6}$$

令 $A_i(i=1,2,\cdots,k)$ 为 i 个弹头突破第一层拦截的事件，$B_i(i=1,2,\cdots,k)$ 为 i 个弹头突破第一层拦截的条件下，其中至少又有一枚弹头突破第二层拦截的事件，W 表示至少有一枚弹头突破全部两层拦截的事件，则

$$W = \sum_{i=1}^{k} A_i B_i \tag{11.7}$$

由于 $A_i B_i$ 与 $A_j B_j (i \neq j)$ 互不相容，且 A_i, B_i 相互独立，故

$$P(W) = \sum_{i=1}^{k} P(A_i B_i) = \sum_{i=1}^{k} P(A_i) P(B_i) \tag{11.8}$$

以下给出 $P(A_i)$ 与 $P(B_i)$ 的计算方法。

由于 A_i 是 i 个弹头突破第一层防御的事件，因而等价于有 $k-i$ 个弹头在第一层拦截中被摧毁，显然，被反导系统所截获的弹头数 $t \geq k-i$。不失一般性，令 A_{it} 表示有 i 个弹头突破第一层拦截，有 t 个弹头被反导系统截获，且有 $t-(k-i)$ 个弹头未被摧毁的事件，则有

$$P(A_{it}) = \frac{\binom{k}{t} \binom{N_1}{n_1-t}}{\binom{N_1+k}{n_1}} \binom{t}{k-i} \left[1-(1-P_1)^{m_1}\right]^{k-i} \left[(1-P_1)^{m_1}\right]^{t-(k-i)}$$

$$(i=1,2,\cdots,k;\quad t=k-i,\cdots,k-1,k)$$

又 $A_i = \bigcup_{t=k-i}^{k} A_{it}$ 且 A_{id} 与 A_{ie} 互不相容 $(d \neq e)$，所以

$$P(A_i) = \sum_{t=k-i}^{k} P(A_{it}) =$$

$$\sum_{t=k-i}^{k} \frac{\binom{k}{t}\binom{N_1}{n_1-t}}{\binom{N_1+k}{n_1}} \binom{t}{k-i} \left[1-(1-P_1)^{m_1}\right]^{k-i} \left[(1-P_1)^{m_1}\right]^{t-(k-i)} \tag{11.9}$$

由 B_i 的定义有

$$P(B_i) = 1 - \frac{\binom{i}{i}\binom{N_2}{n_2-i}}{\binom{N_2+i}{n_2}} \left[1-(1-P_2)^{m_2}\right]^i =$$

$$1 - \frac{\begin{pmatrix} N_2 \\ n_2 - i \end{pmatrix}}{\begin{pmatrix} N_2 + i \\ n_2 \end{pmatrix}} \left[1 - (1 - P_2)^{m_2} \right]^i \quad (i = 1, 2, \cdots, k) \tag{11.10}$$

综合 $P(A_i)$, $P(B_i)$ 的计算,得

$$P(W) = \sum_{i=1}^{k} P(A_i) P(B_i) =$$

$$\sum_{i=1}^{k} \left\{ 1 - \frac{\begin{pmatrix} N_2 \\ n_2 - i \end{pmatrix}}{\begin{pmatrix} N_2 + i \\ n_2 \end{pmatrix}} \left[1 - (1 - P_2)^{m_2} \right]^i \right\} \frac{\left[1 - (1 - P_1)^{m1} \right]^{k-i}}{\begin{pmatrix} N_1 + k \\ n_1 \end{pmatrix}} \times$$

$$\sum_{t=k-i}^{k} \binom{k}{t} \begin{pmatrix} N_1 \\ n_1 - t \end{pmatrix} \binom{t}{k-i} (1 - P_1)^{m_1 [t - (k-i)]} \tag{11.11}$$

11.4 诱饵掩护下弹头平均突防数的计算

11.4.1 变量定义

(1) 反导系统的戒备率为 P_{jb}。

(2) 预警探测系统有效工作概率为 P_{yj},因此,在不考虑干扰的情况下,反导系统正常工作概率为

$$P_z = 1 - (1 - P_{jb})(1 - P_{yj})$$

(3) 进攻弹头数为 l 个,弹头与诱饵总数为 N 个 $(l \leqslant N)$。

(4) 反导系统最多可拦截 n 个目标(弹头或诱饵)。

(5) 一枚拦截弹只能对一个目标起作用,摧毁目标的概率为 P_{hd},并且最多用两枚拦截弹拦截一个目标。

在以上条件下,反导系统最少拦截弹头数为

$$X_0 = \begin{cases} \max\{0, n - N + l\} & (n \leqslant M) \\ l & (n > N) \end{cases} \tag{11.12}$$

最多拦截弹头数为

$$X_1 = \min\{n, l\} \tag{11.13}$$

11.4.2 被摧毁弹头数的概率分布

以下分几种情形进行讨论。

1. 当 $n \leqslant N$ 时

反导系统可实施拦截的弹头数 ξ 是一个随机变量,满足

$$X_0 \leqslant \xi \leqslant X_1$$

摧毁弹头数 ξ_c 也是一个随机变量,满足

$$0 \leqslant \xi_c \leqslant X_1$$

在可拦截条件下,拦截 j 个弹头的概率为

$$P(j) = \frac{C_l^j C_{N-l}^{n-j}}{C_N^n}, \quad (X_0 \leqslant j \leqslant X_1)$$

平均拦截的弹头数为

$$E(\xi) = nl/N$$

在拦截 j 个弹头的情况下,摧毁其中 i 个弹头的条件概率为

$$P(j,i) = C_j^i P_{hd}^i (1 - P_{hd})^{j-i}$$

设摧毁 m 个弹头即生存 $l-m$ 个弹头的概率为 f_m,则有

$$f_m = \begin{cases} (1-P_z) + P_z \sum_{j=X_0}^{X_1} P(j)P(j,0) & (m=0) \\ P_z \sum_{j=\max\{X_0,m\}}^{X_1} P(j)P(j,m) & (1 \leqslant m \leqslant X_1) \end{cases} \tag{11.14}$$

2. 当 $n \geqslant 2N$ 时

由于已假定最多用两枚拦截弹去拦截一个目标(弹头或诱饵),故只对 $n=2N$ 的情形研究即可。

两枚拦截弹摧毁一个目标的概率为

$$P_{hd2} = 1 - (1 - P_{hd})^2$$

令摧毁 m 个弹头即生存 $l-m$ 个弹头的概率为 f_m,则有

$$f_m = \begin{cases} (1-P_z) + P_z(1-P_{hd2})^M & (m=0) \\ P_z C_l^m P_{hd2}(1-P_{hd2})^M & (1 \leqslant m \leqslant X_1) \end{cases} \tag{11.15}$$

3. 当 $N < n < 2N$ 时

此时,每个目标(弹头、诱饵)至少被一枚拦截弹拦截,其中有 $n-N$ 个目标被两枚拦截弹拦截,平均有 $(n-N)l/N$ 个弹头被两枚拦截弹拦截,令

$$M_2 = [l(n-N)/N] \quad (取整)$$
$$M_1 = l - M_2$$

则 M_2 个弹头被两发拦截弹拦截,M_1 个弹头被一发拦截弹拦截,令 m 枚弹头被摧毁的概率为 f_m,则有

$$f_m = \begin{cases} (1-P_z) + P_z(1-P_{hd})^{M_1}(1-P_{hd2})^{M_2} & (m=0) \\ P_z \sum_{j=\max\{0,m-M_2\}}^{\min\{m,M_1\}} C_{M_1}^j P_{hd}^j (1-P_{hd})^{M_1-j} C_{M_2}^{m-j} P_{hd2}^{m-j} (1-P_{hd2})^{M_2-m+j} & (1 \leqslant m \leqslant l) \end{cases}$$

$$\tag{11.16}$$

11.4.3 弹头平均突防数计算

根据被摧毁弹头数的概率分布律$\{f_m, m=0, 1, 2, \cdots, X_1\}$,很容易计算弹头平均突防数 E_t

$$E_t = \sum_{m=0}^{X_1} (l-m) f_m \tag{11.17}$$

11.4.4 反导系统采用识别后拦截策略时弹头平均突防数计算

以上计算的是反导系统采用"发现即拦截"策略时弹头的平均突防数,此种拦截策略是对所有发现的目标实施拦截,其优点是可以较早实施拦截,这样有可能实现多次连续拦截,此外也可以有效防止出现部分进攻弹头未予拦截的情况,但此种拦截策略对反导系统抗饱和攻击能力要求较高,如指控系统信息处理能力、雷达系统的目标跟踪能力及对拦截弹的导引能力等,同时,由于突袭目标中有一部分诱饵,这样就不可避免地带来拦截弹的浪费。由于这些不利因素的存在,反导系统采用的另一种拦截策略是"识别后拦截",即只对识别为真弹头的目标进行拦截,这种拦截策略下弹头平均突防数的计算将与前一种有所不同[3-5]。

假定所有目标(弹头、诱饵)均能被反导系统探测,目标总数为 N,其中弹头数量为 l,设反导系统正确识别出 r 枚弹头的概率为 $P_S(r)$(计算方法已在前面介绍),m 枚弹头被摧毁的概率为 f_m,由全概率公式得

$$f_m = \sum_{r=m}^{l} P_S(r) C_r^m P_{hd}^m (1-P_{hd})^{r-m} \tag{11.18}$$

式中,P_{hd} 表示反导系统在可对弹头实施拦截的情况下,摧毁弹头的条件概率。若为"一拦一",即一枚拦截弹拦截一枚弹头,P_{hd} 即为单发拦截弹摧毁弹头的概率;若为"多拦一",如 n 发拦截弹拦截一枚弹头,则 P_{hd} 即为 n 发拦截弹摧毁弹头的概率。

由此得到被摧毁弹头数的概率分布律为

$$\{f_m, m=0, 1, 2, \cdots, l\}$$

由被摧毁弹头数的概率分布律,得到弹头平均突防数

$$E_t = \sum_{m=0}^{l} (l-m) f_m \tag{11.19}$$

11.5 反导系统连续拦截时诱饵掩护效能的估算

11.5.1 利用 1 个诱饵掩护进攻导弹

假设在 1 个诱饵掩护进攻导弹的条件下,拦截弹被导向进攻导弹的概率为 P_1;在拦截弹被导向进攻导弹的条件下,毁伤进攻导弹的概率为 P_t;在拦截弹被导

向 1 个诱饵的条件下,毁伤诱饵的概率为 P_f;W 为毁伤进攻导弹的总概率;Q 为毁伤一个诱饵的总概率;K 表示诱饵的数量。

第一枚拦截弹毁伤进攻导弹的总概率:
$$W_1^{K=1} = P_1 P_t$$

第一枚拦截弹毁伤诱饵的总概率:
$$Q_1^{K=1} = (1 - P_1) P_f$$

第二枚拦截弹的毁伤总概率取决于第一枚拦截弹的行动结果,第一枚拦截弹攻击后将会出现四种情况[6]:

H_1——拦截弹被导向进攻导弹,但未毁伤进攻导弹;

H_2——拦截弹被导向进攻导弹并毁伤进攻导弹;

H_3——拦截弹被导向诱饵,但未毁伤该诱饵;

H_4——拦截弹被导向诱饵并毁伤该诱饵。

上述四种情况的概率计算公式如下:
$$V_1(H_1) = P_1(1 - P_t)$$
$$V_1(H_2) = P_1 P_t$$
$$V_1(H_3) = (1 - P_1)(1 - P_f)$$
$$V_1(H_4) = P_f(1 - P_1)$$

用上述概率公式乘以第二枚拦截弹毁伤进攻导弹和诱饵的条件概率,所得的乘积便是计算第二枚拦截弹毁伤进攻导弹和诱饵的总概率公式:
$$W_2^{k=1} = W_1^{k=1}[V_1(H_1) + V_1(H_3)] + P_t V_1(H_4)$$
$$Q_2^{K=1} = Q_1^{k=1}[V_1(H_1) + V_1(H_3)] + P_f V_1(H_2)$$

以此类推可得出第三枚和后续各枚拦截弹毁伤进攻导弹和诱饵的概率。在这种情况下应考虑到:如果前几枚的行动结果是 H_1 和 H_3,那么后几枚拦截弹行动结果应是 H_1,H_2,H_3,H_4 中的任何一种情况;如果前几枚拦截弹的行动结果是 H_2 和 H_4,那么后几枚行动结果应是 H_1,H_3 或 H_2,H_4 中的任何一种情况。这样,毁伤目标的概率公式可由两部分组成,第一部分是拦截弹毁伤进攻导弹、1 个诱饵的累计概率乘上 1 枚拦截弹毁伤进攻导弹、诱饵的概率,第二部分是:

第二枚拦截弹作用下 —— $P_t V_1(H_4)$;

第三枚拦截弹作用下 —— $P_t V_1(H_4)(1 - P_t)$;

第四枚拦截弹作用下 —— $P_t V_1(H_4)(1 - P_t)^2$;

第 n 枚拦截弹作用下 —— $P_t V_1(H_4)(1 - P_t)^{n-2}$。

这样,第三枚拦截弹毁伤进攻导弹、诱饵的总概率为
$$W_3^{k=1} = W_2^{k=1}[V_1(H_1) + V_1(H_3)] + P_t V_1(H_4)(1 - P_t)$$
$$Q_3^{K=1} = Q_2^{k=1}[V_1(H_1) + V_1(H_3)] + P_f V_1(H_2)(1 - P_f)$$

第四枚拦截弹毁伤进攻导弹、诱饵的总概率为

$$W_4^{k=1} = W_3^{k=1}[V_1(H_1) + V_1(H_3)] + P_t V_1(H_4)(1-P_t)^2$$

$$Q_4^{k=1} = Q_3^{k=1}[V_1(H_1) + V_1(H_3)] + P_f V_1(H_2)(1-P_f)^2$$

采用数学归纳法可以证明,第 i 枚($i > 1, i \in \mathbf{N}$)拦截弹毁伤进攻导弹、诱饵的总概率公式为

$$W_i^{k=1} = W_{i-1}^{k=1}[V_1(H_1) + V_1(H_3)] + P_t V_1(H_4)(1-P_t)^{i-2} \tag{11.20}$$

$$Q_i^{k=1} = Q_{i-1}^{k=1}[V_1(H_1) + V_1(H_3)] + P_f V_1(H_2)(1-P_f)^{i-2} \tag{11.21}$$

11.5.2 利用两个诱饵掩护进攻导弹

采用上述方法,研究两个诱饵掩护进攻导弹的情况。此时,第一枚拦截弹发射后,第二枚拦截弹攻击将有六种结果[7-8]:

H_1——拦截弹被导向进攻导弹,但未毁伤进攻导弹;

H_2——拦截弹被导向进攻导弹并毁伤进攻导弹;

H_3——拦截弹被导向第 1 个诱饵,但未毁伤该诱饵;

H_4——拦截弹被导向第 1 个诱饵并毁伤该诱饵;

H_5——拦截弹被导向第 2 个诱饵,但未毁伤该诱饵;

H_6——拦截弹被导向第 2 个诱饵并毁伤该诱饵;

通过对 1 个诱饵掩护进攻导弹的论证,可得出第 i 枚($i > 1, i \in \mathbf{N}$)拦截弹毁伤 1 个诱饵和进攻导弹的总概率公式:

$$W_i^{k=2} = W_{i-1}^{k=2}[V_1(H_1) + V_1(H_3) + V_1(H_5)] + P_f W_{i-1}^{k=1}(1-P_2) \tag{11.22}$$

$$Q_i^{k=2} = Q_{i-1}^{k=2}[V_1(H_1) + V_1(H_3) + V_1(H_5)] + P_t P_2 Q_{i-1}^{k=2} \tag{11.23}$$

11.5.3 利用 m 个诱饵掩护进攻导弹

根据同样的方法,可得出第 i 枚($i > 1, i \in \mathbf{N}$)拦截弹毁伤 1 个诱饵和进攻导弹的总概率公式:

$$W_i^{k=m} = W_{i-1}^{k=m} \sum_{k=0}^{m} V_1(H_{2K+1}) + W_{i-1}^{k=m-1} \sum_{k=1}^{m} P_{mk} P_{fk} \tag{11.24}$$

$$Q_i^{k=m} = Q_{i-1}^{k=m} \sum_{k=0}^{m} V_1(H_{2K+1}) + Q_{i-1}^{k=m} P_m P_t \tag{11.25}$$

P_m:在有 m 个诱饵的条件下,拦截弹被导向进攻导弹的概率;

P_{mk}:在有 m 个诱饵的条件下,拦截弹被导向第 k 个诱饵的概率;

P_{fk}:在有 m 个诱饵的条件下,拦截弹毁伤第 k 个诱饵的概率。

如果所有的诱饵的性质都一样,那么拦截弹毁伤任何一个目标的总概率公式可化简为

$$W_i^{k=m} = W_{i-1}^{k=m}[V_m(H_1) + m V_m(H_3)] + W_{i-1}^{k=m-1}(1-P_m)P_f \tag{11.26}$$

$$Q_i^{k=m} = Q_{i-1}^{k=m}[V_m(H_1) + m V_m(H_3)] + Q_{i-1}^{k=m} P_m P_t \tag{11.27}$$

式中，$V_m(H_1) = P_m(1 - P_t)$，$V_m(H_3) = \dfrac{(1 - P_m)(1 - P_f)}{m}$。

11.5.4　n 枚拦截弹毁伤目标的总概率

在有 m 个诱饵掩护时，n 枚拦截弹毁伤进攻导弹、诱饵的总概率为

$$W_n^{k=m} = 1 - \prod_{i=1}^{n}(1 - W_i^{k=m}) \tag{11.28}$$

$$Q_n^{k=m} = 1 - \prod_{i=1}^{n}(1 - Q_i^{k=m}) \tag{11.29}$$

参 考 文 献

[1]　战略核武器突防概率计算和弹头抗核加固问题[R]. 第二炮兵第四研究所科研报告，2002.

[2]　徐培德，崔卫华. 导弹综合效能分析与评价模型[J]. 国防科技大学学报，1997,19(2):20 - 24.

[3]　张最良,等. 军事运筹学[M]. 北京:军事科学出版社,1993.

[4]　王和平. 飞机总体参数与作战效能的关系研究[J]. 航空学报,1994,15(9):1077 - 1080.

[5]　COOK W D, KRESS M. A Multiple – criteria composite Index Model for Quantitative and Quanlitative Data[J]. European Journal of Operational Research,1994,78:367 - 379.

[6]　YANG J B,SINGH M G. An Evidential Reasoning Approach for Multiple Attribute Decision Making with Uncertainty[J]. IEEE Trans on SMC, 1994,24(1):1 - 18.

[7]　刘永红. 电子对抗系统作战效能模型及其应用[J]. 电子对抗技术,2002,17(5):30 - 34.

[8]　温德义. 弹道导弹在现代战争中的实战运用[J]. 现代军事,1994(11):15 - 18.

第12章 弹道导弹突防中抗拦截效能评估

12.1 引　言

在导弹突防中,若反导系统能够及时探知进攻导弹信号,并从各种伪装措施和电子干扰中正确识别出进攻导弹,此时,就必须依靠进攻导弹自身的抗摧毁能力来抵御动能拦截导弹的拦截攻击,可以说这是导弹突防的最后保证,在导弹突防的全过程中发挥着关键作用[1-2]。本章以进攻导弹被动能拦截弹(拦截器)命中的概率为进攻导弹抗拦截效能评估指标,考虑动能拦截弹的弹头(拦截器)与进攻导弹的不同的交会方式,建立相应的进攻导弹被拦截器命中概率的计算模型,对进攻导弹的抗拦截效能进行定量评估与计算机仿真实验分析。随着太空军事化和机载拦截武器的发展,助推段导弹拦截将成为可能,因此,本章对助推段导弹被动能拦截弹命中的情形也予以考虑。

12.2　计算导弹被拦截器命中概率的一般方法

进攻导弹被拦截弹摧毁的概率实际上就是被拦截弹的弹头(战斗部)杀伤的概率,如果拦截弹为动能武器[如:NMD系统地基拦截弹的弹头是一个大气层外动能拦截器(EKV)],就意味着要摧毁来袭弹头,拦截弹的弹头即拦截器必须直接命中目标(来袭导弹或其弹头),才有可能通过撞击将目标摧毁,否则就意味着导弹突防成功。此时,进攻导弹被拦截弹所携带的拦截器命中的概率是进攻导弹抗摧毁能力的重要评估指标。

在拦截器命中目标的概率计算中,一个重要因素是拦截弹的射击误差。拦截弹的射击误差是指实际弹着点相对预期弹着点(通常为目标中心)的偏差,是一个随机变量,一般认为它服从正态分布规律。在平面目标情形下,设坐标原点为目标中心,弹着点偏差用侧向偏差坐标 X 与射向偏差坐标 Y 表示,则随机变量 X,Y 的联合概率密度函数为

$$f(x,y) = \frac{1}{2\pi\sigma_x\sigma_y\sqrt{1-r^2}}\exp\left\{-\frac{1}{2(1-r^2)}\times\right.$$

$$\left.\left[\frac{(x-m_x)^2}{\sigma_x^2} - \frac{2r(x-m_x)(y-m_y)}{\sigma_x\sigma_y} + \frac{(y-m_y)^2}{\sigma_y^2}\right]\right\}$$

式中，m_x，m_y 为弹着点偏差坐标 X，Y 的数学期望，即

$$m_x = E[X], \quad m_y = E[Y]$$

σ_x，σ_y 为弹着点偏差坐标的标准差或均方差，即

$$\sigma_x^2 = E\{X - E[X]\}^2, \quad \sigma_y^2 = E\{Y - E[Y]\}^2$$

r 为 X 与 Y 的相关系数。

当坐标轴 Ox，Oy 与主散布轴平行时，射向与侧向散布相互独立，概率密度函数表达式中的相关系数 $r = 0$，于是

$$f(x,y) = f(x)f(y) = \frac{1}{2\pi\sigma_x\sigma_y}\exp\left[-\frac{(x-m_x)^2}{2\sigma_x^2} - \frac{(y-m_y)^2}{2\sigma_y^2}\right]$$

根据 $f(x,y)$ 即可计算弹着点 M 位于 xOy 平面给定区域 S 的概率。

$$P = P(M \in S) = \iint\limits_S f(x,y)\mathrm{d}x\mathrm{d}y$$

若拦截弹的弹道为圆散布，在极坐标下，拦截弹命中半径为 R 的圆域的概率可用下式表示：

$$P_1 = \int_0^R \int_0^{2\pi} f(r,\eta)\mathrm{d}\eta\mathrm{d}r \tag{12.1}$$

当拦截弹弹道的散布中心与目标的质心不重合时，便存在系统误差 (r_0, η_0)，再考虑到制导误差在靶平面内服从正态分布，则制导误差的概率密度函数可表示为

$$f(r,\eta) = \frac{r}{2\pi\sigma^2}\exp\left\{-\frac{1}{2\sigma^2}\left[r^2 + r_0^2 - 2rr_0\cos(\eta - \eta_0)\right]\right\} \tag{12.2}$$

则

$$P_1 = \int_0^R \frac{r}{\sigma^2}\exp\left(-\frac{r^2 + r_0^2}{2\sigma^2}\right)I_0\left(\frac{rr_0}{\sigma^2}\right)\mathrm{d}r \tag{12.3}$$

其中：

$$I_0\left(\frac{rr_0}{\sigma^2}\right) = \int_0^{2\pi}\frac{1}{2\pi}\exp\left[\frac{rr_0}{\sigma^2}\cos(\eta - \eta_0)\right]\mathrm{d}\eta \tag{12.4}$$

式中，σ 为拦截弹弹道散布的均方差，反映随机误差的大小，亦即弹道相对于散布中心的分散程度。

当系统偏差 $r_0 = 0$ 时，散布中心与目标质心重合，则 $I_0(0) = 1$，可得到拦截弹命中半径为 R 的给定圆域的概率为

$$P_1(r < R) = 1 - \exp(-R^2/2\sigma^2) \tag{12.5}$$

一般系统误差可通过校正消除,但在大多数情况下,要精确补偿是很难办到的。在此设 $r_0 = 0$,按照圆概率偏差 CEP 的定义,式(12.5)可写成如下形式:

$$0.5 = 1 - \exp(- CEP^2/2\sigma^2)$$

$$CEP/\sigma = 1.177\ 4$$

$$\sigma = 0.849\ 3CEP \tag{12.6}$$

将式(12.6)代入式(12.5),得

$$P_1(r < R) = 1 - \exp(- R^2/1.442\ 6CEP^2) = 1 - 0.5R^{2/CEP^2} \tag{12.7}$$

如果 $r_0 \neq 0$,可按下式估算:

$$P_1(r < R) = 1 - 0.5R^{2/E(CEP)^2} \tag{12.8}$$

$$E(CEP) = \sqrt{CEP^2 + 1.39r_0^2}$$

式中,$E(CEP)$ 为拦截弹的实际圆概率偏差;CEP 为拦截弹的圆概率偏差。

12.3 几种典型交会方式下导弹被
拦截器命中概率的计算模型

拦截弹与进攻导弹的交会方式不同将影响进攻导弹被拦截器(拦截弹弹头)命中的概率,以下对几种典型交会方式下进攻导弹被拦截器命中的概率进行计算。

12.3.1 拦截弹后方追击或迎头拦击

此种交会方式下,拦截器弹道与进攻导弹弹道间的夹角为 0° 或 180°,此时导弹被命中概率等于拦截器命中半径为 R 的圆域的概率,而 R 可按下式计算:

$$R = R_1 + R_2 - 0.01$$

式中,R_1 为目标(进攻导弹)的最大半径;R_2 为拦截器的最大半径。

12.3.2 拦截弹侧向拦截

拦截弹侧向拦截时,拦截器飞行弹道与进攻导弹飞行弹道之间的夹角为 90°,此时,助推段侧向拦截与被动段(中段、再入段)侧向拦截方式下导弹被拦截器命中概率的计算方法不同。

1. 助推段侧向拦截

此时头体尚未分离,导弹的纵向截面可近似为矩形,如图 12.1 所示。拦截弹的命中概率可按下式计算:

$$P_1 = \frac{1}{4}\left[\varphi\left(\frac{\bar{x} + L_x/2}{\sqrt{2}\sigma_x}\right) - \varphi\left(\frac{\bar{x} - L_x/2}{\sqrt{2}\sigma_x}\right)\right]\left[\varphi\left(\frac{\bar{y} + L_y/2}{\sqrt{2}\sigma_y}\right) - \varphi\left(\frac{\bar{y} - L_y/2}{\sqrt{2}\sigma_y}\right)\right]$$

式中,σ_x,σ_y 分别为拦截器的均方差,且 $\sigma_y = \sigma_x = \mathrm{CEP}/1.177\ 4$;$\bar{x}$,$\bar{y}$ 为拦截器系统误差;$\Phi(x)$ 为拉普拉斯函数,表达式为

$$\Phi(x) = \frac{2}{\sqrt{\pi}} \int_0^x \mathrm{e}^{-t^2} \mathrm{d}t$$

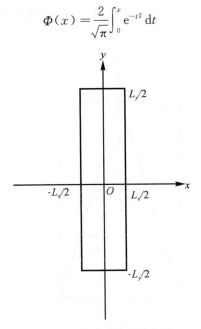

图 12.1　助推段导弹纵向截面

2. 被动段侧向拦截

被动段包括中段和再入段,此时,进攻导弹发动机关机,已实现头体分离,拦截弹要摧毁(撞击)的目标不是整个进攻导弹,而仅是其弹头。拦截弹命中弹头的概率的计算可有以下两种方法:

(1)精确计算。如图 12.2 所示,弹头的纵向截面为等腰三角形,点 m 为弹头的质心,拦截弹命中弹头的概率即为拦截器命中该三角形区域的概率,实际上是拦截器制导误差概率密度在靶平面上的积分:

$$P_1 = \iint\limits_{s_{\triangle AEC}} f(x,y)\mathrm{d}x\mathrm{d}y$$

式中,$f(x,y)$ 为直角坐标系中拦截器制导误差的概率密度函数。

(2)近似计算。如图 12.2 所示,由于矩形域 $ABCD$ 较小,当精度要求不高时,可忽略拦截器命中矩形域内各点概率的差异,首先由(1)中的方法计算拦截器命中矩形域 $ABCD$ 的概率 P_Z,再由图形的对称性及几何概率理论可得拦截器命中弹头的概率为

$$P_1 = \frac{1}{2} P_Z$$

　　以上考虑的是拦截器飞行弹道与进攻导弹飞行弹道之间的夹角为 90° 的情形,若夹角为任意角,以上计算方法仍适用,只不过此时拦截器的射击区域(需命中的区域)为导弹纵向截面在拦截器靶平面(与拦截器弹道垂直的平面)上的投影区域。

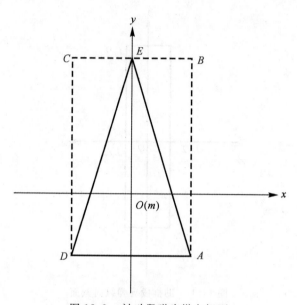

图 12.2　被动段弹头纵向切面

12.3.3　拦截弹在进攻导弹弹道平面内实施拦截

　　拦截弹在进攻导弹弹道平面内实施拦截,又分为俯冲拦截(交会前拦截器位于来袭导弹上方)与上升拦截(交会前拦截器位于来袭导弹下方)两种情形。俯冲拦截可发生于助推段,而上升拦截可发生于再入段及弹道中段[3-4]。

　　1. 俯冲拦截

　　如图 12.3 所示,点 m 为导弹质心,v 箭头所示为拦截器飞行速度方向,v' 箭头所示为进攻导弹的速度方向,α 为拦截器飞行弹道与进攻导弹飞行弹道的夹角的余角,S 为进攻导弹的纵向截面,S' 为 S 在与拦截器飞行方向垂直平面上的投影,拦截器若以进攻导弹的纵向截面矩形中心(点 m)为瞄准点,则拦截器命中导弹的概率为

$$P_1 = \iint\limits_{S'} f(x,y)\,\mathrm{d}x\,\mathrm{d}y$$

式中,$f(x,y)$ 为直角坐标系中拦截器在靶平面上制导误差的概率密度函数。

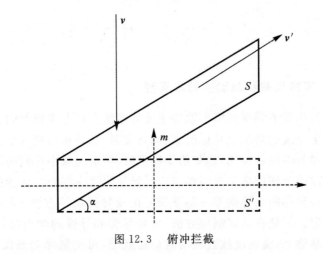

图 12.3　俯冲拦截

投影 S' 为矩形,其大小为:长为 L_x,宽为 $L_y\cos\alpha$,由 12.3.2 节 1.中的方法得拦截器命中导弹的概率为

$$P_1 = \frac{1}{4}\left[\varphi\left(\frac{\bar{x}+L_x/2}{\sqrt{2}\,\sigma_x}\right) - \varphi\left(\frac{\bar{x}-L_x/2}{\sqrt{2}\,\sigma_x}\right)\right]\left[\varphi\left(\frac{\bar{y}-L_y\cos\alpha/2}{\sqrt{2}\,\sigma_y}\right) - \varphi\left(\frac{\bar{y}-L_y\cos\alpha/2}{\sqrt{2}\,\sigma_y}\right)\right]$$

2. 上升拦截

如图 12.4 所示,图中各符号意义与图 12.3 相同。

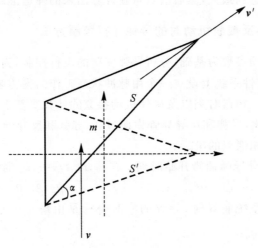

图 12.4　上升拦截

上升拦截时拦截器摧毁弹头概率的计算方法与 1.中的方法类同,区别在于此时积分域为等腰三角形而非矩形。

12.4　导弹抗拦截中实施反截获机动时的飞行控制策略

12.4.1　实施反截获机动的基本思想

反导系统杀伤弹道导弹的概率取决于反导系统在从发现目标到实施拦截的所有工作段中任务完成的情况。目标搜索、准备发射、制导和相遇基本上取决于弹道导弹和反导导弹的时间特性比,这些值是稳定的,但是由减小它们的数值而达到减小导弹在再入段的杀伤概率是很困难的。反导导弹战斗部杀伤导弹的概率很大程度上依赖于反导导弹的制导误差。制导误差由反导弹制导方法、反导弹和导弹的动态特性来确定。于是在已知制导方法、反导导弹和导弹的动态特性和相对运动参数等信息的基础上,实施反截获机动的最佳状态,可使制导动态误差增大,继而使拦截器杀伤概率减小[5]。

当控制导弹飞行时,导弹的突防装置在再入段的工作状态是接收反导系统目标侦察射线。当后者存在时,突防装置转入主动搜索反导系统的导弹,截获反导导弹信息之后,突防装置计算系统计算相对运动方程,以确定反导导弹战斗部爆炸点的坐标,随着相对运动而采集它的变化参数并及时地确定该点坐标。此外还推算最佳机动所必需的实时参数值。当接近相遇点时,导弹先实施最佳机动,以使反导导弹制导动态误差达到最大,然后沿着重新计算出来的弹道继续飞向目标。

12.4.2　实施反截获机动时的导弹飞行控制方法

以导弹相对运动参数为基础,分析导弹突防的飞行控制,为了确定导弹相对运动参数,在导弹的惯性系统上设立一个用脉冲状态工作的突防装置,录取球面坐标系的相对运动参数。相遇时刻以及最佳机动参数的计算要基于相对运动实时参数 ρ,ε,β 及它们的变化,导弹和反导导弹横向过载,导弹和反导导弹制导方法和控制的动态特性及可能相遇点的坐标。

假设 t_0 表示反导导弹捕瞄开始时刻。在 $t_0,t_1,t_2,\cdots,t_m$ 时反截获控制装置录取相对运动参数: $\rho_0,\rho_1,\rho_2,\cdots,\rho_m;\varepsilon_0,\varepsilon_1,\varepsilon_2,\cdots,\varepsilon_m;\beta_0,\beta_1,\beta_2,\cdots,\beta_m$。

自动惯性控制系统制导时,导弹的实时坐标是由解空间运动微分方程来确定的:

$$x_3 = \int_0^t v_p \cos\theta \cos\sigma \, \mathrm{d}t \tag{12.9}$$

$$y_3 = \int_0^t v_p \sin\theta \, \mathrm{d}t \tag{12.10}$$

$$z_3 = \int_0^t v_p \cos\theta \sin\sigma \, \mathrm{d}t \tag{12.11}$$

式中，x_3，y_3，z_3 表示导弹的位置坐标；v_p 表示导弹的速度；θ 表示航迹倾斜角；σ 表示航迹角。

由式(12.9)、式(12.10)、式(12.11) 可以得到可能的相遇点：

$$x_3^B = x_3^0 + \int_{t_0}^{t_b} v_p \cos\theta \cos\sigma \, dt = x_3^0 + \int_0^{T_B} v_p \cos\theta \cos\sigma \, dt \tag{12.12}$$

$$y_3^B = y_3^0 + \int_{t_0}^{t_b} v_p \sin\theta \, dt = y_3^0 + \int_0^{T_B} v_p \sin\theta \, dt \tag{12.13}$$

$$z_3^B = z_3^0 + \int_{t_0}^{t_b} v_p \cos\theta \sin\sigma \, dt = z_3^0 + \int_0^{T_B} v_p \cos\theta \sin\sigma \, dt \tag{12.14}$$

式中，x_3^B，y_3^B，z_3^B 表示可能相遇点的坐标；x_3^0，y_3^0，z_3^0 表示 t_0 时刻导弹坐标；$T_B = t_b - t_0$ 表示从捕瞄开始到可能相遇时刻的时间间隔。

根据已知的瞬间值 ρ_0，ρ_1，ρ_2，$\cdots$，ρ_m，要寻找导弹相对运动时导弹距离变化关系式 $\rho = f(t)$，确定 T_B 值使 $\rho = 0$，则式(12.12)、式(12.13)、式(12.14)可以确定相遇点的坐标。在 t_{m+1} 时得到新的相对运动参数 ρ_{m+1}，ε_{m+1}，β_{m+1}，重新计算 T_B 并解式(12.12)、式(12.13)、式(12.14)。于是在相对运动的过程中不断精确计算可能相遇点坐标和相遇时间。

随着导引反导导弹导向目标，相对运动的速度值和速度方向也发生变化。当计算反截获机动参数时，除参数 ρ 和它的变化外，还必须考虑下列主要参数：ε，β 和它们的变化，突防导弹和反导导弹的横向过载 n_p^ρ，n_p^ϑ，突防导弹实时需求横向过载 n_B^ϑ。

在相对运动的过程中 n_p^ρ 和 n_p^ϑ 参数变化较慢，因此它们的数可以取常量。n_B^ϑ 变化值根据下式确定：

$$n_B^\vartheta = \frac{2(\rho_1^2 - 2\rho_1\rho_2\cos u + \rho_2^2)\cos\left[\arctan\left(\dfrac{\rho_1\cos\alpha - \rho_2}{\rho_1\sin\alpha}\right)\right]}{g\rho_2(t_2 - t_1)} \tag{12.15}$$

$$u = \arctan\sqrt{\tan^2(\varepsilon_2 - \varepsilon_1) + \tan^2(\beta_2 - \beta_1)} \tag{12.16}$$

反截获控制装置计算机计算 n_B^ϑ 值，并检查条件

$$n_B^\vartheta + n_p^\rho > n_p^\vartheta \tag{12.17}$$

当满足条件时，导弹开始实施反截获机动。此时，由于可调横向过载的限制，反导导弹偏离航路，达不到目标；如果式(12.17)的条件不满足，则在相互运动的过程中借助于计算并分析反导导弹制导的动态特性，参考机动限制，与导弹的动态特性对比。利用反截获机动软程序确保反导导弹制导动态误差。实施反截获机动时要分析导弹和反导导弹相对运动参数，以此为基础采取结束机动的决定，然后导弹控制系统计算飞向目标的新弹道。

12.5 计算导弹被拦截器命中概率的高精度数值积分算法

在 12.3 节中提出了几种典型交会方式下导弹被命中概率的计算模型,其中涉及大量二维正态分布概率密度函数的重积分计算,由于正态分布概率密度函数具有特殊性,所以只能进行数值积分,为此,本节提出一种用于导弹被拦截器命中概率计算的高精度数值积分算法[6-7]。

12.5.1 高精度数值积分算法推导

二重数值积分在科学计算中起着重要作用,是计算数学上的重要课题之一。在计算机科学发展的推动下,有关高维数值积分方法的研究得到了突破性的进展。

在插值型求积公式中,以利用拉格朗日插值公式和高斯型求积公式最为常见,但研究利用带导数的插值公式不多。在此借助于两点泰勒插值公式和累次积分以及莱布尼茨公式推导出一种高精度数值积分公式,以满足导弹被拦截器摧毁概率计算的需要。

Davis 早在 1963 年就提出两点泰勒插值公式:令 a 和 b 为不同的两点,有多项式:

$$p_{2n-1}(x) = (x-a)^n \sum_{k=0}^{n-1} \frac{B_k \ (x-b)^k}{k!} + (x-b)^n \sum_{k=0}^{n-1} \frac{A_k \ (x-a)^k}{k!}$$

$$(12.18)$$

式中,

$$A_k = \frac{d^k}{dx^k} \left[\frac{f(x)}{(x-b)^n} \right]_{x=a}, B_k = \frac{d^k}{dx^k} \left[\frac{f(x)}{(x-a)^n} \right]_{x=b} \qquad (12.19)$$

则该多项式是 p_{2n-1} 函数中唯一能使下列二式成立的多项式:

$$p_{2n-1}(a) = f(a), p'_{2n-1}(a) = f'(a), \cdots, p_{2n-1}^{(n-1)}(a) = f^{(n-1)}(a)$$

$$p_{2n-1}(b) = f(b), p'_{2n-1}(b) = f'(b), \cdots, p_{2n-1}^{(n-1)}(b) = f^{(n-1)}(b)$$

这种多项式的残差为

$$f(x) - p_{2n-1}(x) = \frac{f^{(2n)}(\xi)}{(2n)!} (x-a)^n (x-b)^n$$

式中,

$$\min(x,a) < \xi < \max(x,b)$$

基于两点泰勒插值公式比较简单,如果用 $p(x)$ 的积分值当作 $f(x)$ 积分的近似值,由 $f(x) \approx p(x)$ 两边积分,可推导出带函数导数数值的近似积分公式,公式如下:

$$\int_a^b f(x)\mathrm{d}x = \sum_{k=0}^{n-1}\sum_{l=0}^{k}\mathrm{C}_l^k\frac{(b-a)^{n+k+1}}{k!\ (n+l+1)}\big[(-1)^{k-l}B_k+(-1)^{n+l}A_k\big]+$$

$$\sum_{l=0}^{n}(-1)^{n-l}\mathrm{C}_n^n\frac{f^{(2n)}(\xi)}{(2n)!\ (n+l+1)}(b-a)\,2n+1 \qquad (12.20)$$

其中,$a<\xi<b$,A_k 和 B_k 同式(12.19)。

当 $n=1$ 时,

$$\int_a^b f(x)\mathrm{d}x = \frac{h}{2}\big[f(a)+f(b)\big]-\frac{h^3}{12}f^2(\xi)\quad (a<\xi<b,h=b-a)$$

当 $n=2$ 时,

$$\int_a^b f(x)\mathrm{d}x = \frac{h}{2}\big[f(a)+f(b)\big]+\frac{h^2}{12}\big[f'(a)-f'(b)\big]+\frac{h^5}{720}f^{(4)}(\xi)$$

$$(a<\xi<b,h=b-a) \qquad (12.21)$$

当 $n=3$ 时,带二阶导数的近似公式为

$$\int_a^b f(x)\mathrm{d}x = \frac{h}{2}\big[f(a)+f(b)\big]+\frac{h^2}{10}\big[f'(a)-f'(b)\big]+$$

$$\frac{h^3}{120}\big[f''(a)+f''(b)\big]-\frac{h^7}{100\ 800}f^{(6)}(\xi)$$

$$(a<\xi<b,h=b-a) \qquad (12.22)$$

为提高精度,将区间$[a,b]$分成 n 个相等的小区间,并令 $h=\dfrac{(b-a)}{n}$,分点为 $x_i=a+ih,i=0,1,2,\cdots,n$,在每个小区间$[x_i,x_{i+1}]$上应用 $n=2$ 时的式 (12.21) 得

$$\int_a^b f(x)\mathrm{d}x = h\Big\{\frac{f(a)}{2}+f(a+h)+f(a+2h)+\cdots+f[a+(n-1)h]+\frac{f(b)}{2}\Big\}+$$

$$\frac{h^2}{12}\big[f'(a)-f'(b)\big]+E \qquad (12.23)$$

$$=h\sum_{i=0}^{n}f(x_i)-\frac{h}{2}\big[f(a)+f(b)\big]+\frac{h^2}{12}\big[f'(a)-f(b)\big]+E$$

式中,

$$E\leqslant\frac{1}{720}h^4(b-a)\max_{a\leqslant x\leqslant b}\big|\,f^{(4)}(x)\,\big| \qquad (12.24)$$

由式(12.24)可知,内点处的一阶导数相互抵消,因而只要计算区间端点的导数。

考虑二重积分:$I=\iint\limits_{D}f(x,y)\mathrm{d}x\,\mathrm{d}y$,其中积分区域 D 为平面有界区域,不失积分的一般性,取常见的 D 的一种区域:$a\leqslant x\leqslant b,c(x)\leqslant y\leqslant d(x)$,这里 $c(x)$ 和 $d(x)$ 是$[a,b]$上连续可微的函数,且有 $c(x)\leqslant d(x)$。而对平面上任何单连通区

域,总可以通过适当分解化为若干上述区域之并集。因此,这里讨论下面的二重积分:

$$I = \iint_D f(x,y)\mathrm{d}x\,\mathrm{d}y \tag{12.25}$$

其中,D 为:$a \leqslant x \leqslant b, c(x) \leqslant y \leqslant d(x)$,且 $c(x)$ 和 $d(x)$ 是 $[a,b]$ 上连续可微函数,而 $f(x,y)$ 在 D 上是连续可微的。

将此二重积分化为两个单积分的累次积分,即令:$g(x) = \int_{c(x)}^{d(x)} f(x,y)\mathrm{d}y$,对于固定 x 是个单重积分,且 $g(x)$ 在 $[a,b]$ 上也是连续函数,于是上述二重积分可化为累次积分:

$$I = \int_a^b g(x)\mathrm{d}x = \int_a^b \left[\int_{c(x)}^{d(x)} f(x,y)\mathrm{d}y\right]\mathrm{d}x \tag{12.26}$$

下面来推导累次积分的计算公式,利用式(12.23)的结果和带参数的定积分导数的莱布尼茨公式即可推导出下式:

$$I = \int_a^b g(x)\mathrm{d}x = h\sum_{i=0}^n g(x_i) - \frac{h}{2}[g(a) + g(b)] + \frac{h^2}{12}[g'(a) - g'(b)] + E(g) \tag{12.27}$$

其中,$h = \dfrac{(b-a)}{n}$;$x_i = a + ih, i = 0,1,2,\cdots,n$;$E(g)$ 为其误差项:

$$E(g) \leqslant \frac{1}{720} h^4 (b-a) \max_{a \leqslant x \leqslant b} |g^{(4)}(x)| \tag{12.28}$$

带参数的定积分的导数的莱布尼茨公式为

$$\begin{aligned}
\frac{\mathrm{d}g}{\mathrm{d}x}\Big|_{x=x_i} &= \frac{\mathrm{d}}{\mathrm{d}x}\left[\int_{c(x)}^{d(x)} f(x,y)\right]\Big|_{x=x_i} \\
&= \int_{c(x_i)}^{d(x_i)} f_x(x_i,y)\mathrm{d}y + f(x_i,d(x_i))d'(x_i) - f(x_i,c(x_i))c'(x_i)
\end{aligned} \tag{12.29}$$

其中,$i = 0,2,\cdots,n$。

对每个 $k = i, i = 0,1,2,\cdots,n$,将区间 $[c(x_k),d(x_k)]$ 再等分为 m_k 个小区间,记 $h_k = \dfrac{d(x_k) - c(x_k)}{m_k}$,分点为 $y_j = c(x_k) + jh_k, j = 0,1,2,\cdots,m_k$。应用公式 (12.23) 有

$$\begin{aligned}
g(x_k) &= \int_{c(x_k)}^{d(x_k)} f(x_k,y)\mathrm{d}y \\
&= h_k \sum_{j=0}^{m_k} f(x_k,y_j) - \frac{h_k}{2}[f(x_k,c(x_k)) + f(x_k,d(x_k))] +
\end{aligned}$$

$$\frac{h_k^2}{12} \big[f_y(x_k, c(x_k)) - f_y(x_k, d(x_k)) \big] + E_{m_k}[f(x_k, y)]$$

$$(12.30)$$

其中，$k = i$，而 $i = 0, 1, 2, \cdots, n$，误差估计项为

$$E_{m_k}[f(x_k, y)] \leqslant \frac{1}{720} h_k^4 [d(x_k) - c(x_k)] \max_{c(x_k) \leqslant y \leqslant d(x_k)} | f_y^{(4)}(x_k, y) |$$

$$(12.31)$$

当 $k = 0$ 时，$x_0 = a$，$g(x_0) = g(a)$；当 $k = n$ 时，$x_n = b$，$g(x_n) = g(b)$。

同理可得：

$$g'(x_k) = \int_{c(x_k)}^{d(x_k)} f_x(x_k, y)\mathrm{d}y + f(x_k, d(x_k))d'(x_k) - f(x_k, c(x_k))c'(x_k)$$

$$= h_k \sum_{j=0}^{m_k} f_x(x_k, y_j) - \frac{h_k}{2} [f_x(x_k, c(x_k)) + f_x(x_k, d(x_k))] +$$

$$\frac{h_k^2}{12} [f_{xy}(x_k, c(x_k)) - f_{xy}(x_k, d(x_k))] + \qquad (12.32)$$

$$f(x_k, d(x_k))d'(x_k) - f(x_k, c(x_k))c'(x_k) + E_{m_k}[f_x(x_k, y)]$$

其中，$k = 0, 1, 2, \cdots, n$。

$$E_{m_k}[f_x(x_k, y)] \leqslant \frac{1}{720} h_k^4 [d(x_k) - c(x_k)] \max_{c(x_k) \leqslant y \leqslant d(x_k)} | f_{xy}^{(4)}(x_k, y) |$$

$$(12.33)$$

当 $k = 0$ 时，$x_0 = a$，$g'(x_0) = g'(a)$；当 $k = n$ 时，$x_n = b$，$g'(x_n) = g'(b)$。

于是可得二重积分公式如下：

$$I = \int_a^b g(x)\mathrm{d}x = h \sum_{i=0}^n g(x_i) - \frac{h}{2}[g(a) + g(b)] + \frac{h^2}{12}[g'(a) - g'(b)] + E_{m_n}(f)$$

$$(12.34)$$

其中，$g(x_i)(i = 0, 1, 2, \cdots, n)$，$g(a)$ 和 $g(b)$ 由式(12.30)确定，$g'(a)$ 和 $g'(b)$ 由式(12.32)确定，而误差项 $E_{m_n}[f]$ 为

$$E_{m_n}[f] = E(g) + h \sum_{i=0}^n E_{m_i}[f(x_i, y)] - \frac{h}{2}\{E_{m_0}[f(a, y)] + E_{m_n}[f(b, y)]\} +$$

$$\frac{h^2}{12}\{E_{m_0}[f_x(a, y)] - E_{m_n}[f_x(b, y)]\} \cdots \qquad (12.35)$$

定理 12.1　设函数 $f(x, y)$ 及 $c(x)$，$d(x)$ 连续可微，并令：$\bar{h} = \max_{0 \leqslant i \leqslant n}\{h, h_i\}$，且 $\bar{h} \leqslant 1$，则有估计式：

$$| E_{m_n}[f] | \leqslant \frac{ML(1+L)}{720} \bar{h}^4$$

其中，$L = \max\{b - a, d - c\}$，且 $c = \min_{a \leqslant x \leqslant y}\{c(x)\}$，而 $d = \max_{a \leqslant x \leqslant b}\{d(x)\}$；式中的 M 为

$$M = \max_{(x,y)\in D}\{\max|g^{(4)}(x)|,\max|f_y^{(4)}(x,y)|,\max|f_{xy}^{(4)}(x,y)|\}$$

证明 因为 $f(x,y),c(x)$ 及 $d(x)$ 连续可微,所以 $g(x)$ 也连续可微。故存在常数 $M > 0$,使得

$$\max_{(x,y)\in D}\{\max|g^{(4)}(x)|,\max|f_y^{(4)}(x,y)|,\max|f_{xy}^{(4)}(x,y)|\} = M$$

则 $E_{mn}[f]$ 的估计式可得

$$E_{m,}[f] \leqslant \frac{1}{720}\left| h^4(b-a)M + h\sum_{i=0}^{n}h_i^4(d-c)M - \frac{h}{2}[h_0^4(d(a)-c(a))M + h_n^4(d(b)-c(b))M] + \right.$$

$$\left. \frac{h^2}{12}[h_0^4(d(a)-c(a))M - h_n^4(d(b)-c(b))M]\right|$$

$$\leqslant \frac{M}{720}\bar{h}^4 L\left(1 + nh - h + \frac{h^2}{6}\right) \leqslant \frac{M}{720}\bar{h}^4 L(1+L)$$

定理得证。

对二重数值积分公式(12.25),需给出以下几点说明:

(1) 在上述二重积分讨论中,要求 $c(x),d(x)$ 在 $[a,b]$ 上连续可微,但对一般的边界光滑的区域 D,若 $c(x),d(x)$ 在端点 $x=a,x=b$ 处不可导时,可根据二重积分区域变换法,将区域 D 分成 n 部分小区域,在各小区域 $D_i(i=1,2,\cdots,n)$ 上满足可微的条件,则可以求出各小区域 D_i 上累次积分 $I = \iint\limits_{D_i}f(x,y)\mathrm{d}x\mathrm{d}y$ 再求和,即可求出区域 D 上的二重积分。

(2) 二重积分区域 D 上要求 $c(x),d(x)$ 是关于 x 的函数关系式,事实上函数关系式可以是常数,此时,二重积分变为矩形区域上的积分。

(3) 当区域 D 在 $x=a,x=b$ 和 $c(x),d(x)$ 处出现尖点时,只要 $x=a,x=b$ 和 $y_i = c(x_i),y_i = d(x_i)$ 处的左右导数存在,则式(12.34) 仍然可以使用。

12.5.2 算法步骤

Step1.   固定一个 x 值,设为 $\bar{x}$ 。

(1) 用梯形公式计算:

$$t_1 = [y_2(\bar{x}) - y_1(\bar{x})][f(\bar{x},y_1(\bar{x})) + f(\bar{x},y_2(\bar{x}))]/2$$

$$t_s = [y_2(\bar{x}) - y_1(\bar{x})]^2[f_y(\bar{x},y_1(\bar{x})) - f_y(\bar{x},y_2(\bar{x}))]/12$$

(2) 将区间分半,每个子区间长度为

$$h_k = [y_2(\bar{x}) - y_1(\bar{x})]/2^k \quad (k=1,2,\cdots)$$

用梯形递推公式计算:

$$t_{k+1} = \frac{1}{2}t_k + h_k\sum_{i=1}^{k}f(\bar{x},y_1(\bar{x}) + (2i-1)h_k)$$

$$g_k = t_{k+1} + t_s/4$$

重复以上步骤,直至 $|g_k - g_{k+1}| < \varepsilon$ 为止,此时即有 $g(\overline{x}) = g_{k+1}$。

Step2.　用类似 Step1 的方法步骤计算 $g_x(\overline{x})$。

(1) 用梯形公式计算:

$$tt_1 = [y_2(\overline{x}) - y_1(\overline{x})][f_x(\overline{x}, y_1(\overline{x})) + f_x(\overline{x}, y_2(\overline{x}))]/2$$

$$tt_s = [y_2(\overline{x}) - y_1(\overline{x})]^2 [f_{xy}(\overline{x}, y_1(\overline{x})) - f_{xy}(\overline{x}, y_2(\overline{x}))]/12$$

$$tt_0 = f(\overline{x}, y_2(\overline{x}))y_2^1(\overline{x}) - f(\overline{x}, y_1(\overline{x}))y'_1(\overline{x})$$

(2) 将区间分半,每个子区间长度为

$$h_k = [y_2(\overline{x}) - y_1(\overline{x})]/2^k \quad (k = 1, 2, \cdots)$$

用梯形递推公式计算:

$$tt_{k+1} = \frac{1}{2}tt_k + h_k \sum_{i=1}^{k} f_x[\overline{x}, y_1(\overline{x}) + (2i - 1)h_k]$$

$$gg_k = tt_{k+1} + tt_s/4 + tt_0$$

重复以上步骤,直至 $|gg_k - gg_{k+1}| < \varepsilon$ 为止,此时即有 $g_x(\overline{x}) = gg_{k+1}$。

Step3.　利用 Step1 和 Step2 中所计算的一系列 $g(\overline{x}), g_x(\overline{x})$ 的值计算二重积分的近似值 S。

(1) 用梯形公式计算:

$$tS_1 = (b - a)[g(b) + g(a)]/2$$

$$t_sS = (b - a)^2 [g_x(a) - g_x(b)]/12$$

(2) 将区间分半,其子区间长度为

$$hh_k = (b - a)/2^k \quad (k = 1, 2, \cdots)$$

用梯形递推公式计算:

$$tS_{k+1} = \frac{1}{2}tS_k + hh_k \sum_{i=1}^{k} g(a + hh_k(2i - 1))$$

$$S_k = tS_{k+1} + t_sS/4$$

重复以上步骤,直至 $|S_k - S_{k+1}| < \varepsilon$ 为止,此时有

$$S \approx S_{k+1}$$

12.5.3　算法验证

以下通过对不同类型二重积分的实际计算来验证所提数值积分算法的可行性和精确性。

例 12.1　计算二重积分:$I_1 = \iint\limits_{x^2 + y^2 \leqslant 1} e^{x^2 + y^2} dx\, dy$,计算中要求相邻两次计算值的绝对误差 $\varepsilon \leqslant 5 \times 10^{-5}$。

运用新算法的计算结果为:$I_1 = 5.398\,126\,788$。

而积分的精确结果为:$I_1 = 5.398\,141\,586$。

例 12.2 计算二重积分:$I_2 = \iint\limits_{\substack{0 \leqslant x \leqslant \cos y \\ 0 \leqslant y \leqslant \frac{\pi}{4}}} \mathrm{e}^x \sin y \mathrm{d}x \, \mathrm{d}y$,计算中要求相邻两次计算

值的绝对误差 $\varepsilon \leqslant 5 \times 10^{-5}$。

运用新算法的计算结果为:$I_2 = 0.397\,273\,510$。

而积分的精确结果为:$I_2 = 0.397\,273\,628$。

例 12.3 计算二重积分:$I_3 = \iint\limits_{\substack{0 \leqslant x \leqslant 1 \\ 0 \leqslant y \leqslant \frac{\pi}{4}}} \mathrm{e}^x \sin y \mathrm{d}x \, \mathrm{d}y$,此时为矩形区域上的二重积

分,要求相邻两次计算值的绝对误差 $\varepsilon \leqslant 5 \times 10^{-5}$。

计算结果为:$I_3 = 0.503\,273\,080\,8$。

而积分的精确值为:$I_3 = 0.503\,273\,095\,6$。

由以上计算实例可见:用公式(12.34)计算二重积分十分有效,其精度很高。通过对计算结果的比较分析,可得到以下几点结论:

(1)采用公式(12.34)计算二重积分,其本质是运用复合梯形公式,在形式上要比复合 Simpson 公式计算定积分的次数少,且式(12.19)与复合 Simpson 公式同阶,因此,对给定的误差 ε,从总的计算工作量上式(12.34)比复合 Simpson 公式少得多,而计算速度大大提高了。

(2)在给定精度 $\varepsilon \leqslant 5 \times 10^{-5}$,用复合 Simpson 公式计算前面的例 12.1 的积分 I_1,其结果为 $I_1 = 5.398\,044\,2$,显然其精度比用式(12.34)计算的精度差。

(3)可利用式(12.22)推导其二重积分公式,虽然其计算公式在形式上要比复合 Simpson 公式多计算几个定积分,但因比复合 Simpson 公式高二阶,区域剖分比复合 Simpson 公式疏,计算速度快,且精度高,具有复合 Simpson 公式的优点,是一个很有用的数值积分公式。

12.6 导弹被拦截器命中概率仿真算例

本节运用上一节提出的高精度数值积分算法对导弹被拦截器命中概率进行实际计算。

1. 拦截弹在进攻导弹被动段实施侧向拦截

例 12.4 已知进攻导弹弹头半径为 1 m,弹头长 3 m,当拦截弹的 $\sigma_x = \sigma_y = 0.2$ m,$\bar{x} = \bar{y} = 0.3$ m 时,试计算单发拦截弹的拦截器命中概率。

计算结果:

$$P_1 = \int_{-1}^{2} \int_{\frac{1}{3}(y-2)}^{\frac{1}{3}(2-y)} \frac{1}{2\pi \times 0.2 \times 0.2} \exp\left[-\frac{(x-0.3)^2}{2 \times 0.2^2} - \frac{(y-0.3)^2}{2 \times 0.2^2}\right] \mathrm{d}x\,\mathrm{d}y = 0.897\,0$$

例 12.5 已知进攻导弹弹头半径为 1 m,弹头长 3 m,当拦截弹的 $\sigma_x = \sigma_y = 0.4$ m,$\bar{x} = \bar{y} = 0.3$ m 时,试计算单发拦截弹的拦截器命中概率。

计算结果:

$$P_1 = \int_{-1}^{2} \int_{\frac{1}{3}(y-2)}^{\frac{1}{3}(2-y)} \frac{1}{2\pi \times 0.4 \times 0.4} \exp\left[-\frac{(x-0.3)^2}{2 \times 0.4^2} - \frac{(y-0.3)^2}{2 \times 0.4^2}\right] \mathrm{d}x\,\mathrm{d}y = 0.756\,9$$

2. 拦截弹在进攻导弹弹道平面内实施上升拦截

例 12.6 已知进攻导弹弹头半径为 1 m,弹头长 3 m,当拦截弹的 $\sigma_x = \sigma_y = 0.1$ m,$\bar{x} = \bar{y} = 0.2$ m 时,试计算单发拦截弹的拦截器命中概率。

针对不同的交会角计算相应的拦截器命中概率,结果如下:

当 $\alpha = 60°$ 时:

$$P_1 = \int_{-1 \times \cos 60°}^{2 \times \cos 60°} \int_{\frac{1}{3 \times \cos\alpha}(y - 2 \times \cos\alpha)}^{\frac{1}{3 \times \cos\alpha}(2 \times \cos\alpha - y)} \frac{1}{2\pi \times 0.1 \times 0.1} \times$$
$$\exp\left[-\frac{(x-0.2)^2}{2 \times 0.1^2} - \frac{(y-0.2)^2}{2 \times 0.1^2}\right] \mathrm{d}x\,\mathrm{d}y = 0.997\,2$$

当 $\alpha = 75°$ 时:

$$P_1 = \int_{-1 \times \cos 75°}^{2 \times \cos 75°} \int_{\frac{1}{3 \times \cos\alpha}(y \times \cos\alpha - 2)}^{\frac{1}{3 \times \cos\alpha}(2 \times \cos\alpha - y)} \frac{1}{2\pi \times 0.1 \times 0.1} \times$$
$$\exp\left[-\frac{(x-0.2)^2}{2 \times 0.1^2} - \frac{(y-0.2)^2}{2 \times 0.1^2}\right] \mathrm{d}x\,\mathrm{d}y = 0.900\,1$$

当 $\alpha = 82.5°$ 时:

$$P_1 = \int_{-1 \times \cos 82.5°}^{2 \times \cos 82.5°} \int_{\frac{1}{3 \times \cos\alpha}}^{\frac{1}{3 \times \cos\alpha}(2 \times \cos\alpha - y)} \frac{1}{2\pi \times 0.1 \times 0.1} \times$$
$$\exp\left[-\frac{(x-0.2)^2}{2 \times 0.1^2} - \frac{(y-0.2)^2}{2 \times 0.1^2}\right] \mathrm{d}x\,\mathrm{d}y = 0.433\,5$$

参 考 文 献

[1] 张最良,等. 军事运筹学[M]. 北京:军事科学出版社,1993.

[2] 李廷杰. 射击效率[M]. 北京:北京航空学院出版社,1987.

[3] 张安,佟明安. 空地航空子母弹靶场效能分析建模研究[J]. 火力与指挥控制,2000,25(1):22 - 25.

[4] 袁克余. 武器系统效能研究中几个问题的探讨[J]. 系统工程与电子技术,1991,13(6):52 - 64.

[5]　徐利治，周蕴时. 高维数值积分[M]. 北京：科学出版社，1980.

[6]　PHILIP J DAVIS, PHILIP RABINOWITZ. 数值积分法[M]. 冯振兴，伍富良，译. 北京：高等教育出版社，1986.

[7]　邓建中，刘之行. 计算方法[M]. 西安：西安交通大学出版社，2001.

[8]　贾沛然. 弹道导弹弹道学 [M]. 长沙：国防科技大学出版社，1984.

[9]　程国采. 弹道导弹制导方法与最优控制 [M]. 长沙：国防科技大学出版社，1987.

第13章 弹道导弹突防效能多指标综合评价

13.1 引　　言

在前面各章中,针对弹道导弹突防的各个不同阶段,建立了相应的定量评估分析模型,用以定量计算各阶段的突防效能指标。本章立足于弹道导弹突防效能一体化综合评估思想,运用定性、定量相结合的方法,从系统分析的角度出发,全面、客观地建立弹道导弹突防效能的多层、多属性评价指标体系,并提出相应的综合评价方法,为弹道导弹作战运用及发展论证提供决策手段和依据。本章提出的弹道导弹突防能力多指标综合评价方法应用方便,适于快速作战决策,可为弹道导弹的作战运用提供决策支持。如:在导弹发射前,针对对方的防御系统,运用本章的方法,可预测出导弹突防效能的高低。此外,作为一种静态评价方法,本章提出的方法也适于在导弹武器发展论证中进行导弹武器系统方案评价,从而有助于技术、战术指标的合理分配,这表现在两个方面,一是定量分析在给定的技术、战术指标下导弹突防效能的高低,二是在改变其中一个或多个指标时分析导弹突防效能的变化即指标灵敏度分析。

13.2　弹道导弹突防对抗过程的总体分析

13.2.1　弹道导弹突防过程的物理描述

弹道导弹一旦起飞离开地面,其自身以及尾部喷出的高温火焰就有可能被防御方导弹预警卫星所发现,之后,导弹预警卫星能够自动将所侦察到的信息传送至战略防御指控中心,指控中心在进一步定位之后,将目标信息迅速传送到处于进攻导弹来袭方向上的反导防御系统,反导系统的预警雷达将展开搜索、识别和跟踪,并将得到的信息传送到前沿制导雷达(通常为相控阵雷达),制导雷达对进攻导弹进行截获、跟踪,并引导拦截弹撞击进攻导弹。

13.2.2　弹道导弹突防过程的对抗分析

从弹道导弹突防过程的物理描述中可以看出,弹道导弹的突防过程实际上是进攻导弹与反导系统相互对抗的过程[1-2]。同时,要考察和评价一种导弹武器的突防能力,必须将其置于对抗环境之中,既要考虑进攻导弹的作战性能,又要考虑反导防御系统的作战系统的作战性能。由于受来自攻防双方武器系统性能及环境作用等方面众多不确定因素的影响,导弹突防的结果是随机的,存在两种可能:从进攻方的角度来看是突防成功或失败;从防御方的角度来看是拦截成功或失败。在以往的研究文献中,多以突防成功概率(突防概率)来度量突防结果,并产生了一些算法,包括解析算法和仿真算法,但这些算法或公式并不实用,甚至可信度不高。在此从对抗的角度出发,将突防过程视为进攻导弹突破能力与防御系统防御能力的对抗,这种对抗又可以进一步分解成以下三种对抗:隐身与发现的对抗、识别与反识别的对抗、摧毁与反摧毁的对抗。必须指出的是:这三种对抗之间并非界线分明,而是相互联系的,从时序上看,隐身与发现的对抗在先,识别与反识别的对抗次之,摧毁与反摧毁的对抗在后。从相互作用上,前一种对抗的结果对后一种对抗产生影响。如:如果隐身与发现对抗的结果是进攻导弹不被发现,则识别与反识别对抗的结果一定是进攻导弹不被识别,因为从概率论的角度看,发现是识别的条件事件。

13.3 弹道导弹突破能力综合评价

13.3.1 进攻导弹突破能力评价指标体系的建立

如前所述,进攻导弹的突破能力(S)可以分解为隐身能力(S_1)、反识别能力(S_2)和反摧毁能力(S_3),由于它们尚不能直接进行度量,因此,还需要作进一步分解。

进攻导弹的隐身能力可分解为以下指标:

进攻导弹外形对雷达电磁波的反射作用(v_1);

进攻导弹的雷达反射信号与环境噪声的一致性(v_2);

进攻导弹对雷达电磁波的吸收作用(v_3);

进攻导弹对防御方预警雷达的电子干扰能力(v_4)。

进攻导弹的反识别能力可作以下分解:

进攻导弹携带的诱饵数量(v_5);

进攻导弹携带的假弹头数量(v_6);

诱饵与弹头之间的相似程度(A_t),而该指标又可分解为诱饵与弹头重量上的相似程度(v_7)、雷达反射作用的相似程度(v_8)和气动特性的相似程度(v_9)等三个子指标;

假弹头与真弹头之间的相似程度(B_t),该指标又可以分解为假弹头与真弹头在气动特性上的相似程度(v_{10})和在雷达反射特性上的相似程度(v_{11})。

进攻导弹的抗摧毁能力可分解为以下指标：

进攻导弹的饱和攻击能力(v_{12})；

弹头再入时的机动变轨能力(v_{13})；

弹头的再入速度(v_{14})；

弹头的再入角(v_{15})；

弹头的抗电子攻击能力(v_{16})；

弹头的抗直接撞击能力(C_t)，该指标又可分解为弹头壳体的抗冲击能力(v_{17})、弹上器件的抗冲击能力(v_{18})和核装置抗冲击能力(v_{19})等三个子指标；

弹头抗其他攻击的能力(v_{20})。

以上指标之间存在递阶关系，如图 13.1 所示。

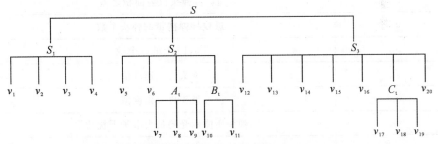

图 13.1　进攻导弹突破能力评价指标体系的递阶结构

13.3.2　进攻导弹突破能力评价指标效用值的计算

评价指标的效用值是各个指标对进攻导弹总的突破能力的贡献的定量表示，它的计算分两步进行：

1. 评价指标体系的量化

所谓评价指标体系的量化，就是要确定每一个指标相对某一给定的进攻导弹的观测值，或者说对于给定的进攻导弹，确定各个指标的量度。在所确定的突破能力的评价指标体系中，有些指标可直接量化，有些指标不能直接量化。各个指标的具体量化结果如表 13.1 所示。

表 13.1　进攻导弹突破能力评价指标体系量化结果

指　标	量　化　结　果
v_1	进攻导弹的雷达反射面积
v_2	$[0,1]$ 上的一个数
v_3	对雷达电磁波的吸波率

续 表

指　标	量 化 结 果
v_4	$[0,1]$ 上的一个数
v_5	诱饵个数
v_6	假弹头个数
v_7	诱饵质量与弹头质量的差值
v_8	诱饵反射面积与弹头反射面积的差
v_9	$[0,1]$ 上的一个数
v_{10}	$[0,1]$ 上的一个数
v_{11}	真、假弹头反射面积之差
v_{12}	进攻导弹携带的弹头个数
v_{13}	$[0,1]$ 上的一个数
v_{14}	弹头再入速度值
v_{15}	弹头再入角度值
v_{16}	弹头所能承受的最大电子干扰功率
v_{17}	弹头壳体的强度（单位面积所能承受的冲力）
v_{18}	弹上器件所能承受的最大冲力
v_{19}	核装置所能承受的最大冲力
v_{20}	$[0,1]$ 上的一个数

2. 评价指标效用值的计算

计算各评价指标的效用值也就是在指标量化的基础上对指标作进一步规范化。由于指标的量化值量纲不同，且有些指标值越大导弹的突破能力越高，即越大越好，有些指标值越小导弹的突破能力越高，即越小越好，因此必须统一规范为效用值，规范化的目的有两个，一是把全部指标值化为 $[0,1]$ 上的一个数，二是将指标值全部化为越大越好[3-4]。

各个指标值的具体规范化是通过建立功效函数进行的，分析如下：

指标 v_2，v_3，v_4，v_9，v_{10}，v_{13}，v_{20} 的量化值已是 $[0,1]$ 上的一个数，且为越大越好，故可直接当作效用值。

指标 v_1，v_7，v_8，v_{11} 的量化值均为越小越好，可建立相同的功效函数来计算效用值，以 v_1 为例，设其效用值为 α_1，指标值为 x_1，最大允许反射面积为 x_{max}，其含

义是当进攻弹头的雷达反射面积达到此值,肯定被雷达所发现,则有

$$\alpha_1 = 1 - \frac{x_1}{x_{\max}}$$

指标 $v_5, v_6, v_{12}, v_{14}, v_{15}, v_{16}, v_{17}, v_{18}, v_{19}$ 的量化值均为越大越好,可建立相同的功效函数来计算效用值。以 v_{19} 为例,设其效用值为 α_{19},指标值为 x_{19},设其上限为 $P_{\max}$,其含义是当核装置所能承受的最大冲力达到此值时,可认为核装置不被破坏(或以很大概率)。设其下限为 $P_{\min}$,其含义是当核装置所能承受的最大冲力低于此值时,肯定将被破坏(被摧毁或不能正常起爆),则有

$$\alpha_{19} = \frac{x_{19} - P_{\min}}{P_{\max} - P_{\min}}$$

13.3.3　进攻导弹突破能力效用值的计算

1. 进攻导弹突破能力效用值的计算方法

计算进攻导弹突破能力的效用值是通过建立评价函数来实现的。首先确定各个指标相对导弹突破能力这个总目标的权值,设为 $\omega_i(i=1,2,\cdots,20)$,再通过以下两种方法计算突破能力的效用值 P_t:

线性加权和法:

$$P_t = \sum_{i=1}^{20} \omega_i \alpha_i$$

理想点法:

$$P_t = 1 - \sqrt{\sum_{i=1}^{20} \omega_i \left[(1 - \alpha_i) \right]^2}$$

2. 进攻导弹突破能力效用值计算中的确定权值方法

进攻导弹突破能力效用值计算中的确定权值方法属于多目标决策中的多属性决策问题,对于此类问题,无论采取什么综合评价方法,大多需要事先确定各属性(指标)的权重[5]。关于权重的确定,目前主要有主观赋权法和客观赋权法两大类。主观赋权法是根据决策者主观信息进行赋权的一类方法,如专家调查法、二项系数法、环比评分法、层次分析法等;而客观赋权法是无决策者任何信息,各个指标根据一定的规则进行自动赋权的一类方法,如主成分分析法、熵技术法、均方差法、多目标规划法等。运用主观赋权法确定各指标间的权重系数,反映了决策者的意向,决策或评价结果具有很大的主观性。而运用客观赋权法确定各指标间的权重系数,决策或评价结果虽然具有较强的数学理论依据,但没有考虑决策者的意向。因此,主、客观赋权法各具有一定的局限性。为克服以上不足,在此探讨将主、客观信息综合集成的赋权方法,即多属性决策问题的主客观综合赋权方法,其目的是使确定的指标权重同时反映主观程度和客观程度,使进攻导弹突破能力的多属性评

价分析结果既含主观信息,又含客观信息。

记由主观赋权法得出(或由决策者直接给出)的指标权重向量为
$\boldsymbol{W}' = [W'_1 \quad W'_2 \quad \cdots \quad W'_n]^T$,且满足:

$$0 \leqslant W'_j \leqslant 1, \quad \sum W'_j = 1 \quad (j = 1, 2, \cdots, n)$$

由客观赋权法得出的指标权重向量为
$\boldsymbol{W}'' = [W''_1 \quad W''_2 \quad \cdots \quad W''_n]^T$,且满足:

$$0 \leqslant W''_j \leqslant 1, \quad \sum W''_j = 1 \quad (j = 1, 2, \cdots, n)$$

记 α, β 分别表现 $\boldsymbol{W}'$ 和 $\boldsymbol{W}''$ 的重要程度,且

$$0 \leqslant \alpha \leqslant 1, \; 0 \leqslant \beta \leqslant 1, \; \alpha + \beta = 1$$

考虑到将主观权重向量与客观权重向量进行综合,则令

$$\boldsymbol{W} = \alpha \boldsymbol{W}' + \beta \boldsymbol{W}''$$

这就是主客观综合赋权法确定的权重。至于 α, β 的确定,应根据决策者的偏好进行。基本原则是,若决策者更重视主观信息,则使 $\alpha > \beta$;若决策者更重视客观信息,则使 $\alpha < \beta$。

13.4　反导系统防御能力综合评价

13.4.1　反导系统防御能力评价指标体系的建立

由于反导系统对来袭导弹的发现与识别过程实际上是密不可分的,因此把反导系统的发现能力与识别能力统一归为发现识别能力,这样,反导系统的防御能力(f)可在第一级分解为发现识别能力(f_1)和摧毁能力(f_2),接下来进行第二级分解。

发现识别能力可进一步分解为以下指标:

预警雷达的最大发现距离(u_1);

预警雷达的垂直搜索范围(u_2);

预警雷达的水平搜索范围(u_3);

预警雷达的发射机电磁波发射能力(u_4);

预警雷达的抗干扰能力(u_5);

预警雷达的接收机的电磁波接收能力(u_6);

预警雷达的工作可靠性(u_7);

预警雷达的漏警率(u_8);

预警雷达的虚警率(u_9);

预警雷达的信息处理能力(u_{10})。

反导系统对进攻导弹的摧毁能力可进一步分解为以下指标：

制导雷达的截获能力(u_{11})；

制导雷达的作用范围，该指标又可分解为最大截获距离(u_{12})、垂直作用范围(u_{13})和水平作用范围(u_{14})等三个子指标；

制导雷达的信息处理能力(u_{15})；

制导雷达所需的最小跟踪时间(u_{16})；

制导雷达抗饱和攻击能力，该指标又可分解为同时跟踪目标能力(u_{17})和同时导引拦截弹能力(u_{18})；

制导雷达的精度，该指标又可分解为跟踪目标的精度(u_{19})和导引精度(u_{20})；

制导雷达的工作可靠性(u_{21})；

导弹预警卫星的预警能力(u_{22})；

拦截弹的快速反应能力，该指标又可进一步分解为拦截弹戒备率(u_{23})、拦截弹反应时间(u_{24})等子指标；

拦截作用范围，该指标又可分解为拦截弹最大可运用高度(u_{25})、最小可运用高度(u_{26})、杀伤远界(u_{27})、杀伤近界(u_{28})等子指标；

拦截弹威力，该指标又可分解为拦截弹飞行速度(u_{29})、拦截器(EKV)质量(u_{30})、拦截器的刚性(u_{31})等子指标；

拦截器自导引精度(u_{32})；

反导作战指控中心的信息处理能力(u_{33})；

拦截弹可靠性，该指标又可分解为发射可靠性(u_{34})、飞行可靠性(u_{35})和EKV红外导引头的工作可靠性(u_{36})等三个子指标。

反导系统防御能力评价指标体系的递阶结构与进攻导弹突破能力评价指标体系类似。

13.4.2　反导系统防御能力评价指标体系的量化

反导系统防御能力的各个指标的量化结果列于表 13.2。

表 13.2　反导系统防御能力评价指标的量化结果

指　标	量　化　结　果
u_1	最大发现距离
u_2	最大工作仰角
u_3	最大扫描方位角
u_4	预警雷达发射机的发射功率
u_5	预警雷达所能承受的最大电子干扰功率

续 表

指 标	量 化 结 果
u_6	预警雷达接收机的接收功率
u_7	预警雷达的可靠度
u_8	预警雷达的漏报概率
u_9	预警雷达的错报概率
u_{10}	单位时间内所能处理的信息量
u_{11}	制导雷达截获目标的概率
u_{12}	制导雷达最大截获距离
u_{13}	制导雷达最大工作仰角
u_{14}	制导雷达最大扫描方位角
u_{15}	制导雷达单位时间处理信息量
u_{16}	制导雷达最少跟踪时间
u_{17}	制导雷达可同时跟踪目标数
u_{18}	制导雷达可同时导引拦截弹数
u_{19}	制导雷达的测轨误差
u_{20}	制导雷达的制导误差
u_{21}	制导雷达的制导可靠性
u_{22}	导弹预警卫星所能提供的预警时间
u_{23}	拦截弹戒备率
u_{24}	拦截弹反应时间
u_{25}	拦截弹最大可达高度
u_{26}	拦截弹最小可达高度
u_{27}	拦截弹最大射程
u_{28}	拦截弹最小射程
u_{29}	拦截弹的飞行速度
u_{30}	拦截器（EKV）的质量

续 表

指　标	量 化 结 果
u_{31}	反导指控中心单位时间所能处理的信息量
u_{32}	EKV 材料的刚性指标值
u_{33}	EKV 红外导引头的导引误差
u_{34}	拦截弹的发射可靠度
u_{35}	拦截弹的飞行可靠度
u_{36}	EKV 红外导引头的可靠度

13.4.3　反导系统防御能力效用值的计算

首先在指标量化的基础上,计算各个指标的效用值,再计算出反导系统防御能力总效用值 P_f,所用方法与进攻导弹突破能力效用值的计算完全类同,不再赘述。

13.5　弹道导弹突防效能综合评价

以突防度 P_{tf} 作为对抗条件下导弹突防效能总的评价指标值,其定义如下:

$$P_{tf} = \frac{P_t}{P_f}$$

显然,一种导弹的突防度越大,则突防效能越高。

必须指出的是,突防度不同于突防概率,它本质上是一种指数,可起到两种综合评价的作用:一是衡量同一种进攻导弹对不同防御系统的突防效能,二是衡量不同进攻导弹对同一种防御系统的突防效能。

参 考 文 献

[1]　张洪波,等. 弹道导弹进攻中多目标突防的效能分析[J]. 宇航学报,2007 (2):394 - 397.

[2]　欧海英. 弹道导弹全程突防总体方案研究[J]. 湖北航天科技,2001(6): 1 - 6.

[3]　徐培德,崔卫华. 导弹综合效能分析与评价模型[J]. 国防科技大学学报, 1997,19(2):20 - 24.

[4] 郁振安. 层次分析法在防空武器系统综合性能评价中的应用[J]. 系统工程与电子技术,1989,11(11):23 - 27.

[5] COOK W D, KRESS M. A Multiple - criteria Composite Index Model for Quantitative and Quanlitative Data[J]. European Journal of operational Research,1994,78:367 - 379.

第4篇 导弹武器系统毁伤效能分析

第14章 导弹毁伤效能分析导论

14.1 引 言

在导弹武器作战效能分析领域,苏联、现今的俄罗斯和美国始终走在世界前列,这是由它们雄厚的航天科技实力特别是导弹研制能力以及作战需求牵引作用决定的,尤其是苏联作为作战效能分析理论的发祥地,为作战效能分析理论的形成和发展做出了许多贡献。

1940年,苏联专家 B.C.TtyIaueB 的著作《空中射击》的问世标志着空中射击效能理论的诞生。及至20世纪60年代,现代武器系统分析的理论基础初步形成,与此同时,空对空单目标、多目标射击效能理论,空对地点目标、面目标、群目标射击效能理论趋于成熟,歼击型武器装备、轰炸型武器装备对抗分析模型也已产生。从20世纪60—80年代,航空武器系统效能分析理论逐步形成体系,空中射击和轰炸的效能理论进一步完善,并出现了新的射击效能理论——反导弹效能评估理论。此外,空战效能理论得到更加深入的研究。这一时期取得了许多效能分析研究成果[1-5],如:提出了飞机生存力评估理论和方法;针对空战中的不确定因素,提出了基于统计理论的处理方法;导弹武器规划问题得到研究并给出了形式化模型;用于效能评估的数值算法、系统综合的优化算法也相继出现。在此基础上形成了一整套飞行器系统设计理论和方法。

国内开展导弹效能分析研究的历史虽然不长,但发展较快,许多国防工业专家和军事专家进行了卓有成效的工作,其中最有代表性的是1993年由军事科学出版社出版的《军事运筹学》一书[6]和1993年由航空工业出版社出版的《作战飞机效能评估》一书[7]。前者对效能分析领域一些容易混淆的理论问题作了进一步澄清,对效能概念的形成、效能理论和方法的规范化起到了重要作用;后者系统总结了国内外作战效能评估方法,对实际开展效能评估工作有较大的参考价值。目前,效能分析理论和方法已经渗透到各种武器系统设计制造、系统分析和作战运用等各个方面,其应用越来越广泛[8-9],但在效能分析理论方面具有创新性的成果尚不多见,这反过来又制约了国内导弹作战效能分析总体水平的提高。

导弹武器毁伤效能是导弹武器最重要的单项效能,因而导弹武器毁伤效能分析是导弹武器作战效能分析的最主要内容。导弹武器毁伤效能分析包括毁伤效能评估和毁伤效能优化,本篇对导弹毁伤效能分析方法开展研究,而其中的重点是导弹毁伤效能优化方法。应用导弹毁伤效能分析方法,能够准确评估和有效提高导弹毁伤效能,从而从总体上提高对地攻击军事能力,而提高对地攻击军事能力具有战略、战术双重意义。

从战略上看,提高对地攻击军事能力具有以下意义:

(1)有利于维护国家统一。对地攻击能力的提高能从军事上有效震慑分裂势力,从而起到促进祖国统一的作用。

(2)有利于维护海洋权益。中国与多个国家存在海洋权益之争,这种争端一旦诉诸武力,必然要求具有较强的对地(海)攻击能力。

(3)有利于提高中国的国际地位。中国作为一个大国要在地区乃至世界事务中发挥应有作用,必然要求能够在较大范围内实现军事力量投射,而通过运用导弹提高对地面目标的远距离攻击能力正是实现这一目标的重要途径。

(4)有利于维护国家安全。我国周边国家军事实力增长很快,其导弹武器的性能近年来也有很大提高,这就要求必须尽快提高导弹对地攻击能力,以震慑潜在对手,保持和平稳定的周边环境。

(5)有利于维持战略机遇期。目前我国正处在国家发展的重要战略机遇期,但来自外部的安全威胁依然存在,只有以导弹武器作为不对称作战的重要手段,大力提高远距离对地攻击军事能力,才能打破强敌在军事上的绝对优势,努力实现战略平衡,为经济建设创造持续稳定的国际环境。

从战术上看,提高对地攻击军事能力具有以下意义:

(1)具有较强对地攻击能力的导弹可独立遂行作战任务,且能快速、方便、有效地达成作战意图,在此方面,美军已在多场战争中创下典型战例。

(2)具有较强对地攻击能力的导弹可在多军兵种联合作战中发挥重要作用,如:遂行战场封锁,对步兵的进攻作战实施火力支援等。

(3)具有较强对地攻击能力的导弹能灵活实现精确打击。精确打击既是减少平民伤亡的道义需求,也是提高打击效能的军事需求。现代精确制导技术为精确打击提供了可能。导弹能够通过陆基、海基及空基平台发射,从而更加灵活地实现对地面目标的精确打击,令对手防不胜防。

14.2　国内外研究现状

14.2.1　国内外导弹毁伤效能评估研究现状

在导弹武器作战效能评估领域,目前已经发展了多种方法,除了实际作战检验、靶场试验及演习外,基于模型的方法可归纳为以下几类:

(1)性能对比法。对几种武器系统的机动性、敏捷性以及射击精度、威力等性能进行比较,以此实现武器系统效能的优劣评价。这种方法不需要高深的数学理论,实现过程简单,在作战效能分析理论发展初期使用较多,其缺点是不易得出一个简单而又全面的武器系统效能指标。

(2)专家评分法。这种方法注重发挥专家知识在效能评估中的作用。其一般过程是选取最能反映武器系统效能的特征指标,由一组专家打分,最后通过对专家意见的处理,得到武器系统效能。这种方法在评定难以定量计算的指标时比较有效,缺点是主观因素过多,且评估结果只能给出相对比较,不能准确给出武器系统效能的差别程度。

(3)指数法。指数法源于经济活动,后被军事运筹分析人员引入军事领域。所谓武器系统效能指数是指用统一的尺度(标准)度量不同武器系统的作战效能而得到的相对数值。度量标准不同,指数值也不同。指数法具有结构简单,使用方便的特点,适于宏观分析和快速评估。以作战飞机为例,比较成功的效能指数模型有:

· 飞机空战效能指数模型:
$$C = [\ln B + \ln(\sum A_1 + 1) + \ln(\sum A_2)]\varepsilon_1 \varepsilon_2 \varepsilon_3 \varepsilon_4$$

· 飞机对地攻击效能指数模型:
$$D = [\ln(RR_e R_m R_n) + \ln(W_B P_a)]\varepsilon_4$$

· 飞机总体效能指数模型:
$$E = \alpha_1 C + \alpha_2 K_1 D$$

· 德国 D. 伊劳尔在 20 世纪 70 年代提出的空战能力指数模型:
$$L = \frac{SF^2 \cdot SEP \cdot M \cdot K \cdot W_a^3 \cdot B^4}{G^3 \cdot G_r \cdot V_w}$$

以上模型中参数含义及计算方法均见文献[9]和文献[10]。

指数法的不足是在效能参数选择、表达式类型等方面没有形成规则,且未考虑作战对抗因素。

(4)统计法。用数理统计方法,依据实战、演习、试验获得的大量统计资料评价和分析武器系统效能。统计法不但能得到效能指标评估值,而且能显示性能、作战规则对武器系统效能的影响,其结果比较准确,但需大量试验作基础,耗费太大,且时间较长。

(5) 作战模拟法。其实质是以计算机实验为手段,通过在给定数值条件下运行模型来进行作战仿真,得到的结果直接或经统计处理后得出武器系统效能评估值。模拟法能较详细地考虑影响实际作战过程的因素,对武器系统在对抗条件下效能评定具有不可替代的重要作用。其缺点是模拟中需消耗较多的计算资源,精度不易控制,且实现过程复杂。

(6) 解析法。根据描述效能指标与给定条件之间函数关系的解析表达式计算武器系统效能。广义地讲,指数法、专家评分法也属于解析法。解析法公式透明性好,易于理解,计算简单,且能够进行变量间关系的分析。其缺点是考虑因素少,而且解析法公式本身也不易得到[11-14]。

解析法模型的典型代表是由美国工业界武器系统效能咨询委员会建立的WSEIAC模型,模型表达式为

$$E = ADC$$

式中,E 为武器系统效能评估值;A 为武器系统有效性(可用性)向量;D 为武器系统可信赖性矩阵;C 为武器系统能力向量。

WSEIAC模型本质上是全概率公式,而武器系统效能评估值 E 本质上是武器系统完成规定任务的概率。目前,该模型已有一些新的推广[15]。

(7) 多指标综合评价法。常用的多指标综合评价法有概率综合法、线性加权和法、模糊综合评价法(FCE)、层次分析法(AHP)、理想点法以及多属性功效函数法(MAU)。用多指标综合评价法进行武器系统效能分析已有不少研究成果[16-17]。多指标综合评价法在效能与作战条件间不存在明确的函数关系时是一个有效手段,其缺点是权值不易确定,最终得到的效能评估值的物理意义也不甚清楚。目前,在权值确定方面,除了传统的主观法和客观法外,又发展了主客观综合赋权法[18-19]。

(8) DEA法。DEA(Data Envelopment Analysis)法是由 A.Charnes 和 W.W. Cooper 等人发展起来的一种评价方法。它应用数学规划模型计算比较决策单元之间的相对效率,对评价对象做出评价。该方法的一个主要特点是以方案的各输入输出指标的权重为变量,避免了事先确定各指标在优先意义下的权重,使之受不确定主观因素的影响较小。DEA法在作战效能分析中的主要作用是用于方案有效性评估。这方面已有一些成果[20-23],其中文献[22]用 DEA法探讨了美国军用飞机维护的有效性问题。

(9) SEA法。20 世纪 70 年代末至 80 年代中期,美国麻省理工学院(MIT)信息与决策系统实验室的 A.H.Levis 等人提出一种系统效能分析的 SEA 方法(System Effectiveness Analysis),该方法以系统能力与其任务使命的匹配程度来度量系统效能,是一种将系统能力与任务使命能力综合分析的方法,能够较为客观地评

估系统在环境和任务条件下所表现出来的效能。由于这一方法具有较强的分析能力和广泛适用性,因此很快在许多军事系统甚至民用系统的效能评估中得到应用。

(10)现代智能评估方法。常用的智能评估方法有人工神经网络法(Artificial Neural Network,ANN)、贝叶斯网络法(Bayesian Network)和支持向量机法(Support Vector Machine)。一般的作战效能评估方法在信息模糊、不完整、存在矛盾等复杂环境中往往难以适应,而现代智能评估方法则能跨越这一障碍,其非线性处理能力突破了基于线性处理的现有作战效能评估方法的局限,其中人工神经网络法由于发展历史较长,方法更为成熟,因而应用更为广泛,网络所具有的自学习能力使得传统上最困难的知识获取工作转变为网络的变结构调整过程。用ANN 评估作战效能代表了作战效能评估的智能化发展方向,目前已有一些成果[25-26],其中文献[25]研究了多机协同空战效能的 ANN 评估方法。

14.2.2　国内外导弹毁伤效能优化研究现状

目前,国内外有关导弹毁伤效能优化的研究尚不多见。国外的研究以俄罗斯的水平居于前列,而国内的研究[10-11,14,19]是从 20 世纪 90 年代开始起步的,至今所取得的成果还不够丰富。从少量的公开出版物来看,导弹毁伤效能优化研究的主要内容包括导弹研制方案总体优化和战术运用方案优化两个方面,而每一个方面又包含方案数有限和方案数无限两种情形[22-26]。在方案数有限的情形下,导弹毁伤效能优化本质上是不同方案的优劣比较,这可以通过运用 14.2.1 节中的方法对方案进行评估来实现;在方案数无限的情形下,通过运用数学规划、运筹学、图论、最优控制、微分对策等最优化理论和方法,建立函数极值、泛函极值等最优化数学模型,实现方案优化选择,从而达到效能优化目的。

虽然已经发展了多种导弹毁伤效能优化方法,但在导弹毁伤效能优化研究中仍然存在下列问题:

(1)导弹毁伤效能优化中相关概念的定义尚欠准确。此外,还存在着术语不一致、概念不统一的现象。如经常出现的"系统效能""作战效能""总体效能"和"作战效率"等概念,它们的内涵和外延均不甚明了。

(2)目前已经发展的导弹毁伤效能优化方法的任务针对性和环境适应性均需加强。这主要反映在效能指标不能完整体现作战效能与作战任务、作战环境之间的量化关系。如:针对具体作战任务,导弹武器的组织与运用方式对效能的影响;风、霜、雨、雪等不良气候以及地形、地貌等环境条件对作战效能的影响。

(3)在导弹毁伤效能优化模型的求解上缺乏有效算法,对大规模复杂优化模型尤为如此。目前,在作战效能优化模型求解中使用的算法主要有求解无约束优化问题的梯度法、Hessian 法和直接法;求解约束优化问题的梯度投影法、可行方向法、罚函数法等。这些算法存在以下不足:①对目标函数有较强的限制性要求,如连续、可微、单峰等；②算法结果对初始点选取依赖较大；③缺乏简单性和通用性；④对某些约束难以处理；⑤一般只能收敛到局部极优解。

在14.1节中已经述及，本篇的重点是导弹毁伤效能优化理论和方法，目的是从导弹武器战术运用的角度提高导弹毁伤效能，因而有必要对导弹毁伤效能优化概念及其主要问题作进一步探讨。

14.3 导弹毁伤效能优化的系统分析

14.3.1 导弹毁伤效能优化基本概念

定义14.1 导弹攻击 导弹攻击是指在考虑导弹的类型、数量、飞行状态、战斗部形式、瞄准精度、基本战术和目标的类型、易损性，使用导弹对目标实施射击的作战行动。

定义14.2 导弹作战效能 在一定的攻击条件下，导弹完成预定作战任务的程度称为导弹作战效能，其主要的单项效能为导弹毁伤效能。

定义14.3 导弹毁伤效能优化 运用试验、演习、数学模型以及其他模型化方法，以提高导弹毁伤效能为目标，对导弹武器系统设计方案、导弹作战行动方案以及导弹武器战术运用方案进行优化选择的过程或活动称为毁伤效能优化。

定义14.4 导弹毁伤效能分析 导弹毁伤效能评估与毁伤效能优化的总称。

导弹攻击是其作战行动全周期的一个阶段，毁伤效能是导弹的一个单项效能，而毁伤效能分析是导弹总体作战效能分析的基础之一。用模型化方法进行导弹作战效能分析时，必须针对每个阶段建立效能分析模型，所有模型构成一个闭合的模型链，称之为导弹作战效能分析模型体系，如图14.1所示，其中对地面目标的攻击模型和杀伤模型对应于毁伤效能分析。

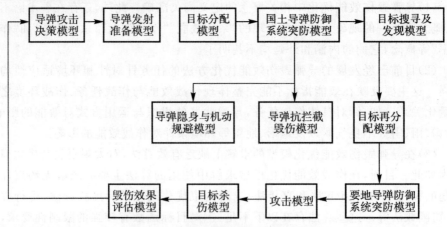

图 14.1 导弹作战效能分析模型体系

　　下面从导弹武器战术运用角度提出用模型化方法实现导弹毁伤效能优化的基本任务和基本问题。

14.3.2　导弹毁伤效能优化的基本任务

　　导弹毁伤效能优化任务可分为两类,即正向优化和逆向优化。

　　定义 14.5　毁伤效能正向优化　在给定的作战资源下,选择最佳的导弹攻击条件,使毁伤效能指标值最大,这一运筹决策过程称为毁伤效能正向优化。

　　定义 14.6　毁伤效能逆向优化　在给定的毁伤效能指标值下,选择最佳的导弹攻击条件,使作战资源的消耗最少,这一运筹决策过程称为毁伤效能逆向优化。

　　在以上定义中,作战资源指的是可出动的导弹发射平台数,本质上是可投射的导弹武器总量。导弹攻击条件包括导弹发射平台实施攻击条件和导弹武器射击条件,通常表现为待定参数组,而这些参数一旦确定,实际上就确定了一个战术运用方案,因此,导弹攻击条件的优选也可视为导弹战术运用方案的优选。

　　运用模型化方法实现导弹毁伤效能优化的过程可用流程图简略表示,如图 14.2 和图 14.3 所示,其中最为关键的就是毁伤效能优化模型的建立及其解算。

图 14.2　导弹毁伤效能正向优化流程

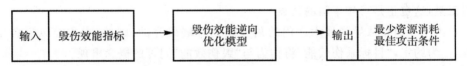

图 14.3　导弹毁伤效能逆向优化流程

　　可以对导弹毁伤效能优化模型进行形式化描述。

　　毁伤效能正向优化模型:

$$\max \quad E = f_E(L_1, L_2, \cdots, L_m)$$
$$\text{s.t.} \quad N \leqslant N_0$$

式中,E 代表毁伤效能指标;决策变量 $L_1, L_2, \cdots, L_m$ 为表征导弹攻击条件的一组待定参数;N 为可投射弹量;N_0 为投射弹量的限制常数;f_E 为 E 与 $L_i (i = 1, 2, \cdots, m)$ 之间的函数关系。

　　毁伤效能逆向优化模型:

$$\min \quad N = f_N(L_1, L_2, \cdots, L_m)$$
$$\text{s.t.} \quad E \geqslant E_0$$

式中，f_N 表示 N 与 $L_i(i=1,2,\cdots,m)$ 之间的函数关系；E_0 表示毁伤效能限制常数。

14.3.3 导弹毁伤效能优化的基本问题

根据地面目标特性和攻击任务的不同，可以将导弹毁伤效能优化问题概括为以下 5 类：

(1)战略目标选择问题。目标选择问题实质上是目标重要性评估，这是毁伤效能优化中最高层次的决策问题，具有宏观意义。

(2)导弹投射数量优化问题。这类问题见于对各类地面目标的攻击中。

(3)导弹火力规划问题。火力规划问题本质上是大规模多层次火力分配问题，见于对单个一体化地面目标多波次攻击和对多个地面目标多波次攻击中。

(4)导弹火力分配问题。这类问题见于对已选定的某个稀疏目标系的导弹攻击中。

(5)导弹瞄准点选择问题。对已选定的面积目标或密集多目标系攻击时，要选择最佳瞄准点，以提高导弹毁伤效能。

导弹攻击的终端效应是目标毁伤，这与一般的陆基制导武器是一致的，而文献[27]已证明：目标毁伤效能优化问题是复杂非线性、多峰问题，而且大多数都是高度非凸的，因此，毁伤效能优化研究中的一个迫切课题是发展智能化问题求解技术，以克服多峰优化模型求解的局部极优障碍和大规模优化模型求解的可计算性问题，而遗传算法[28](Genetic Algorithm，GA)因其独特的优点有望成为一个有力工具，这也正是写作本篇的初衷。

由于本篇是从导弹战术运用的角度出发开展研究的，因此，在本篇以后各章中，作为约定，"目标杀伤效能"将作为与"毁伤效能"同等的概念出现。

14.4　本篇主要内容

本篇针对导弹毁伤效能优化的基本问题，从导弹武器战术运用角度出发，以实现导弹毁伤效能智能优化为目的开展研究，主要内容包括以下几个方面：

(1)导弹毁伤效能分析导论。首先定义了导弹攻击、毁伤效能以及毁伤效能分析等基本概念，在此基础上，形成了用模型化方法进行导弹毁伤效能分析的模型体系，分析了导弹毁伤效能优化的基本任务和基本问题，把导弹毁伤效能优化科学地划分为正向优化和逆向优化，并给出了形式化描述。

(2)导弹毁伤效能的随机型与模糊型指标。系统定义了导弹广义射击、各种类型地面目标等毁伤效能优化中的基本概念，概括和总结了度量导弹毁伤效能的随机型指标，并对其中一部分指标提出了新算法。针对毁伤效能随机型指标存在的不足,提出了一种新型毁伤效能指标——模糊型指标,并给出了对各种类型地面目标射击时,相应的毁伤效能模糊型指标计算方法。随机型指标与模糊型指标相辅相成,构成完整的毁伤效能指标体系,使导弹毁伤效能度量更为全面和准确。

(3)基于效果的导弹毁伤效能评估。对常规导弹毁伤目标进行了具体分类,在物理毁伤效能指标的基础上,分析提出了系统失效率和心理瓦解程度等基于效果的毁伤效能新指标,并给出了包括物理毁伤效能指标在内的三类毁伤效能指标的评估方法及示例。

(4)基于效果的导弹毁伤效能优化。分析了传统的基于毁伤的火力分配模型及求解算法的不足,以导弹毁伤效能优化为目标,建立了基于效果的导弹火力优化分配模型,并对传统火力分配算法进行改进,提出了求解基于效果的导弹火力分配模型的遗传模拟退火算法,然后根据各类目标的特点,进行了基于效果的导弹火力优化分配仿真计算。

参 考 文 献

[1]　DIDONATE A R,JARNAGIN M P. A Method for Computing the Generalized Circular Error Function and the Circular Coverage Function [R]. AD270739.

[2]　高晓光.作战效能分析的基本问题[J].火力与指挥控制,1998,23(1):56 - 59.

[3]　勒列宾.航空可控武器的作战效能[M].莫斯科:莫斯科航空学院出版社,1985.

[4]　伊合叶夫.航空综合体的效能分析与综合基础[M].莫斯科:莫斯科航空学院出版社,1983.

[5]　乌里金.地空导弹综合火力控制[M].莫斯科:莫斯科军事出版社,1987.

[6]　张最良.军事运筹学[M].北京:军事科学出版社,1993.

[7]　朱宝鎏.作战飞机效能评估[M].北京:航空工业出版社,1993.

[8]　李廷杰.射击效能[M].北京:北京航空航天大学出版社,1997.

[9]　袁克余.武器系统效能研究中几个问题的探讨[J].系统工程与电子技术,1991(6):58 - 63.

[10]　王和平.飞机总体参数与作战效能的关系研究[J].航空学报,1994,15(9):1077 - 1080.

[11]　张安,佟明安.空地航空子母弹毁伤效能分析建模研究[J].火力与指挥控制,2000,25(1):22 - 25.

[12]　杨秀珍,等.战场环境下 C^{3}I 系统效能研究[J].火力与指挥控制,2000,25(1):39 - 43.

[13] BOUTHNNIER V, LEVIS A H. Effectiveness Analysis of C^3I system [J]. IEEE Trans on SMC,1984,14(1):127-135.

[14] 罗继勋,高晓光.机群对地攻击分析动力学模型建立及仿真分析[J].火力与指挥控制,2000,25(1):51-53.

[15] KATZW. Distributed interactive Simulation, Interoperability is Key to Success in Simulation Working[J]. Defense Electronics,1994,26(6):61-66.

[16] RIEGER L M. An Army View Toward Future Training[C]. Proceedings of the 1994 Summer Computer Simulation conference,1994:544-549.

[17] 王宏伦.智能控制理论在多机协同空战分析中的应用研究[D].西安:西北工业大学,1998.

[18] 罗继勋.截击机作战效能分析及其系统优化[D].西安:西北工业大学,2000.

[19] 艾剑良.多任务攻击型航空综合体作战效能评估的理论与方法研究[D].西安:西北工业大学,1997.

[20] 刘栋,等.武器系统方案评价与决策的 DEA 模型[J].军事系统工程,1996(1):12-16.

[21] 李东胜,朱定栋.用 DEA 法解决武器装备论证中装备结构优化问题[C].国防系统分析专业组'1994 年会论文集,1994.

[22] BOWLIN W F. Evaluating the Efficiency of USA Air Force Real-Property Maintenance Activities[J]. J. Opl. Journal of Operational Research Society. Soc.,1987,38(1):127-135.

[23] 徐培德.武器研制方案评估的 DEA 方法[R].国防科技资料,GF75377,1989.

[24] FLEMINGS G H. A Decision Theoretic Approach to Recommending Action In the Air to Ground Aircraft of The Future[R]. AD,A248158.

[25] 李林森.多机协同空战系统的综合智能控制[D].西安:西北工业大学,2000.

[26] 练永庆,等.基于 ANN 的武器作战效能评估方法[C].军事运筹学会 1998 年会论文集,1998.

[27] EDMUND G B. An Investigation of Optimal Aimpoint for Multiple Nuclear Weapons Against Installation in A Target Complex[R]. AD A141034.

[28] DASGUPTE D, MICHALEWICA Z. Evolutionary Algorithms in Engineering Applications[M]. Berlin: Springer,1997.

第15章　导弹毁伤效能的随机型与模糊型指标

15.1　引　　言

正确选择效能指标并提出相应计算方法是毁伤效能分析中的一项基础性工作,同时,由于效能指标选取恰当与否直接关系到效能度量的准确性,所以这项工作也显得十分重要。在以往的武器系统射击效能分析中(包括导弹武器射击效能分析),根据射击任务及目标特性,选取下列三类随机型指标[1-3]:

(1)完成任务的概率 $P(A)$,其中 A 表示完成任务这一随机事件。

(2)目标的平均相对损伤 $M[U]$,其中 U 表示"目标相对损伤"这一随机变量。

(3)目标相对损伤程度不低于给定值的概率 $P_u = P\{U \geqslant u\}$。

以上三类随机型指标简单明了,较好地反映了弹着点的随机性对杀伤效能的影响,但仍有其不足。随机型指标的提出与计算实际上是基于二值杀伤判断的,即没有考虑到射弹杀伤边界的模糊性。此外,随机型指标也未考虑到目标"损伤"的多值性,因而不能体现出目标损伤程度的差异。为此,本章以导弹武器毁伤效能为研究对象,在系统定义各种随机型效能指标并提出相应计算方法的基础上,提出毁伤效能模糊型(Fuzzy)指标及其计算方法的新理论。随机型指标与模糊型指标恰当地反映了毁伤效能的两个不同侧面,同时,模糊型指标的多值性弥补了随机型指标二值性的缺陷,而随机型指标的简洁性弥补了模糊型指标不够直观的缺陷,二者相辅相成,使毁伤效能度量更加全面和准确。本章的内容将为后续各章中对各种地面目标射击毁伤效能解析优化模型的建立打下基础。

15.2　基　本　概　念

15.2.1　广义射击

定义 15.1　广义射击　从陆基、海基及空基等平台发射各种导弹的作战行动总称为广义射击。通常广义射击的毁伤效能以目标所遭受的损伤来度量。

在广义射击概念下,进行毁伤效能分析时无须区分导弹的具体类型,而仅需根据导弹战斗部作用机理的不同区别为远距作用式和撞击作用式两类[3]。在本书以后的论述中，将各种导弹均简称为导弹。

15.2.2　目标分类

通常在作战效能分析中，根据目标组成及几何特性的不同，将目标划分为四类：单个小目标、线目标、面积目标及集群目标。

定义 15.2　单个小目标　具有一定职能的、单个的、尺寸较小的目标称为单个小目标，如一架飞机、一艘舰艇、一辆坦克等。

用撞击作用式导弹攻击单个小目标时，必须考虑目标的几何形状。当用远距作用式导弹（简称远距弹）攻击单个小目标时，若单个小目标幅员小于远距弹作用范围的 1/25 时，可不必考虑单个小目标的形状，此时又称单个小目标为点目标。

定义 15.3　线目标　若目标形状呈带状，且其幅宽小于长度的 1/10 时，称为线目标。

定义 15.4　面积目标　一组不能确知坐标而只知分布区域的单个小目标或一个本身几何形状即呈面状且幅员较大的目标称为面积目标，如机场跑道、停机坪、导弹发射场等。

定义 15.5　集群目标　具有一定组织方式、有相互联系的单个小目标的集合称为一个集群目标。集群目标有坦克群、飞机群等。

集群目标又分为密集型和疏散型两类。如果对集群目标中某个目标的射击不会影响对其他目标的射击结果，称其为疏散型集群目标，反之，称其为密集型集群目标。集群目标中以点目标群最为典型。

15.3　导弹毁伤效能随机型指标及其计算

15.3.1　对单个小目标毁伤效能随机型指标

对单个小目标射击的任务是要击毁目标，因此射击效能指标取为击毁目标的概率 $P(A)$，其中 A 表示"击毁目标"这一随机事件。

远距作用式导弹与撞击作用式导弹对目标击毁概率的计算方法是不同的。

对远距作用式导弹，$P(A)$ 的通式为

$$P(A) = \int_{-\infty}^{+\infty} \int_{-\infty}^{+\infty} G(x,y) f(x,y) \mathrm{d}x \, \mathrm{d}y \tag{15.1}$$

式中，$G(x,y)$ 表示坐标毁伤律；$f(x,y)$ 为弹着点散布律，通常为二维正态分布。

为简便起见，在远距作用弹的射击效能计算中，需要引入广义目标概念。

定义 15.6　广义目标　单个小目标相对某一远距作用式导弹的肯定击毁区

域称为该目标的广义目标。

在广义目标概念下，$P(A)$ 的计算归结为弹着点位于广义目标上的概率计算：

$$P(A) = \iint_{S_h} f(x, y) \, dx \, dy \tag{15.2}$$

式中，S_h 表示广义目标。特别地，当射弹的杀伤无方向性且目标尺寸较小时，S_h 为以目标中心 (x_0, y_0) 为圆心的一个圆域，其方程为 $(x - x_0)^2 + (y - y_0)^2 \leqslant R_n^2$，其中 R_n 表示射弹杀伤半径。

远距作用式导弹对点目标的击毁概率计算与之类似。

对于撞击作用式导弹，通常必须命中目标才有可能击毁目标，此时 $P(A)$ 的通式为

$$P(A) = P_m P_h \tag{15.3}$$

式中，P_m 表示撞击作用式导弹命中目标概率；P_h 表示命中后击毁目标的概率，由条件毁伤律决定。

P_m 的通式为

$$P_m = \iint_{S_m} f(x, y) \, dx \, dy \tag{15.4}$$

式中，S_m 表示目标在散布平面的投影区域。

P_h 由下式决定：

$$P_h = \frac{1}{\omega}$$

式中，ω 表示平均必须命中数。

在 P_h 的具体计算中，一般需考虑目标的几何外形，典型目标有矩形、椭圆形、圆形等，此时计算较复杂。以中心在坐标原点的矩形目标为例，给出正态散布律下命中概率 P_m 计算式如下：

$$P_m = \frac{1}{4} \left[\Phi\left(\frac{\bar{x} + L_x/2}{\sqrt{2}\,\sigma_x} \right) - \Phi\left(\frac{\bar{x} - L_x/2}{\sqrt{2}\,\sigma_x} \right) \right] \left[\Phi\left(\frac{\bar{y} + L_y/2}{\sqrt{2}\,\sigma_y} \right) - \Phi\left(\frac{\bar{y} - L_y/2}{\sqrt{2}\,\sigma_y} \right) \right]$$

$$\tag{15.5}$$

式中，$\bar{x}$，$\bar{y}$ 为射弹散布中心坐标；L_x，L_y 为矩形目标的两条边长；σ_x，σ_y 为弹着点坐标的均方差；$\Phi(z)$ 为拉普拉斯函数，表达式为

$$\Phi(z) = \frac{2}{\sqrt{2\pi}} \int_0^z \exp\left(-\frac{t_2}{2} \right) dt$$

若目标体积较大，则需考虑空间散布，此时 P_m 计算式为

$$P_m = \iiint_{\Omega} f(x, y, z) \, dx \, dy \, dz \tag{15.6}$$

式中，$f(x, y, z)$ 为弹着点散布律；Ω 为目标所在的空域。

典型的三维目标有圆柱体、长方体、椭球体及球体等。

作为对单个小目标射击毁伤效能指标计算的典型示例，下面给出远距作用式导弹在高斯毁伤律下对点目标击毁概率的新型算法。

设导弹落点散布为正态分布：

$$f(x,y)=\frac{1}{2\pi\sigma_x\sigma_y}e^{-\frac{1}{2}\left[\left(\frac{x-a}{\sigma_x}\right)^2+\left(\frac{y-b}{\sigma_y}\right)^2\right]} \tag{15.7}$$

式中，σ_x，σ_y 为散布标准差；(a,b) 为散布中心坐标。

高斯毁伤律为

$$G(x,y)=e^{-\frac{1}{2\sigma_k^2}(x^2+y^2)} \tag{15.8}$$

其中，σ_k 为扩散高斯毁伤参数，它随目标类型、武器型号和爆炸方式而定。

将式(15.7)、式(15.8) 代入式(15.1) 得

$$
\begin{aligned}
P(A)&=\int_{-\infty}^{+\infty}\int_{-\infty}^{+\infty}G(x,y)f(x,y)\mathrm{d}x\,\mathrm{d}y\\
&=\frac{1}{2\pi\sigma_x\sigma_y}\int_{-\infty}^{+\infty}\int_{-\infty}^{+\infty}e^{-\frac{x^2+y^2}{2\sigma_k^2}}e^{-\frac{1}{2}\left[\frac{(x-a)^2}{\sigma_x^2}+\frac{(y-b)^2}{\sigma_y^2}\right]}\mathrm{d}x\,\mathrm{d}y\\
&=\frac{1}{2\pi\sigma_x\sigma_y}\int_{-\infty}^{+\infty}\int_{-\infty}^{+\infty}e^{-\frac{1}{2}\left[\frac{x^2+y^2}{\sigma_k^2}+\frac{(x-a)^2}{\sigma_x^2}+\frac{(y-b)^2}{\sigma_y^2}\right]}\mathrm{d}x\,\mathrm{d}y
\end{aligned} \tag{15.9}
$$

下面只给出当导弹落点为椭圆散布，瞄准点不在原点，即 $\sigma_x\neq\sigma_y$，$(a,b)\neq(0,0)$ 时的公式。其他各种情况为这种情形的特殊形式，可由这种情况的结果很容易地导出。

由于 $P(A)=\dfrac{1}{2\pi\sigma_x\sigma_y}\displaystyle\int_{-\infty}^{+\infty}\int_{-\infty}^{+\infty}e^{-\frac{1}{2}\left[\frac{x^2+y^2}{\sigma_k^2}+\frac{(x-a)^2}{\sigma_x^2}+\frac{(y-b)^2}{\sigma_y^2}\right]}\mathrm{d}x\,\mathrm{d}y$

将其分解得

$$
\begin{aligned}
P(A)&=\frac{1}{2\pi\sigma_x\sigma_y}\int_{-\infty}^{+\infty}\int_{-\infty}^{+\infty}\exp\left\{-\frac{1}{2}\left[\frac{x^2}{\sigma_k^2}+\frac{y^2}{\sigma_k^2}+\frac{x^2-2ax+a^2}{\sigma_x^2}+\right.\right.\\
&\qquad\left.\left.\frac{y^2-2by+b^2}{\sigma_y^2}\right]\right\}\mathrm{d}x\,\mathrm{d}y\\
&=\frac{1}{2\pi\sigma_x\sigma_y}\int_{-\infty}^{+\infty}\int_{-\infty}^{+\infty}\exp\left\{-\frac{1}{2}\left[\frac{x^2}{\sigma_k^2}+\frac{x^2}{\sigma_x^2}-\frac{2ax}{\sigma_x^2}+\frac{a^2}{\sigma_x^2}\right]-\right.\\
&\qquad\left.\frac{1}{2}\left[\frac{y^2}{\sigma_k^2}+\frac{y^2}{\sigma_y^2}-\frac{2by}{\sigma_y^2}+\frac{b^2}{\sigma_y^2}\right]\right\}\mathrm{d}x\,\mathrm{d}y\\
&=\frac{1}{2\pi\sigma_x\sigma_y}\int_{-\infty}^{+\infty}\int_{-\infty}^{+\infty}\exp\left\{-\frac{1}{2}\left[\frac{(\sigma_k^2+\sigma_x^2)x^2}{\sigma_k^2\sigma_x^2}-\frac{2ax}{\sigma_x^2}+\frac{(\sigma_k^2+\sigma_x^2)a^2}{(\sigma_k^2+\sigma_x^2)\sigma_x^2}\right]-\right.\\
&\qquad\left.\frac{1}{2}\left[\frac{(\sigma_k^2+\sigma_y^2)y^2}{\sigma_k^2\sigma_y^2}-\frac{2by}{\sigma_y^2}+\frac{(\sigma_k^2+\sigma_y^2)b^2}{(\sigma_k^2+\sigma_y^2)\sigma_y^2}\right]\right\}\mathrm{d}x\,\mathrm{d}y\\
&=\frac{1}{2\pi\sigma_x\sigma_y}\int_{-\infty}^{+\infty}\int_{-\infty}^{+\infty}\exp\left\{-\frac{1}{2}\left[\frac{(\sigma_k^2+\sigma_x^2)x^2}{\sigma_k^2\sigma_x^2}-\frac{2ax}{\sigma_x^2}+\frac{a^2}{\sigma_x^2}+\frac{\sigma_k^2a^2}{(\sigma_k^2+\sigma_x^2)\sigma_x^2}\right]-\right.
\end{aligned}
$$

$$\frac{1}{2}\left[\frac{(\sigma_k^2+\sigma_y^2)y^2}{\sigma_k^2\sigma_y^2}-\frac{2by}{\sigma_y^2}+\frac{b^2}{\sigma_k^2+\sigma_y^2}+\frac{\sigma_k^2b^2}{(\sigma_k^2+\sigma_y^2)\sigma_y^2}\right]\Big\}\,\mathrm{d}x\,\mathrm{d}y$$

$$=\frac{1}{2\pi\sigma_x\sigma_y}\int_{-\infty}^{+\infty}\int_{-\infty}^{+\infty}\exp\Big\{-\frac{1}{2}\left[\frac{a^2}{\sigma_k^2+\sigma_x^2}+\frac{b^2}{\sigma_k^2+\sigma_y^2}\right]-$$

$$\frac{1}{2}\left[\frac{(\sigma_k^2+\sigma_x^2)x^2}{\sigma_k^2\sigma_x^2}-\frac{2ax}{\sigma_x^2}+\frac{\sigma_k^2a^2}{(\sigma_k^2+\sigma_x^2)\sigma_x^2}\right]-$$

$$\frac{1}{2}\left[\frac{(\sigma_k^2+\sigma_y^2)y^2}{\sigma_k^2\sigma_y^2}-\frac{2by}{\sigma_y^2}+\frac{\sigma_k^2b^2}{(\sigma_k^2+\sigma_y^2)\sigma_y^2}\right]\Big\}\,\mathrm{d}x\,\mathrm{d}y$$

提出常数项 $\exp\Big\{-\dfrac{1}{2}\left[\dfrac{a^2}{\sigma_k^2+\sigma_x^2}+\dfrac{b^2}{\sigma_k^2+\sigma_y^2}\right]\Big\}$ 得

$$P(A)=\frac{1}{2\pi\sigma_x\sigma_y}\mathrm{e}^{-\frac{1}{2}\left[\frac{a^2}{\sigma_k^2+\sigma_x^2}+\frac{b^2}{\sigma_k^2+\sigma_y^2}\right]}\int_{-\infty}^{+\infty}\int_{-\infty}^{+\infty}\exp\Big\{-\frac{1}{2}\left[\frac{(\sigma_k^2+\sigma_x^2)x^2}{\sigma_k^2\sigma_x^2}-\frac{2ax}{\sigma_x^2}+\right.$$

$$\left.\frac{\sigma_k^2a^2}{(\sigma_k^2+\sigma_x^2)\sigma_x^2}\right]-\frac{1}{2}\left[\frac{(\sigma_k^2+\sigma_y^2)y^2}{\sigma_k^2\sigma_y^2}-\frac{2by}{\sigma_y^2}+\frac{\sigma_k^2b^2}{(\sigma_k^2+\sigma_y^2)\sigma_y^2}\right]\Big\}\,\mathrm{d}x\,\mathrm{d}y$$

变换后得

$$P(A)=\frac{1}{2\pi\sigma_x\sigma_y}\mathrm{e}^{-\frac{1}{2}\left[\frac{a^2}{\sigma_k^2+\sigma_x^2}+\frac{b^2}{\sigma_k^2+\sigma_y^2}\right]}\int_{-\infty}^{+\infty}$$

$$\int_{-\infty}^{+\infty}\exp\Big\{-\frac{1}{2}\frac{\sigma_k^2+\sigma_x^2}{\sigma_k^2\sigma_x^2}\left[x^2-\frac{2ax\sigma_k^2}{(\sigma_k^2+\sigma_x^2)}+\frac{(\sigma_k^2a)^2}{(\sigma_k^2+\sigma_x^2)^2}\right]-$$

$$\frac{1}{2}\frac{\sigma_k^2+\sigma_y^2}{\sigma_k^2\sigma_y^2}\left[y^2-\frac{2by\sigma_k^2}{\sigma_k^2+\sigma_y^2}+\frac{(\sigma_k^2b)^2}{(\sigma_k^2+\sigma_y^2)^2}\right]\Big\}\,\mathrm{d}x\,\mathrm{d}y$$

$$=\frac{1}{2\pi\sigma_x\sigma_y}\mathrm{e}^{-\frac{1}{2}\left[\frac{a^2}{\sigma_k^2+\sigma_x^2}+\frac{b^2}{\sigma_k^2+\sigma_y^2}\right]}\int_{-\infty}^{+\infty}\int_{-\infty}^{+\infty}\exp\Big\{-\frac{1}{2}\frac{\sigma_k^2+\sigma_x^2}{\sigma_k^2\sigma_x^2}\left(x-\frac{\sigma_k^2a}{\sigma_k^2+\sigma_x^2}\right)^2-$$

$$\frac{1}{2}\frac{\sigma_k^2+\sigma_y^2}{\sigma_k^2\sigma_y^2}\left(y-\frac{\sigma_k^2b}{\sigma_k^2+\sigma_y^2}\right)^2\Big\}\,\mathrm{d}x\,\mathrm{d}y \tag{15.10}$$

现在的问题是求出式(15.10)中的积分。为简化起见,令

$$A=\frac{\sigma_x^2+\sigma_k^2}{\sigma_k^2\sigma_x^2},\ A_1=\frac{\sigma_k^2a}{\sigma_k^2+\sigma_x^2}$$

$$B=\frac{\sigma_y^2+\sigma_k^2}{\sigma_k^2\sigma_y^2},\ B_1=\frac{\sigma_k^2b}{\sigma_k^2+\sigma_y^2}$$

则式(15.10)变为

$$P(A)=\frac{1}{2\pi\sigma_x\sigma_y}\mathrm{e}^{-\frac{1}{2}\left[\frac{a^2}{\sigma_k^2+\sigma_x^2}+\frac{b^2}{\sigma_k^2+\sigma_y^2}\right]}\int_{-\infty}^{+\infty}\cdot$$

$$\int_{-\infty}^{+\infty}\exp\Big\{-\frac{1}{2}A\left(x-A_1\right)^2-\frac{1}{2}B\left(y-B_1\right)^2\Big\}\,\mathrm{d}x\,\mathrm{d}y \tag{15.11}$$

变换后得

$$P = \frac{1}{2\pi\sigma_x\sigma_y} e^{-\frac{1}{2}\left[\frac{a^2}{\sigma_k^2+\sigma_x^2} + \frac{b^2}{\sigma_k^2+\sigma_y^2}\right]} \int_{-\infty}^{+\infty} \exp\left\{-\frac{1}{2}A\ (x-A_1)^2\right\} \mathrm{d}x \cdot$$

$$\int_{-\infty}^{+\infty} \exp\left\{-\frac{1}{2}B\ (y-B_1)^2\right\} \mathrm{d}y \tag{15.12}$$

考虑到积分 $\int_{-\infty}^{+\infty} \exp\left\{-\frac{1}{2}A\ (x-A_1)^2\right\} \mathrm{d}x$ 与 $\int_{-\infty}^{+\infty} \exp\left\{-\frac{1}{2}B\ (y-B_1)^2\right\} \mathrm{d}y$ 是等价的,只要求出其中一个即可。

对积分 $\int_{-\infty}^{+\infty} \exp\left\{-\frac{1}{2}A\ (x-A_1)^2\right\} \mathrm{d}x$,令

$$u = \sqrt{A}\ (x-A_1)$$

则

$$x = \frac{u}{\sqrt{A}} + A_1$$

$$\mathrm{d}x = \frac{1}{\sqrt{A}}\mathrm{d}u$$

那么

$$\int_{-\infty}^{+\infty} \exp\left\{-\frac{1}{2}A\ (x-A_1)^2\right\} \mathrm{d}x = \int_{-\infty}^{+\infty} \exp\left\{-\frac{u^2}{2}\right\} \frac{1}{\sqrt{A}}\mathrm{d}u$$

$$= \frac{1}{\sqrt{A}} \int_{-\infty}^{+\infty} \exp\left\{-\frac{u^2}{2}\right\} \mathrm{d}u \tag{15.13}$$

已知 $\int_0^{+\infty} \mathrm{e}^{-x^2}\mathrm{d}x = \frac{\sqrt{\pi}}{2}$,则

$$\frac{1}{\sqrt{A}} \int_{-\infty}^{+\infty} \exp\left\{-\frac{u^2}{2}\right\} \mathrm{d}u = \frac{\sqrt{2}}{\sqrt{A}} \int_{-\infty}^{+\infty} \exp\left\{-\left(\frac{u}{\sqrt{2}}\right)^2\right\} \mathrm{d}\left(\frac{u}{\sqrt{2}}\right)$$

$$= \frac{\sqrt{2}}{\sqrt{A}} \left[\int_{-\infty}^{0} \mathrm{e}^{-\left(\frac{u}{\sqrt{2}}\right)^2} \mathrm{d}\left(\frac{u}{\sqrt{2}}\right) + \int_{0}^{+\infty} \mathrm{e}^{-\left(\frac{u}{\sqrt{2}}\right)^2} \mathrm{d}\left(\frac{u}{\sqrt{2}}\right)\right]$$

$$\tag{15.14}$$

$$= \frac{\sqrt{2}}{\sqrt{A}} \left[\frac{\sqrt{\pi}}{2} + \frac{\sqrt{\pi}}{2}\right] = \sqrt{\frac{2\pi}{A}}$$

即

$$\int_{-\infty}^{+\infty} \exp\left\{-\frac{1}{2}A\ (x-A_1)^2\right\} \mathrm{d}x = \sqrt{\frac{2\pi}{A}} \tag{15.15}$$

同理,

$$\int_{-\infty}^{+\infty} \exp\left\{-\frac{1}{2}B\ (y-B_1)^2\right\} \mathrm{d}y = \sqrt{\frac{2\pi}{B}} \tag{15.16}$$

将式(15.15)、式(15.16)代入式(15.12)得

$$P(A) = \frac{1}{2\pi\sigma_x\sigma_y} e^{-\frac{1}{2}\left[\frac{a2}{\sigma_k^2+\sigma_x^2}+\frac{b2}{\sigma_k^2+\sigma_y^2}\right]} \sqrt{\frac{2\pi}{A}}\sqrt{\frac{2\pi}{B}} \qquad (15.17)$$

将 $A = \frac{\sigma_x^2+\sigma_k^2}{\sigma_k^2\sigma_x^2}, B = \frac{\sigma_y^2+\sigma_k^2}{\sigma_k^2\sigma_y^2}$ 代入式(15.17),整理得

$$P(A) = \frac{\sigma_k^2}{\sqrt{(\sigma_k^2+\sigma_x^2)(\sigma_k^2+\sigma_y^2)}} e^{-\frac{1}{2}\left[\frac{a2}{\sigma_k^2+\sigma_x^2}+\frac{b2}{\sigma_k^2+\sigma_y^2}\right]} \qquad (15.18)$$

式(15.18)就是扩散高斯毁伤律下,单弹对点目标的毁伤概率。

当瞄准点在目标中心,即($a=0,b=0$)时,式(15.18)简化为

$$P(A) = \frac{\sigma_k^2}{\sqrt{(\sigma_k^2+\sigma_x^2)(\sigma_k^2+\sigma_y^2)}} \qquad (15.19)$$

以上讨论的是单弹条件下击毁单个小目标概率 $P(A)$ 的计算,至于多弹条件下 $P(A)$ 的计算可在单弹击毁概率的基础上得到[1-3]。

15.3.2　对线目标毁伤效能随机型指标

对线目标射击毁伤效能随机型指标取平均相对杀伤长度 $M[l]$。对于中心在原点且位置与 X 轴重合的直线目标,单弹条件下 $M[l]$ 表达式如下:

$$M[l] = \frac{E_x}{4L_d}\left[\overset{\wedge}{\Psi}\left(\frac{L_d+L_x+x_0}{E_x}\right) + \overset{\wedge}{\Psi}\left(\frac{L_d+L_x-x_0}{E_x}\right) - \overset{\wedge}{\Psi}\left(\frac{L_d-L_x+x_0}{E_x}\right) - \overset{\wedge}{\Psi}\left(\frac{L_d-L_x-x_0}{E_x}\right)\right] \qquad (15.20)$$

式中,L_d 为线目标长度;x_0 为瞄准点横坐标;E_x 为导弹的横向概率偏差(沿 X 轴);L_x 为导弹杀伤幅员等效矩形的 1/2 宽度。

$\overset{\wedge}{\Psi}(Z)$ 为简化的拉普拉斯函数积分,公式为

$$\overset{\wedge}{\Psi}(Z) = \int_0^z \overset{\wedge}{\Phi}(t)\mathrm{d}t = z\overset{\wedge}{\Phi}(Z) - \frac{1}{\rho\sqrt{\pi}}\left[1 - \exp(-\rho^2 x^2)\right] \qquad (15.21)$$

其中,$\overset{\wedge}{\Phi}(t)$ 是简化的拉普拉斯函数。

15.3.3　对面积目标毁伤效能随机型指标

对面积目标射击一般采用远距作用式导弹以求得最大的杀伤效果,此时,毁伤效能随机型指标取平均相对杀伤面积 $M[\overline{s_h}] = M\left[\frac{s_h}{s}\right]$,式中 s_h 表示杀伤面积,s 表示目标面积,此外,也可以用达到给定相对杀伤面积的概率 $P_u\{\overline{s_h} \geqslant u\}$ 作为效能指标,式中 u 为给定的相对杀伤面积限额。

设弹着点散布律为 $f(x,y)$,面积目标所在区域记为 S_A,则导弹对 S_A 上以任

一点(x',y')为中心的面积元(相对于S_A,该面积元又称为元目标即最小杀伤单元)的杀伤概率为

$$P(x',y') = \int_{-\infty}^{+\infty}\int_{-\infty}^{+\infty} G(x-x',y-y')f(x,y)\mathrm{d}x\,\mathrm{d}y \qquad (15.22)$$

则单弹的平均相对杀伤面积为

$$M\left[\frac{s_h}{s}\right] = \frac{1}{s}\iint_{S_A}\left[\int_{-\infty}^{+\infty}\int_{-\infty}^{+\infty} G(x-x',y-y')f(x,y)\mathrm{d}x\,\mathrm{d}y\right]\mathrm{d}x'\mathrm{d}y' \quad(15.23)$$

对于n次集群射击,需分独立射击与相关射击两种情况来考虑。

在n次独立射击下,总的平均相对杀伤面积为

$$M_n\left[\frac{s_h}{s}\right] = \frac{1}{s}\iint_{S_A}\left\{1-\prod_{i=1}^{n}\left[1-P_i(x',y')\right]\right\}\mathrm{d}x'\mathrm{d}y' \qquad (15.24)$$

式中,$P_i(x',y')$表示第i发弹对元目标(x',y')的杀伤概率,其计算式与单弹情形相同。

在n次相关射击下,总的平均相对杀伤面积为

$$M_n\left[\bar{s}_h\right] = \frac{1}{s}\iiint_{S_A}\int_{-\infty}^{+\infty}\int_{-\infty}^{+\infty}\left\{1-\prod_{i=1}^{n}\left[1-P_i(x',y',x_G,y_G)\right]\right\}\times$$
$$\varphi_G(x_G,y_G)\mathrm{d}x_G\mathrm{d}y_G\mathrm{d}x'\mathrm{d}y' \qquad (15.25)$$

式中,(x_G,y_G)表示固定的集体随机误差;$\varphi_G(x_G,y_G)$表示集体误差的分布密度函数;$P_i(x',y',x_G,y_G)$表示在固定的集体误差(x_G,y_G)下第i次射击杀伤元目标(x',y')的概率,计算公式如下:

$$P_i(x',y',x_G,y_G) = \int_{-\infty}^{+\infty}\int_{-\infty}^{+\infty} G_i(x-x',y-y')f_i(x,y/x_G,y_G)\mathrm{d}x\,\mathrm{d}y$$
$$(15.26)$$

式中,$G_i(x-x',y-y')$为第i次射击的坐标毁伤律;$f_i(x,y/x_G,y_G)$为在固定的集体误差(x_G,y_G)下第i次射击弹着点的条件散布律。

15.3.4 对集群目标射击毁伤效能随机型指标

对由同类目标组成的集群目标,采用平均杀伤目标数$\bar{M}_n$作为效能指标。设集群目标由n个目标构成,$\bar{M}_n$公式如下:

$$\bar{M}_n = \sum_{i=1}^{n} P_i \qquad (15.27)$$

式中,P_i表示对第i个目标的杀伤概率。

对由不同类目标组成的集群目标,取平均杀伤价值$\bar{V}_n$作为效能指标:

$$\bar{V}_n = \sum_{i=1}^{n} P_i v_i \qquad (15.28)$$

式中,v_i表示第i个目标的相对价值,亦即相对重要性量度。

集群射击下集群目标毁伤效能指标与单弹射击相同,但计算方法有所不同,主要是 P_i 的计算不同。集群射击下对目标群中第 i 个目标的杀伤概率计算也须分独立射击与相关射击两种情形,其计算过程完全类同于 15.3.3 节中对面积目标中元目标杀伤概率的计算,不再赘述。

15.4　导弹毁伤效能模糊型指标及其计算

本节运用模糊系统理论[4-5]建立毁伤效能指标,这是以往文献中未见报道的。建立模糊型毁伤效能指标的意义除了引言所述之外,还能起到将各种毁伤律下效能指标的计算统一到同一个模糊理论框架中的作用[6-7]。

15.4.1　对点目标毁伤效能模糊型指标

对点目标射击毁伤效能模糊型指标取为模糊杀伤概率[8-9],以下分单弹和多弹两种情形讨论。

1. 单弹对点目标的模糊杀伤概率

(1) 弹着点未知时模糊杀伤概率的计算。以点目标为坐标原点建立直角坐标系,导弹的有效杀伤域构成其威力场,在导弹杀伤边界模糊化的前提下,可将整个坐标平面视为导弹的威力场,以威力场上所有点的集合为论域 U,则可能杀伤点目标的弹着点构成 U 上的一个模糊集 $\underline{H}$,设论域上任意点 (x,y) 对 $\underline{H}$ 的隶属度为 $h(x,y)$,导弹散布律为 $f(x,y)$,则单弹对点目标的 F 杀伤概率为

$$\overline{P}=\int_{-\infty}^{+\infty}\int_{-\infty}^{+\infty}h(x,y)f(x,y)\mathrm{d}x\,\mathrm{d}y \qquad (15.29)$$

(2) 弹着点已知时 F 杀伤概率的计算。在弹着点坐标已知时,以其为坐标原点建立直角坐标系,则整个坐标平面仍为导弹的威力场,以威力场为论域 U,则所有可能被杀伤点构成 U 上的一个模糊集 $\underline{H}$,设任意点 (x,y) 对 $\underline{H}$ 的隶属度为 $h(x,y)$,对于任意常数 C,曲线 $h(x,y)=C$ 上的所有点对 $\underline{H}$ 的隶属度相同,称该曲线为"等杀伤线"。特别地,当导弹的杀伤效应无方向性时(杀伤区域相对于弹着点对称),曲线 $h(x,y)=C$ 为一族同心圆。在对称杀伤情况下,任意点 (x,y) 被杀伤的可能性取决于该点与弹着点的距离 $\mu=\sqrt{x^2+y^2}$,此时可将论域 U 化简为一个无穷开区间 $(0,+\infty)$,而模糊集 $\underline{H}$ 的隶属函数转化为一元函数 $h_1(\mu)$。

当点目标的杀伤分为严重、中等、轻微等多个等级时,以上提出的模糊型指标及其算法仍然适用,只不过此时要针对每一种杀伤等级分别确定隶属函数。关于隶属函数的确定,除了理论分析法外,还可以通过靶场试验并进行模糊统计得出。

在弹着点已知的情况下,任一点 (x,y) 相对于 $\underline{H}$ 的隶属度等效于该点目标的

模糊杀伤概率 $\overline{P}$。

2. 多弹对点目标的模糊杀伤概率

设有两发导弹, 弹着点坐标分别为 (x_1, y_1), (x_2, y_2), 坐标平面上可能被单发弹杀伤的点构成的模糊集分别为 H_1, H_2, 对应的隶属函数分别为 $\mu_{H_1\_}(x, y)$, $\mu_{H_2\_}(x, y)$, 则在不考虑杀伤积累的条件下, 可能被两发导弹杀伤的点构成的模糊集可由模糊集运算规则得出:

$$\underline{H} = \underline{H_1} \bigcup \underline{H_2} \tag{15.30}$$

$\underline{H}$ 的隶属函数可表示为

$$\mu_{\underline{H}}(x, y) = \mu_{\underline{H_1}}(x, y) \bigvee \mu_{\underline{H_2}}(x, y) \tag{15.31}$$

对导弹数在三枚以上的情形可类推。

当导弹的弹着点已知时, 对坐标平面上任意点 (x, y) 的模糊杀伤概率等效为 $\mu_{\underline{H}}(x, y)$。

当导弹弹着点未知时, 对某个点目标 (x_0, y_0) 的模糊杀伤概率计算需分独立射击和相关射击两种情形来考虑。

在独立射击情形下, 以两发导弹为例, 设随机弹着点为 (x_1, y_1), (x_2, y_2), 此时, 点目标 (x_0, y_0) 相对于模糊集 $\underline{H}$ 的隶属度不仅与其本身坐标有关, 而且与 (x_1, y_1), (x_2, y_2) 有关, 记为 $\mu_{\underline{H}}(x_0, y_0, x_1, y_1, x_2, y_2)$。由于两发弹独立射击, 其弹着点联合分布为

$$f(x_1, y_1, x_2, y_2) = f_1(x_1, y_1) \cdot f_2(x_2, y_2)$$

则对点目标 (x_0, y_0) 的模糊杀伤概率为

$$\hat{P} = \int_{-\infty}^{+\infty} \int_{-\infty}^{+\infty} \int_{-\infty}^{+\infty} \int_{-\infty}^{+\infty} \mu_{\underline{H}}(x_0, y_0, x_1, y_1, x_2, y_2) f(x_1, y_1, x_2, y_2) \mathrm{d}x_1 \mathrm{d}y_1 \mathrm{d}x_2 \mathrm{d}y_2$$

$$\tag{15.32}$$

式 (15.32) 可推广至 n 弹情形

$$\hat{P} = \int_{-\infty}^{+\infty} \int_{-\infty}^{+\infty} \cdots \int_{-\infty}^{+\infty} \int_{-\infty}^{+\infty} \mu_{\underline{H}}(x_0, y_0, x_1, y_1, x_2, y_2, \cdots, x_n, y_n) \times$$
$$f(x_1, y_1, x_2, y_2, \cdots, x_n, y_n) \mathrm{d}x_1 \mathrm{d}y_1 \mathrm{d}x_2 \mathrm{d}y_2 \cdots \mathrm{d}x_n \mathrm{d}y_n$$

当多弹相关射击时, 若能确定弹着点坐标的联合分布, 同样可计算对固定点目标的模糊杀伤概率。

15.4.2 对线目标毁伤效能模糊型指标

1. 单弹对线目标射击模糊型效能指标

(1) 弹着点已知时模糊型效能指标及其计算。建立如图 15.1 所示的直角坐标

系，(x_0, y_0) 为已知的单弹弹着点坐标，L 为线目标，以整个坐标平面（威力场）为论域，则所有可能被杀伤的点构成该论域上的一个模糊集 H，设其隶属函数为 $\mu_H(x, y)$，式中 (x, y) 为论域上任一点坐标，则单弹对线目标射击模糊效能指标的定义及计算如下：

当 L 为均匀线目标时（线目标重要性程度处处相同），定义模糊杀伤长度为效能指标[10]，运用对弧长的曲线积分方法可以计算出模糊杀伤长度 $\bar{\iota}$：

$$\bar{\iota} = \int_L \mu_H(x, y) \mathrm{d}s \tag{15.33}$$

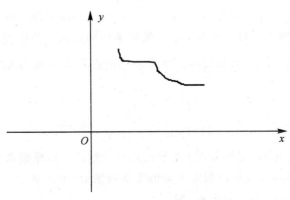

图 15.1　线目标示意图

当 L 为非均匀线目标时，定义模糊杀伤价值为效能指标[11]，运用对坐标的曲线积分可以计算出模糊杀伤价值 $\bar{V}$：

$$\bar{V} = \int_L \mu_H(x, y) \mathrm{d}v(x, y) = \int_L \mu_H(x, y) \left(\frac{\partial v}{\partial x} \mathrm{d}x + \frac{\partial v}{\partial y} \mathrm{d}y \right)$$

$$= \int_L \mu_H(x, y) \frac{\partial v(x, y)}{\partial x} \mathrm{d}x + \int_L \mu_H(x, y) \frac{\partial v(x, y)}{\partial y} \mathrm{d}y \tag{15.34}$$

式中，$v(x, y)$ 表示线目标 L 的价值函数。若线目标 L 的价值不构成连续函数，可采用离散求和的方法计算。将线目标划分为 n 段，设每一段中点坐标为 (x_i, y_i)，每一段价值为 V_i 则

$$\bar{V} = \sum_{i=1}^{n} \mu_H(x_i, y_i) V_i \tag{15.35}$$

以上效能指标的计算在线目标为直线目标时大大简化，尤其当所建立的坐标系使直线目标位于坐标轴上时，曲线积分很容易计算。

（2）弹着点未知时模糊型效能指标及其计算。当单弹弹着点未知时，对线目标射击效能指标仍为 $\bar{V}, \bar{\iota}$，但其计算方法有所不同。此时，由于弹着点的随机性，$\bar{V}, \bar{\iota}$ 将变为随机值，且 $\bar{V}, \bar{\iota}$ 均为弹着点坐标 (x_0, y_0) 的函数，分别记为 $\bar{V}(x_0, y_0)$，

$\bar{\iota}(x_0, y_0)$。取平均模糊杀伤长度和平均模糊杀伤价值作为射击效能指标,计算如下:

$$E(\bar{\iota}) = \int_{-\infty}^{+\infty} \int_{-\infty}^{+\infty} \bar{\iota}(x_0, y_0) f(x_0, y_0) \mathrm{d}x_0 \mathrm{d}y_0 \tag{15.36}$$

$$E(\bar{V}) = \int_{-\infty}^{+\infty} \int_{-\infty}^{+\infty} \bar{V}(x_0, y_0) f(x_0, y_0) \mathrm{d}x_0 \mathrm{d}y_0 \tag{15.37}$$

式中,$f(x_0, y_0)$ 为单弹散布律。

2. 多弹对线目标射击模糊型效能指标

(1) 弹着点已知时模糊型效能指标及其计算。不失一般性,设对线目标投射两发导弹,弹着点坐标已知为(x_1, y_1),(x_2, y_2),令坐标平面上可能被第一发弹杀伤的点构成的模糊集为H_1,可能被第二发弹杀伤的点构成的模糊集为H_2,则在不考虑杀伤积累的条件下,可能被两发导弹杀伤的点构成的模糊集可由模糊集运算规则得到:

$$\underline{H} = \underline{H_1} \bigcup \underline{H_2} \tag{15.38}$$

$$\mu_H(x, y) = \mu_{\underline{H_1}}(x, y) \bigvee \mu_{\underline{H_2}}(x, y) \tag{15.39}$$

其中,(x, y) 表示论域(坐标平面)上的任意点坐标。仍取模糊杀伤长度和模糊杀伤价值为效能指标,其计算过程完全类似于单弹情形,不再重述。

上述结果可推广至 n 弹情形,如:

$$\mu_H(x, y) = \bigvee_{i=1}^{n} \mu_{\underline{H_1}}(x, y) \tag{15.40}$$

(2) 弹着点未知时模糊型效能指标及其计算。仍以两发导弹为例,设其弹着点坐标未知,即分别是二维随机向量(x_1, y_1),(x_2, y_2),此时,模糊杀伤长度$\bar{\iota}$和F杀伤价值$\bar{V}$将是弹着点坐标的函数,且由弹着点坐标的随机性可知:二者也为随机变量,记为$\bar{\iota}(x_1, y_1, x_2, y_2)$,$\bar{V}(x_1, y_1, x_2, y_2)$。因此,以平均模糊杀伤长度和平均模糊杀伤价值作为效能指标,记为 $E(\bar{\iota})$,$E(\bar{V})$。

当两发弹的射击相互独立时,设导弹散布律分别为 $f_1(x_1, y_1)$,$f_2(x_2, y_2)$,则弹着点坐标的联合分布为

$$f(x_1, y_1, x_2, y_2) = f_1(x_1, y_1) f_2(x_2, y_2)$$

此时,$E(\bar{\iota})$,$E(\bar{V})$ 计算公式如下:

$$E(\bar{\iota}) = \int_{-\infty}^{+\infty} \int_{-\infty}^{+\infty} \int_{-\infty}^{+\infty} \int_{-\infty}^{+\infty} \bar{\iota}(x_1, y_1, x_2, y_2) f(x_1, y_1, x_2, y_2) \mathrm{d}x_1 \mathrm{d}y_1 \mathrm{d}x_2 \mathrm{d}y_2$$

$$\tag{15.41}$$

$$E(\bar{V}) = \int_{-\infty}^{+\infty} \int_{-\infty}^{+\infty} \int_{-\infty}^{+\infty} \int_{-\infty}^{+\infty} \bar{V}(x_1, y_1, x_2, y_2) f(x_1, y_1, x_2, y_2) \mathrm{d}x_1 \mathrm{d}y_1 \mathrm{d}x_2 \mathrm{d}y_2$$

$$\tag{15.42}$$

当导弹射击相关时,若能确定弹着点坐标的联合分布,也可按上式计算效能指标。

以上结果可推广至 n 弹情形:

$$E(\bar{l}) = \int_{-\infty}^{+\infty} \int_{-\infty}^{+\infty} \cdots \int_{-\infty}^{+\infty} \int_{-\infty}^{+\infty} \bar{l}(x_1, y_1, x_2, y_2, \cdots, x_n, y_n) \times$$
$$f(x_1, y_1, x_2, y_2, \cdots, x_n, y_n) \mathrm{d}x_1 \mathrm{d}y_1 \mathrm{d}x_2 \mathrm{d}y_2 \cdots \mathrm{d}x_n \mathrm{d}y_n$$

$$E(\bar{V}) = \int_{-\infty}^{+\infty} \int_{-\infty}^{+\infty} \cdots \int_{-\infty}^{+\infty} \int_{-\infty}^{+\infty} \bar{V}(x_1, y_1, x_2, y_2, \cdots, x_n, y_n) \times$$
$$f(x_1, y_1, x_2, y_2, \cdots, x_n, y_n) \mathrm{d}x_1 \mathrm{d}y_1 \mathrm{d}x_2 \mathrm{d}y_2 \cdots \mathrm{d}x_n \mathrm{d}y_n$$

15.4.3　对面积目标毁伤效能模糊型指标

对面积目标射击时的模糊型效能指标取为模糊杀伤面积 $\bar{S}$ 和模糊杀伤价值 $\bar{V}$,其计算过程类似于 15.4.2 节,不再赘述。

15.4.4　对集群目标毁伤效能模糊型指标

对集群目标射击模糊型效能指标取模糊杀伤目标数 $\bar{M}$ 和模糊杀伤价值 $\bar{V}$[12],这里针对一般点目标群,在 15.4.1 节的基础上,实现这两类指标的计算,公式如下:

$$\bar{M} = \sum_{i=1}^{n} \overline{P_i} \tag{15.43}$$

$$\bar{V} = \sum_{i=1}^{n} \bar{P}_i v_i \tag{15.44}$$

式中,n 为群内点目标数;v_i 为第 i 个点目标价值;$\bar{P}_i$ 为对第 i 个点目标的模糊杀伤概率。

15.5　本　章　小　结

本章系统定义了导弹广义射击和各种类型地面目标等毁伤效能优化中的基本概念,系统总结了度量导弹毁伤效能的随机型指标,并对其中一部分指标提出了新算法。针对毁伤效能随机型指标存在的不足,提出了一种新型毁伤效能指标——模糊型效能指标,并给出了对各种类型地面目标射击时,相应的毁伤效能模糊型指标计算方法。随机型指标与模糊指标相辅相成,构成完整的毁伤效能指标体系,使导弹毁伤效能度量更加全面和准确。

参 考 文 献

[1] 张最良. 军事运筹学[M]. 北京：军事科学出版社，1993.

[2] PRZEMIENIECKI J S. Mathematical Methods in Defense Analysis[M]. New york：AIAA Inc，1994.

[3] 艾剑良. 多任务攻击型航空综合体作战效能评估的理论与方法研究[D].西安：西北工业大学，1997.

[4] ZIMMERMANN H J. Fuzzy Sets and Decision Analysis[M]. Amsterdam，New York，Oxford，1984.

[5] ZIMMERMANN H J. Fuzzy Set Theory and Its Applications[M]. Boston：kluwer Nijhor，1985.

[6] YAGER R R. On the Specificity of a Possibility Distribution[J]. Fuzzy Sets and Systems，1992,50(2)：279－292.

[7] YAZENIN A V. On the Problem of Possibilistic Optimization[J]. Fuzzy Sets and Systems,1996,81(1)：133－140.

[8] 李洪兴，汪培庄. 模糊数学[M]. 北京：国防工业出版社，1984.

[9] 田棣华. 高射武器系统效能分析[M]. 北京：国防工业出版社，1991.

[10] SAADE J J. Maximization of a Function Over a Fuzzy Domain[J]. Fuzzy Sets and Systems,1994,62(6)：55－70.

[11] MARES M. conputlon over Fuzzy Quantities[M]. Boca Raton：Crc press，1994.

[12] LUHANDJULA M K. Fuzziness and Randomness in an OPtimization Framework[J]. Fuzzy Sets and Systems,1996,77(3)：291－297.

第16章 基于效果的导弹毁伤效能评估

16.1 引　　言

毁伤指标的选取是客观、合理、全面评价毁伤效能的基础。传统的毁伤效能大多以毁伤概率、相对毁伤长度、相对毁伤面积等指标来衡量,这些指标关注的仅仅是物理层面的效果,往往不能正确反映目标为相互关联的系统或人时的毁伤效果。本章提出以下两种毁伤指标:①针对结构性强并且强调系统总体功能的一类系统目标,以系统失效率作为评价其毁伤效果的指标;②针对人员的进攻或者抵抗意识起关键作用这一类型的软目标,以心理瓦解程度作为评价其毁伤效果的指标。

之所以提出上述两种指标,原因有以下几点:

(1)基于效果的毁伤突破了歼灭战和消耗战的思维框架,追求以较小的代价、在尽可能短的时间内使敌人丧失作战能力;突破了机械化时代的作战模式,将敌方作为一个系统,打重心、打关节、瘫痪对方;突破了单纯以消灭敌有形力量为主的目标模式,追求同时瘫痪维持敌人战斗力的物质力量和精神力量,而且更加注重心理打击。

(2)对系统目标而言,由于目标系统结构上的复杂性、功能上的多样性,在评估其毁伤效果时,如果再用目标物理毁伤替代目标的功能损伤,显然不尽科学。对系统目标进行毁伤评估,如果沿用典型目标的毁伤评估方法,其计算出来的数据,仅仅是目标的物理毁伤信息。如何根据目标物理毁伤信息,研究对应条件下功能的丧失程度,就成为系统目标毁伤评估的关键所在。

(3)系统失效率是针对系统目标而言的,对于系统结构和功能的了解是评估系统失效率的前提,对系统目标的打击方法是选取系统的关键部位(毁伤节点)进行打击,使其丧失功能,导致系统最终瘫痪。

(4)对人员的进攻或者抵抗意识起关键作用这一类型的软目标而言,必须把战争中的主体——人——的因素考虑进去,因为战争的最终目的是掌控敌人和友邦的行为,如果单纯地以物理毁伤效果来确定毁伤效果,最终结果往往会与预期目的相去甚远。一个很简单的例子就是不能用同样的手段来对付一支士气低落和一支士气高昂的军队。

必须指出的是,对这两类毁伤指标的评价都是以物理毁伤为基础的。本章在分析提出系统失效率以及心理瓦解程度这两类新的毁伤指标的基础上,从基于效果作战出发,对常规导弹毁伤目标进行了分类和定义;以物理毁伤指标的评估方法为基础,给出了评估系统失效率的一般方法,并通过构建目标模型、确定毁伤原则、确定毁伤节点、计算系统失效率等步骤给出了典型武器系统失效率的评估方法;运用模糊综合评判原理提出了心理瓦解程度的评估方法,建立起了物理毁伤指标与心理瓦解程度之间的模糊关系;分别以整体杀爆弹打击装甲面目标、导弹打击典型武器系统、整体杀爆弹打击装甲进攻部队为例,给出了相对毁伤面积、系统失效率和心理瓦解程度等三类不同毁伤指标的计算示例。

毁伤效果指标选取的客观性、合理性直接影响着导弹毁伤任务的完成程度,也是全面评定毁伤效能的基础。对于导弹打击中的几类具体毁伤目标,如何选择毁伤效果指标,毁伤效果指标如何计算,本章给出了方法。

16.2 目 标 分 类

目标分类是进行毁伤指标分析的基础,为了便于进行下文的讨论,首先对目标进行分类。

16.2.1 一般目标

一般目标可以定义为,具有一定的自然形状,与其他目标互不关联,其功能只与本身的形状相关的目标类。在对一般目标进行打击时,只关注其物理毁伤效果。一般目标又可根据其形状特征分为点、线、面三类。

点目标一般定义为,目标幅员较小,同弹头对目标的毁伤半径相比可以忽略不计的目标,如油库、民用建筑物、飞机库等。

线目标一般定义为,目标的宽度较小,同弹头对目标的毁伤半径相比可以忽略不计的目标,如道路、机场滑行道、飞机牵引道等。

面目标一般定义为,除点目标和线目标以外的一般目标,均可称为面目标,如飞机跑道、装甲集群目标等。

16.2.2 系统目标

在常规导弹的打击目标类群中,系统目标正占据越来越重要的地位。美国空军退役上校约翰·沃登在 1986 年出版的《空中作战》一书中主张要"把敌人看作一个系统或系统的系统",制服系统应该是控制和使它瘫痪,而不是消耗和摧毁它,由此,控制和瘫痪是对敌系统使用武力所追求的"效果"。沃登认为,任何系统都有五大特点:一是系统的各独立部分共用相同的互动机制,二是系统依靠信息正常运转,三是系统有抵制变化的惰性,四是系统往往反应滞后,五是所有系统的组织方式趋同。

　　因此,系统目标可以定义为,具有一定的结构和功能,由多个一般子目标构成,其功能与子目标之间的逻辑结构相关,整体功能会因子目标的毁伤而受到损伤的目标类。系统目标可以被抽象成由节点和边连接成的网络结构图,子目标是其中的节点,具有逻辑关系的节点之间用边连接。

　　例如,公路桥梁就可以看成是一个系统目标,它由梁部结构、桥台、桥墩和支座等重要子目标组成,如果这些关键部件(节点)遭受毁伤,将对桥梁的运输保障能力产生重要影响;导弹武器系统本身也是一个系统目标,一枚导弹的成功发射需要控制、瞄准、指挥等诸系统配合作业才能实现,如果这些子系统当中任何一个遭受毁伤,导弹武器系统就变成了"瞎子"和"聋子"。

16.2.3　心理目标

　　心理目标可以定义为,人员的进攻或者抵抗意识起关键作用,主要的目标功能由人来实现。这一类型的目标可称为心理目标(或者软目标)。心理目标可以抽象成心理学中的所谓"激励点",激励与试图塑造的行为之间就构成一系列的"激励—响应"互动。在基于效果作战中,对这些点给予一定的激励,以产生谋求的响应或者效果。

　　例如,指挥大楼可以看成是一个心理目标,因为从指挥大楼里发出的命令、做出的决策都是由人来完成的,也就是说在指挥大楼作用的发挥过程中,人起到了关键作用,如果指挥楼里没有"人",它就成了一栋普通建筑物。

16.3　一般目标物理毁伤的评估方法

　　对于物理毁伤指标评估方法[1]的研究,前人已经做了大量的工作,并且在这方面的理论和方法都已经相当成熟,故本书对于物理毁伤指标的评估方法只做简要的介绍,不作为本书研究重点。

16.3.1　目标为点目标的情况

　　点目标的物理毁伤效果指标为毁伤概率。

1. 级数法计算毁伤概率的数学模型

　　假设导弹落点为 (x,y),目标点坐标为 (a,b),导弹瞄准点坐标为 (x_0,y_0),弹着点坐标服从标准偏差为 $\sigma_1=\sigma_2=\sigma$ 的二维正态分布。点目标被毁伤的概率用毁伤函数 $d(x,y)$ 表示,则在单枚导弹攻击时点目标被毁伤的概率为 $P=\iint d(x,y)f(x,y)\mathrm{d}x\mathrm{d}y$。在此毁伤函数选用 $0-1$ 毁伤律,即

$$d(x,y)=\begin{cases}0, & (x-a)^2+(y-b)^2>R^2\\1, & (x-a)^2+(y-b)^2\leqslant R^2\end{cases} \tag{16.1}$$

其中，R 为导弹的毁伤半径。故点目标的毁伤概率为

$$P=\frac{1}{2\pi\sigma^2}\iint\limits_{(x-a)^2+(y-b)^2\leqslant R^2}\mathrm{e}^{-\frac{(x-x_0)^2+(y-y_0)^2}{2\sigma^2}}\mathrm{d}x\,\mathrm{d}y \tag{16.2}$$

级数法[1] 计算毁伤概率具体做法如下：

对公式(16.1)进行坐标变换：

$$\left.\begin{array}{l}x=a+r\cos\theta\\y=b+r\sin\theta\end{array}\right\} \tag{16.3}$$

得

$$P=\frac{1}{2\pi\sigma^2}\mathrm{e}^{-\frac{r_0^2}{2\sigma^2}}\int_0^R r\,\mathrm{e}^{-\frac{r^2}{2\sigma^2}}\int_0^{2\pi}\mathrm{e}^{\frac{r}{\sigma^2}\left[(x_0-a)\cos\theta+(y_0-b)\sin\theta\right]}\mathrm{d}\theta\,\mathrm{d}r \tag{16.4}$$

其中，r_0 是瞄准点与目标点的距离，且 $r_0=\sqrt{(x_0-a)^2+(y_0-b)^2}$。

再令

$$\cos\theta_0=\frac{x_0-a}{r_0},\sin\theta_0=\frac{y_0-b}{r_0}$$

则有

$$\int_0^{2\pi}\mathrm{e}^{\frac{r}{\sigma^2}\left[(x_0-a)\cos\theta+(y_0-b)\sin\theta\right]}\mathrm{d}\theta=\int_0^{2\pi}\mathrm{e}^{\frac{rr_0\cos(\theta-\theta_0)}{\sigma^2}}\mathrm{d}\theta=\int_0^{2\pi}\mathrm{e}^{\frac{rr_0\cos\theta}{\sigma^2}}\mathrm{d}\theta$$

又由第一类变形贝塞尔函数积分表达式 $\mathrm{I}_0(x)=\frac{1}{2\pi}\int_0^{2\pi}\mathrm{e}^{x\cos\theta}\mathrm{d}\theta$，可知

$$P=\frac{1}{\sigma^2}\mathrm{e}^{-\frac{r_0^2}{2\sigma^2}}\int_0^R r\,\mathrm{e}^{-\frac{r^2}{2\sigma^2}}\mathrm{I}_0\left(\frac{rr_0}{\sigma^2}\right)\mathrm{d}r=\sum_{k=0}^{+\infty}f_k g_k \tag{16.5}$$

其中，

$$f_0=\mathrm{e}^{-\frac{r_0^2}{2\sigma^2}},g_0=1-\mathrm{e}^{-\frac{R^2}{2\sigma^2}} \tag{16.6}$$

$$f_k=\frac{r_0^2}{2\sigma^2}\frac{f_{k-1}}{k},\ g_k=g_{k-1}-\frac{1}{k!}\left(\frac{R^2}{2\sigma^2}\right)^k\mathrm{e}^{-\frac{R^2}{2\sigma^2}} \tag{16.7}$$

误差为 $\quad\Delta P=P(R/\sigma,r_0/\sigma)-\sum_{k=0}^n f_k g_k<\frac{\lambda_0}{n+1-\lambda_0}f_n g_n$

其中，$\lambda_0=r_0^2/2\sigma^2$。

2. 计算步骤

(1)输入参数。输入参数包括导弹落点坐标(x,y)，目标点坐标(a,b)，导弹瞄准点坐标(x_0,y_0)，弹着点偏差 σ，导弹毁伤半径 R，给定误差值 P_0。

(2)计算瞄准点与目标点的距离 r_0 以及 f_0,g_0。

(3)设置计数器 i，并取 $i=0$。

(4)$i = i + 1$。

(5) 计算 f_i, g_i 以及误差 ΔP。其中 $f_i = \dfrac{r_0{}^2}{2\sigma^2} \dfrac{f_{i-1}}{i}$，$g_i = g_{i-1} - \dfrac{1}{i!} \left(\dfrac{R^2}{2\sigma^2}\right)^i \mathrm{e}^{-\frac{R^2}{2\sigma^2}}$，

$\Delta P = \dfrac{\lambda_0}{i + 1 - \lambda_0} f_i g_i$。若 $\Delta P \leqslant P_0$，输出 i 值，反之，转至第（4）步。

(6) 根据 i 值计算毁伤概率 P。其中 $P = \sum\limits_{k=0}^{i} f_k g_k$。

16.3.2　目标为线目标的情况

线目标的毁伤效果指标为平均相对毁伤长度。其计算式为

$$u = \frac{1}{2\sigma^2} \int_{-L}^{L} \exp\left[-\frac{1}{2}\left(\frac{x}{\sigma}\right)^2\right] \int_0^{\frac{R}{\sigma}} r \exp\left(-\frac{r^2}{2\sigma^2}\right) \mathrm{I}_0\left(\frac{xr^2}{\sigma^2}\right) \mathrm{d}r \, \mathrm{d}x \qquad (16.8)$$

式中，u 为单枚导弹对线目标的平均相对毁伤长度；L 为目标长度的一半；R 为导弹的毁伤半径；σ 为导弹武器射击的均方根偏差。

16.3.3　目标为面目标的情况

面目标的物理毁伤效果指标为平均相对毁伤面积[2]。

1. 计算相对毁伤面积的数学模型

如图 16.1 所示，以矩形面目标 $ABCD$ 的中心 O 为坐标原点建立直角坐标系 Oxy，x，y 轴分别平行于矩形面目标 $ABCD$ 的长短边。设长边 BC 长为 $2L_{2x}$，短边 CD 长为 $2L_{2y}$，导弹的瞄准点为 $O_a(x_a, y_a)$，导弹命中点 O_d 坐标为 (X, Y)，长方形 $A_d B_d C_d D_d$ 为导弹等效毁伤区域。

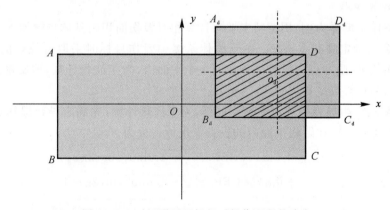

图 16.1　对矩形面目标相对毁伤面积的确定

导弹等效毁伤区域在 Ox 轴和 Oy 轴两个方向覆盖矩形面目标的相对长度 L_x，L_y 分别与 X，Y 之间的关系为

$$L_x = \begin{cases} 0, X \in (-\infty, -L_{1x} - L_{2x}) \text{ 或 } X \in (L_{1x} + L_{2x}, +\infty) \\ \dfrac{L_{1x} + L_{2x} + X}{2L_{2x}}, X \in (-L_{1x} - L_{2x}, -|L_{2x} - L_{1x}|) \\ \min\left[\dfrac{L_{1x}}{L_{2x}}, 1\right], X \in (-|L_{2x} - L_{1x}|, |L_{2x} - L_{1x}|) \\ \dfrac{L_{1x} + L_{2x} - X}{2L_{2x}}, X \in (|L_{2x} - L_{1x}|, L_{2x} + L_{1x}) \end{cases} \qquad (16.9)$$

$$L_y = \begin{cases} 0, Y \in (-\infty, -L_{1y} - L_{2y}) \text{ 或 } Y \in (L_{1y} + L_{2y}, +\infty) \\ \dfrac{L_{1y} + L_{2y} + Y}{2L_{2y}}, Y \in (-L_{1y} - L_{2y}, -|L_{2y} - L_{1y}|) \\ \min\left[\dfrac{L_{1y}}{L_{2y}}, 1\right], Y \in (-|L_{2y} - L_{1y}|, |L_{2y} - L_{1y}|) \\ \dfrac{L_{1y} + L_{2y} - Y}{2L_{2y}}, Y \in (|L_{2y} - L_{1y}|, L_{2y} + L_{1y}) \end{cases} \qquad (16.10)$$

单发弹对矩形面目标的相对毁伤面积 S（即图中阴影部分的面积与面目标总面积之比）为

$$S = L_x L_y \qquad (16.11)$$

多发弹独立射击面目标时,设瞄准点分别为 (x_{Oi}, y_{Oi}),则相对毁伤面积定义为

$$S_n = 1 - \prod_{i=1}^{n}\left[1 - S_{ni}(x_{Oi}, y_{Oi})\right] \qquad (16.12)$$

式中,S_{ni} 表示 n 发中的第 i 发导弹射击目标时相对毁伤面积。

2. 计算步骤

以整体杀爆弹为例,用蒙特卡罗法计算相对毁伤面积的具体步骤如下[3]:

步骤1:确定瞄准点坐标。由于整体杀爆弹毁伤目标时采取近地爆的方式以提高毁伤效果,瞄准点与毁伤面不在同一个平面内,为了简化计算,取瞄准点 O 在毁伤面内的投影点坐标为 $O_a(x_a, y_a)$。

步骤2:产生导弹爆炸点坐标。同样,为了简化计算,先确定导弹爆炸点(相当于导弹命中点)O_d 在毁伤平面内的投影点坐标。设为

$$\left.\begin{array}{l} x_i = x_{i0} + 0.84 \times CEP_i \times \sqrt{-2.0\ln v_1} \cos(2\pi v_2) \\ y_i = y_{i0} + 0.84 \times CEP_i \times \sqrt{-2.0\ln v_1} \sin(2\pi v_2) \end{array}\right\} \qquad (16.13)$$

其中,v_1, v_2 为服从 $[0,1]$ 均匀分布的随机数;$\begin{cases} \sqrt{-2.0\ln v_1}\cos(2\pi v_2) \\ \sqrt{-2.0\ln v_1}\sin(2\pi v_2) \end{cases}$ 为服从标准

正态分布 $N(0,1)$ 的随机数。

步骤3:确定毁伤面积。

第一步:计算等效矩形毁伤区域的长和宽,$L_{1x} = L_{1y} = \dfrac{\sqrt{\pi}}{2}\sqrt{R_b^2 - H^2}$;

第二步:再根据式(16.9)和式(16.10)确定导弹等效毁伤区域在 Ox 轴和 Oy 轴两个方向覆盖矩形面目标的相对长度 L_x,L_y。

步骤 4:计算相对毁伤面积。

第一步:确定单发弹对矩形面目标的相对毁伤面积 $S = L_x L_y$;

第二步:确定多发弹独立射击面目标时[设瞄准点分别为 (x_{Oi},y_{Oi})]的相对毁伤面积:

$$S_n = 1 - \prod_{i=1}^{n}\left[1 - S_{ni}(x_{Oi},y_{Oi})\right]$$

第三步:进行至少 1 000 次的仿真计算,S_n 为 1 000 次仿真计算的平均值。

16.3.4　计算示例

某装甲类矩形面目标 $ABCD$ 的长边 BC 长 $2L_{2x}$ 等于 3 000 m,短边 CD 长为 $2L_{2y}$ 等于 200 m。用某型号导弹 10 枚进行打击,其对装甲类目标打击时的最优爆高 H 为 60 m,瞄准点坐标见表 16.1。

表 16.1　瞄准点坐标表　　　　　　　　　　　　单位:m

导弹序号	1	2	3	4	5	6	7	8	9	10
横坐标	−1 350	−1 050	−750	−450	−150	150	450	750	1 050	1 350
纵坐标	0	0	0	0	0	0	0	0	0	0

当子目标具体位置未知时,可将装甲目标群看作是一个具有一定形状的面目标,一般情况下,将其近似看成矩形目标。因此,其毁伤概率可以平均相对毁伤面积为毁伤效果指标来进行计算。为简化起见,把导弹圆形毁伤区域按面积相等原理等效为长、宽相等的矩形。等效计算式为

$$L_{1x} = L_{1y} = \frac{\sqrt{\pi}R}{2} \tag{16.14}$$

式中,L_{1x},L_{1y} 分别为等效矩形毁伤区域的长、宽的一半。

假设杀爆弹毁伤区域用符号 S 表示,根据经验公式计算:

$$S = \pi(R_b^2 - H^2) \tag{13.15}$$

如图 16.2 所示,其中 H 表示最优爆高;R_b 为威力球体的毁伤半径,阴影部分为面目标毁伤区域。又因为有 $S \approx \pi R^2$,故

$$R = \sqrt{R_b^2 - H^2} \tag{13.16}$$

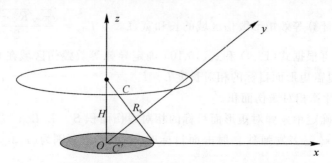

图 16.2　杀爆弹在最优爆高点爆炸时对面目标的毁伤示意图

运用 16.3.3 节"2. 计算步骤"中的方法计算不同 CEP 和不同毁伤半径 R_b 下的相对毁伤面积 S ，模拟次数为 1 000 次。

通过编制 MATLAB 程序求得表 16.2 和 16.3 所示结果。

表 16.2　不同 CEP 下的相对毁伤面积 S 结果表　　($R_b = 300$ m)

CEP	50	100	150	200	250	300	350	400	450	500
S	0.838 0	0.834 7	0.816 1	0.780 8	0.735 1	0.689 4	0.645 0	0.596 6	0.564 1	0.522 9

表 16.3　不同 R_b 下的相对毁伤面积 S 结果表　　(CEP = 50 m)

R_b	100	150	200	250	300	350	500	650	800	950
S	0.267 2	0.537 8	0.687 4	0.775 8	0.838 0	0.883 8	0.959 4	0.986 1	0.995 8	0.998 8

由以上示例可以看出：在毁伤半径确定的情况下，CEP 的变化对毁伤效能有很大影响；对固定的母弹精度值，毁伤半径存在一最优区间。由此可见：① 对于不同的目标，弹种和弹头的选择很重要；②CEP 和毁伤半径都存在一定的优化区间。

16.4　系统目标失效率的评估方法

随着地地常规导弹武器作战效能的不断提高，目标打击范围的不断拓展，在地地常规导弹武器的打击目标类群中，系统目标正占据越来越重要的地位[4-5]。系统失效率是针对系统目标而言的，对于系统结构和功能的了解是评估系统失效率的前提，对系统型目标的打击方法是选取系统的关键部位（毁伤节点）进行打击，使其丧失功能，导致系统最终瘫痪。由于系统的多样性和复杂性，对于不同的系统计算系统失效率的方法也不尽一样,本节首先介绍了评估系统失效率的一般方法和一般步骤[6],然后以典型武器系统为例,评估了其系统目标失效率。

16.4.1　评估系统目标失效率的一般方法

评估系统目标失效率的总体思路是分解、转换、综合[7]。① 先分解:按从上往下的原则对目标系统进行分解,直到分解成基本毁伤事件,并确定关键子目标;② 再转换:根据一定的弹目条件,选取毁伤效果指标,计算子目标物理毁伤效果,并按一定的映射关系,转换成对应条件下的效能值;③ 后综合:根据系统的结构特点,构造结构函数,按从下往上的原则对各子系统的效能进行综合,最后得到目标系统的基于物理毁伤的效能量化模型。

16.4.2　评估系统目标失效率的一般步骤

评估系统目标失效率一般要经过以下几个典型步骤:① 确定目标系统的功能和系统结构;② 提取与目标毁伤相关的关键部位;③ 将目标系统离散成具有规则形体的典型目标,其毁伤效果指标按典型目标进行选取;④ 根据目标的作战使命,运用成熟的效能建模技术,建立基于物理毁伤的效能量化模型,解决子目标物理毁伤与目标效能间的映射关系;⑤ 根据系统目标功能结构特点,构造结构函数,综合得到基于毁伤的目标整体效能衰减函数,解决系统目标的整体效能与目标毁伤效果之间的映射关系。

16.4.3　评估典型军事作战系统失效率的方法

在现代作战中互不相联的单兵作战系统已经非常罕见,一般的军事作战系统功能的发挥都是指控系统通过信息传输子系统发送命令,射手根据以网络为中心的侦测子系统的侦察结果操作火力子系统来执行指控系统的命令来实现的。信息通道是指控系统的血脉,指控系统是心脏,而军事作战系统功能的最终体现就是指控系统的命令能够被射手执行。因此,军事作战系统的失效,主要就体现在射手没有可执行的命令上[8]。

1. 构建目标模型

拟将军事作战系统简化为由若干节点和边连接的网络图,拟攻击的所有单个子目标为图中的节点,图中两点之间对应一定的长度,这个长度用相关度来衡量,相关度大于一定值的顶点之间可用边连接。这样就生成了一个目标网络图。

子目标之间的相关度可用以下两个指标来衡量[9]:

C1:信息交换频率因子,子目标之间的信息交换越频繁,表明二者之间的相关性越紧密,此指标属于效益型指标。

$C1_{ij} = \dfrac{c1'_{ij} - c1_{\min}}{c1_{\max} - c1_{\min}}$，其中 $C1_{ij}$ 表示子目标 i,j 之间信息交换频率因子，$c1'_{ij}$ 表示子目标 i,j 之间信息交换的频率，$c1_{\max}$ 表示两目标之间信息交换的最高频率，$c1_{\min}$ 表示两目标之间信息交换的最低频率。

$C2$：距离因子，子目标之间的实际距离越远，子目标之间的相关度也会有一定程度的下降，此指标属于成本型指标。

$C2_{ij} = \dfrac{c2_{\max} - c2'_{ij}}{c2_{\max} - c2_{\min}}$，其中 $C2_{ij}$ 表示子目标 i,j 的距离因子，$c2'_{ij}$ 表示子目标 i,j 之间的距离，$c2_{\max}$ 表示两子目标之间的最大距离，$c2_{\min}$ 表示两子目标之间的最小距离。

子目标 i,j 之间的相关度 C_{ij} 可以按如下公式进行计算：

$$C_{ij} = \lambda_1 C1_{ij} + \lambda_2 C2_{ij} \tag{16.17}$$

其中，λ_1，λ_2 表示指标权重。

相关度矩阵的表达方式如下：

$$\boldsymbol{C} = \begin{bmatrix} c_{11} & c_{12} & \cdots & c_{1n} \\ c_{21} & c_{22} & \cdots & c_{2n} \\ \vdots & \vdots & & \vdots \\ c_{n1} & c_{n2} & \cdots & c_{nn} \end{bmatrix}, \quad 当\ i = j\ 时, c_{ij} = 0$$

2. 确定毁伤原则

在生成的目标网络图中，将军事作战系统的指挥控制中心作为系统目标网络图的源，因为它的信息占有量最大；将信息传输的终点作为目标网络图的汇，一般是直接执行作战任务的射手。由于目标网络图中的源与汇是敌方保护的重点，隐蔽性、机动性和短时间内重新发挥效能的可能性都相对较大，不易攻击，因此，在对系统目标进行毁伤时不应该直接对源和汇进行打击，而应该不断地按照一定原则选择源和汇之间的节点（子目标）进行打击，等价于从目标网络图中剔除掉源和汇之间的边，最终使源和汇之间不连通，相当于射手接收不到可执行的任务，即敌方的军事作战系统的连通性被破坏，并且尽可能地延长其恢复通路的时间。

由于相关性还可以表征子目标之间连通链路遭破坏后二者之间恢复连通的难度，相关性越强恢复难度越大，恢复时间也越长，再结合追求的作战效益，常规导弹对军事作战系统目标的毁伤原则可定为：① 毁伤以源为起点的目标链；② 目标链相关度总和尽可能大；③ 使源和汇最终不连通[10]。

3. 确定毁伤节点

由上述原则选出来的目标链是目标生成网络中的最大相关度流，再考虑连通性的判断，故可以综合运用最短路径-最大流算法以及图的连通性判断算法来进行毁伤节点(子目标)的优选[11]。最短路径-最大流理论的求解过程是对单一源点到单一汇点进行的,目标优选问题有可能涉及多个源点和多个汇点,这就需要分别确定一点作为单源和单汇。

由于与某一节点(子目标)相连边的相关度总和可以在一定程度上反映该节点(子目标)在系统目标中的重要程度,故可规定每次循环运算的开始时,以图中相连边相关度和最大的子目标作为源点,以图中相连边权和最小的子目标作为汇点。

为了最终保证源和汇之间不连通,可用如下算法来确定毁伤节点:

(1) 确定单源和单汇,$C_{源} = \max\left(\sum_{j=1}^{n_i} c_{ij}\right)$,$C_{汇} = \min\left(\sum_{i=1}^{n_j} c_{ij}\right)$ $(j,i=1,2,\cdots,n)$,其中 n 表示系统目标网络图中的总节点数,n_i,n_j 分别表示与子目标 i,j 相连的边数。

(2) 寻找源和汇之间的最大相关度流,根据攻击导弹数确定在这条边上的毁伤节点(源和汇不作为选择节点)。

(3) 剔除掉上述打击点以及与其相连的边,再判断源与汇之间的连通性。

(4) 重复(2)(3)步,直至源与汇之间不连通时,剔除掉该源和该汇。

(5) 寻找新的源点和汇点,重复(2)(3)(4)步,当 $\max\left(\sum_{j=1}^{n} c_{ij}\right) \leqslant \min(C_{源})$,$\min\left(\sum_{i=1}^{n} c_{ij}\right) \geqslant \max(C_{汇})$ 时停止,即不再存在适合作为源和汇的子目标,可认为所有的源和汇之间不再存在可连通的路径,此时可认为该系统目标失效。

4. 计算系统失效率

系统失效率的计算是以毁伤节点的物理毁伤效果值为基础进行的,假设选定了 k 个毁伤节点,常规导弹对每个节点进行打击时毁伤概率为 $P_i(i=1,2,\cdots,k)$,则系统失效率 P_{slose} 的计算公式为

$$P_{slose} = 1 - \prod_{i=1}^{k}\left[(1-P_i)\right] \tag{16.18}$$

16.4.4　计算示例

假设某一军事作战系统由 10 个子系统(子目标)组成,经专家评定,信息交换频率因子的权重 λ_1 为 0.80,距离因子的权重 λ_2 为 0.20,当两个子系统之间相关度大于 0.50 时,认为可用边连接,$\min(C_{源})=3.00$,$\max(C_{汇})=1.30$,常规导弹对 10 个子系统的毁伤概率见表 16.4。

表 16.4   常规导弹对子系统的毁伤概率表

	S1	S2	S3	S4	S5	S6	S7	S8	S9	S10
P_i	0.10	0.25	0.65	0.80	0.20	0.30	0.10	0.55	0.05	0.45

子系统之间的信息交换频率因子和距离因子的值见表 16.5 和表 16.6。

表 16.5   子系统之间的信息交换频率因子

	S1	S2	S3	S4	S5	S6	S7	S8	S9	S10
S1	0	0.10	0.15	0.20	0.15	0.20	0.70	0.40	0.40	0.10
S2	0.10	0	0.20	0.25	0.35	0.15	0.40	0.80	0.50	0.35
S3	0.15	0.20	0	0.15	0.50	0.15	0.60	0.25	0.65	0.20
S4	0.20	0.25	0.15	0	0.60	0.15	0.45	1.0	0.20	0.20
S5	0.15	0.35	0.50	0.60	0	0.45	0.60	0.55	0.35	0.90
S6	0.20	0.15	0.15	0.15	0.45	0	0.65	0.20	0.75	0.35
S7	0.70	0.40	0.60	0.45	0.60	0.65	0	0.35	0.80	0.40
S8	0.40	0.80	0.25	1.0	0.55	0.20	0.35	0	0.45	0.55
S9	0.40	0.50	0.65	0.20	0.35	0.75	0.80	0.45	0	0.70
S10	0.10	0.35	0.20	0.20	0.90	0.35	0.40	0.55	0.70	0

表 16.6   子系统之间的距离因子

	S1	S2	S3	S4	S5	S6	S7	S8	S9	S10
S1	0	0.10	0.15	0.20	0.15	0.20	0.70	0.40	0.40	0.10
S2	0.10	0	0.20	0.25	0.35	0.15	0.40	0.80	0.50	0.35
S3	0.15	0.20	0	0.15	0.50	0.15	0.60	0.25	0.65	0.20
S4	0.20	0.25	0.15	0	0.60	0.15	0.45	1.0	0.20	0.20
S5	0.15	0.35	0.50	0.60	0	0.45	0.60	0.55	0.35	0.90
S6	0.20	0.15	0.15	0.15	0.45	0	0.65	0.20	0.75	0.35
S7	0.70	0.40	0.60	0.45	0.60	0.65	0	0.35	0.80	0.40
S8	0.40	0.80	0.25	1.0	0.55	0.20	0.35	0	0.45	0.55
S9	0.40	0.50	0.65	0.20	0.35	0.75	0.80	0.45	0	0.70
S10	0.10	0.35	0.20	0.20	0.90	0.35	0.40	0.55	0.70	0

步骤 1：根据式 (16.17) 求得相关度矩阵为

$$
C = \begin{bmatrix}
0 & 0.100\,0 & 0.150\,0 & 0.200\,0 & 0.150\,0 & 0.200\,0 & 0.700\,0 & 0.400\,0 & 0.400\,0 & 0.100\,0 \\
0.100\,0 & 0 & 0.200\,0 & 0.250\,0 & 0.350\,0 & 0.150\,0 & 0.400\,0 & 0.800\,0 & 0.500\,0 & 0.350\,0 \\
0.150\,0 & 0.200\,0 & 0 & 0.150\,0 & 0.500\,0 & 0.150\,0 & 0.600\,0 & 0.250\,0 & 0.650\,0 & 0.200\,0 \\
0.200\,0 & 0.250\,0 & 0.150\,0 & 0 & 0.600\,0 & 0.150\,0 & 0.450\,0 & 1.000\,0 & 0.200\,0 & 0.200\,0 \\
0.150\,0 & 0.350\,0 & 0.500\,0 & 0.600\,0 & 0 & 0.450\,0 & 0.600\,0 & 0.550\,0 & 0.350\,0 & 0.900\,0 \\
0.200\,0 & 0.150\,0 & 0.150\,0 & 0.150\,0 & 0.450\,0 & 0 & 0.650\,0 & 0.200\,0 & 0.750\,0 & 0.350\,0 \\
0.700\,0 & 0.400\,0 & 0.600\,0 & 0.450\,0 & 0.600\,0 & 0.650\,0 & 0 & 0.350\,0 & 0.800\,0 & 0.400\,0 \\
0.400\,0 & 0.800\,0 & 0.250\,0 & 1.000\,0 & 0.550\,0 & 0.200\,0 & 0.350\,0 & 0 & 0.450\,0 & 0.550\,0 \\
0.400\,0 & 0.500\,0 & 0.650\,0 & 0.200\,0 & 0.350\,0 & 0.750\,0 & 0.800\,0 & 0.450\,0 & 0 & 0.700\,0 \\
0.100\,0 & 0.350\,0 & 0.200\,0 & 0.200\,0 & 0.900\,0 & 0.350\,0 & 0.400\,0 & 0.550\,0 & 0.700\,0 & 0
\end{bmatrix}
$$

步骤 2：根据假设和相关度矩阵，可构建如图 16.3 所示目标模型。

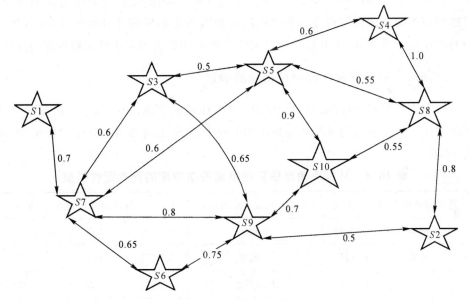

图 16.3　系统目标模型

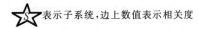表示子系统，边上数值表示相关度

步骤 3：根据假设及 16.4.3 节"3. 确定毁伤节点"中的算法，编制 MATLAB 程序进行运算，可得到表 16.7 所示结果。

表 16.7　仿真结果表

攻击序数	源	汇	毁伤节点	毁伤概率
1	S9	S1	S3,S6	0.775
2	S7	S2	S8	0.55

步骤4：根据系统失效率 P_{slose} 的计算公式（16.18）可以得到该军事作战系统的失效率为

$$P_{\text{slose}} = 0.651\,3$$

16.5　心理目标瓦解程度的评估方法

心理瓦解程度（记为 Psy - collapse - degree）是针对人员的进攻或者抵抗意识起关键作用这一类型软目标而言的。毁伤效果的好坏，即心理瓦解程度，与敌方部队的素质、士气和他们感知到继续战斗的理由等因素息息相关。在评估心理瓦解程度的因素中，既有我方因素，又有敌方因素；既有可控因素，又有不可控因素；而且这些因素对心理瓦解程度的影响都均有相当程度的模糊性和随机性，难以进行绝对的度量。鉴于此，本节拟采用模糊综合评判的方法实现心理瓦解程度的评估。

16.5.1　心理瓦解程度评价指标的确定

研究人员根据以往的战斗、回忆录、采访和理论学说，建立起了一个反映进攻部队素质、士气、感知到继续战斗理由以及毁伤程度之间关系的简单定性模型，见表16.8。

表16.8　从概率角度估算最可能毁伤程度的简单定性模型

进攻部队的素质	士气	感知到继续战斗的理由	最小	最可能毁伤程度	最大
甚好	甚好	不相关	0.5	0.75	1
甚好	好	≥临界	0.25	0.5	0.75
甚好	好	差或甚差	0.125	0.25	0.375
甚好	好	≤差	0.05	0.1	0.2

表16.8中最可能毁伤程度指装甲战斗车辆的部分损失，在蒙受这种损失的情况下部队将会解体。该表聚焦于4个关键因素，理论可能表明这4个变量将会决定心理瓦解程度的确定：物理毁伤效果，进攻部队的素质、士气，他们看到如果停止战斗——通过拖延行动、逃跑或者只进行象征性的战斗并且一有机会即投降——可以更好地生存。

因此，本节拟以上述4个因素作为心理瓦解程度的评价指标，即物理毁伤效果 v_1、部队素质 v_2、士气 v_3 以及感知到继续战斗的理由 v_4。

16.5.2　心理瓦解程度评估的模糊综合评判模型

1. 评判等级集合的确定

可将心理瓦解程度划分为 5 个等级：低、较低、一般、较高、高，分别用Ⅰ、Ⅱ、Ⅲ、Ⅳ、Ⅴ来表示，这样得到评价等级集合：

$$V = \{ Ⅰ, Ⅱ, Ⅲ, Ⅳ, Ⅴ \}$$

评判等级与心理瓦解程度的对应关系如下表 13.9 所示，表中所列概率值实际是评判等级的量化指标或者分级标准。

表 16.9　评判等级的量化指标

评判等级	Ⅰ	Ⅱ	Ⅲ	Ⅳ	Ⅴ
心理瓦解程度	0.2 以下	0.21～0.4	0.41～0.6	0.61～0.8	0.8 以上

2. 评判因素集的确定

根据 16.5.1 节的分析，影响心理瓦解程度的四个因素如下：

（1）物理毁伤效果 v_1。根据计算，用 [0,1] 上的某个值表示该因素，一般情况下物理毁伤效果越好，对敌心理的影响越大，也就越容易使部队瓦解。

（2）部队的素质 v_2。对于部队的整体素质，可通过部队机动时机动速度和整体队形保持的完整度来评估。本节考虑用一个对部队机动时机动速度和整体队形保持的完整度经过标准化处理的加权和来表示敌人的素质。故可将部队的素质 v_2 设置为 [0,1] 之间的一个值。部队的推进速度保持得与最佳推进速度越接近，说明该部队素质越好；机动时队形保持得越完整，也说明该部队素质越好。进一步说明，部队素质越好，也就越难对该部队进行瓦解。

（3）部队士气 v_3。任何一支部队都是由单个的个体人组成，一支部队的士气也是多个个体精神状态的整体体现。一般情况下，进攻方对对手的素质都会有一个大致的了解，故可用 [0,1] 上的某个值表示该因素。该值越大，表示部队士气越高；该值越小，表示部队士气越低。进一步说明，部队士气越高，也就越难对该部队进行瓦解。

（4）感知到继续战斗的理由 v_4。对手感知到继续战斗的理由与战场态势的变化、对手的素质和士气等因素都有关系，量化起来非常复杂。为了简化起见，本节考虑用一个与战场态势的变化、敌人的素质和士气有关的加权和来表示对手感知到继续战斗的理由。故可将 v_4 设置为 [0,1] 之间的一个值，数值越大表示对手感知到继续战斗的理由越充足，反之则相反。进一步说明，部队感觉到继续战斗的理由越充足，也就越难对该部队进行瓦解。

由此构成评判因素集 V：

$$V = \{v_1, v_2, v_3, v_4\}$$

3. 心理瓦解程度的二级模糊综合评判模型

根据评判因素的不同属性,可将评判因素集划分为两个子集:

$$U_1 = \{v_1\}, U_2 = \{v_2, v_3, v_4\}$$

式中,U_1 反映物理因素对心理瓦解程度的影响;U_2 反映心理因素对心理瓦解程度的影响。

据此,可以建立心理瓦解程度的二级模糊综合评判模型。

第一级分别对在 U_1,U_2 两个因素子集中同因素影响下的心理瓦解程度进行评判,模型为[算子"$*$"取 $M(\cdot, +)$]:

$$\mathop{B}_{\sim 1} = \mathop{A}_{\sim 1} * \mathop{R}_{\sim 1} \tag{16.19}$$

$$\mathop{B}_{\sim 2} = \mathop{A}_{\sim 2} * \mathop{R}_{\sim 2} \tag{16.20}$$

式中,$\mathop{A}_{\sim 1}$,$\mathop{A}_{\sim 2}$ 分别为 U_1,U_2 中的评判因素权重集,是评判因素集 U 的模糊子集;$\mathop{R}_{\sim 1}$,$\mathop{R}_{\sim 2}$ 分别为 U_1,U_2 与评判等级集合 U 之间的模糊关系矩阵,其形式为

$$\mathop{R}_{\sim 1} = \begin{bmatrix} r_{1,1} & r_{1,2} & r_{1,3} & r_{1,4} & r_{1,5} \end{bmatrix}, \quad \mathop{R}_{\sim 2} = \begin{bmatrix} r_{21,1} & r_{21,2} & r_{21,3} & r_{21,4} & r_{21,5} \\ r_{22,1} & r_{22,2} & r_{22,3} & r_{22,4} & r_{22,5} \\ r_{23,1} & r_{23,2} & r_{23,3} & r_{23,4} & r_{23,5} \end{bmatrix}$$

$\mathop{B}_{\sim 1}$,$\mathop{B}_{\sim 2}$ 分别为对应于 U_1,U_2 的心理瓦解程度的一级评判结果,它们均为评判等级集合 U 上的模糊子集。

在一级评判的基础上,作二级综合评判,其模型为

$$\mathop{B}_{\sim} = \mathop{A}_{\sim} * \begin{bmatrix} \mathop{B}_{\sim}^1 \\ \mathop{B}_{\sim}^2 \end{bmatrix} \tag{16.21}$$

式中,$\mathop{A}_{\sim}$ 为 U_1,U_2 这两类评判因素的权重集,即将 U_1,U_2 这两个因素子集视为 V 中两个集合元素各自的权重;$\mathop{B}_{\sim}$ 为总的评判结果。

16.5.3 模糊关系矩阵的确定

确定模糊关系矩阵 $\mathop{R}_{\sim 1}$,$\mathop{R}_{\sim 2}$ 就是要确定矩阵元素 $r_{i,j}$,而 $r_{i,j}$ 就是只考虑评判因素 $v_i(i=1,2,3,4)$ 时心理瓦解程度对评判等级 $j(j=1,2,\cdots,5)$ 的隶属度 $\mu_{ij}(v_i)$,这样问题转化为求评判因素对评判等级的隶属度。

评判因素 $v_i(i=1,2,3,4)$ 相对于 Ⅰ、Ⅱ、Ⅲ、Ⅳ 这 4 个等级的隶属函数可取为正态分布,形式为

$$\mu_{ij}(v_i) = \exp\left[-\left(\frac{v_i - m_{ij}}{\sigma_{ij}}\right)^2\right] \quad (i=1,2,3,4; j=1,2,3,4) \tag{16.22}$$

式中，m_{ij} 为第 i 个因素 v_i($i=1,2,3,4$) 对第 j 个等级的统计值的平均值；σ_{ij} 为第 i 个因素 v_i($i=1,2,3,4$) 对第 j 个等级的统计值的均方差。

但 v_i 对评判等级为 5 的隶属函数则不能视为正态分布，应另行确定。评判因素 v_i($i=1,2,3,4$) 可分为两类，一类是因素值与心理瓦解程度成正比的因素，另一类是因素值与心理瓦解程度成反比的因素。对于第一类因素，其对等级 5 的隶属函数可取升半岭型分布；对于第二类评判因素，其对等级 5 的隶属函数可取降半岭型分布。这两种分布的图像及隶属函数式如下：

升半岭型分布（适用于 v_1）：

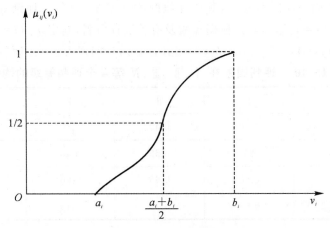

图 16.4　升半岭型分布曲线

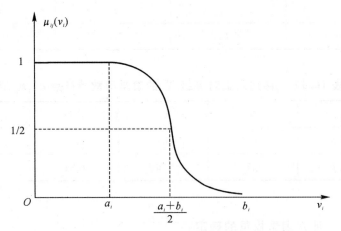

图 16.5　降半岭型分布曲线

$$\mu_{ij}(v_i) = \begin{cases} 0 & (0 < v_i < a_i) \\ \dfrac{1}{2} + \dfrac{1}{2}\sin\dfrac{\pi}{b_i - a_i}\left(v_i - \dfrac{a_i + b_i}{2}\right) & (a_i < v_i < b_i) \\ 1 & (v_i > b_i) \end{cases} \quad (16.23)$$

降半岭型分布(适用于 v_2, v_3, v_4):

$$\mu_{ij}(v_i) = \begin{cases} 1 & (0 < v_i < a_i) \\ \dfrac{1}{2} - \dfrac{1}{2}\sin\dfrac{\pi}{b_i - a_i}\left(v_i - \dfrac{a_i + b_i}{2}\right) & (a_i < v_i < b_i) \\ 0 & (v_i > b_i) \end{cases} \quad (16.24)$$

假定对于同一评判因素 v_i,其统计值的均方差 σ_{ij} 对任一评判等级都是相等的,即 $\sigma_{ij} = \sigma_i (j = 1, 2, 3, 4)$。根据经验及有关统计资料,确定 $m_{ij} (i = 1, 2, 3, 4; j = 1, 2, 3, 4)$,$\sigma_i (j = 1, 2, 3, 4)$,$a_i, b_i (i = 1, 2, 3, 4)$,分别列入表 16.10 ~ 表 16.12。

表 16.10　评判因素在 Ⅰ、Ⅱ、Ⅲ、Ⅳ 等 4 个评判等级的均值

	Ⅰ	Ⅱ	Ⅲ	Ⅳ
v_1	0.20	0.40	0.60	0.80
v_2	0.85	0.65	0.40	0.20
v_3	0.80	0.65	0.50	0.30
v_4	0.90	0.70	0.45	0.15

表 16.11　评判在 Ⅰ、Ⅱ、Ⅲ、Ⅳ 等 4 个评判等级的均方差

σ_1	σ_2	σ_3	σ_4
0.08	0.10	0.12	0.15

表 16.12　评判因素对等级 Ⅴ 的隶属函数特征点 a_i, b_i 值

评判因素 v_i	v_1	v_2	v_3	v_4
特征点 a_i	0.3	0.4	0.48	0.55
特征点 b_i	0.7	0.6	0.84	0.9

16.5.4　评判因素权重的确定

评判因素的权重可由 AHP 法获得,不作为本书研究重点,故从略。

16.5.5　计算示例

假设常规导弹弹头为典型的整体杀伤爆破弹,打击目标为敌军坦克装甲进攻部队,物理毁伤指标为相对毁伤面积。再假定根据事先的评估和计算,得到相关因素值为 $v_1 = 0.68$, $v_2 = 0.63$, $v_3 = 0.65$, $v_4 = 0.5$。

利用式(16.22)、式(16.23)、式(16.24)计算出 $\mu_{ij}(v_i)$,即模糊关系矩阵 $\underset{\sim 1}{\boldsymbol{R}}$, $\underset{\sim 2}{\boldsymbol{R}}$ 的元素值,于是得到 $\underset{\sim 1}{\boldsymbol{R}}$, $\underset{\sim 2}{\boldsymbol{R}}$ 如下:

$$\underset{\sim 1}{\boldsymbol{R}} = \begin{bmatrix} 0.000\ 0 & 0.000\ 0 & 0.367\ 9 & 0.105\ 4 & 0.904\ 5 \end{bmatrix}$$

$$\underset{\sim 2}{\boldsymbol{R}} = \begin{bmatrix} 0.007\ 9 & 0.960\ 8 & 0.005\ 0 & 0.000\ 0 & 0.000\ 0 \\ 0.209\ 6 & 1.000\ 0 & 0.209\ 6 & 0.000\ 2 & 0.370\ 6 \\ 0.000\ 8 & 0.169\ 0 & 0.894\ 8 & 0.004\ 3 & 1.000\ 0 \end{bmatrix}$$

假定根据 AHP 方程确定的权重集分别为

$$\underset{\sim 1}{A} = (1), \underset{\sim 2}{A} = (0.4, 0.35, 0.25), \underset{\sim}{A} = (0.65, 0.35)$$

由式(16.19)、式(16.20)得到一级评判结果为

$$\underset{\sim 1}{\boldsymbol{B}} = \begin{bmatrix} 0.000\ 0 & 0.000\ 0 & 0.367\ 9 & 0.105\ 4 & 0.904\ 5 \end{bmatrix}$$

$$\underset{\sim 2}{\boldsymbol{B}} = \begin{bmatrix} 0.076\ 7 & 0.776\ 6 & 0.299\ 1 & 0.001\ 1 & 0.379\ 7 \end{bmatrix}$$

由式(16.21)得到二级评判结果为

$$\underset{\sim}{\boldsymbol{B}} = \begin{bmatrix} 0.026\ 8 & 0.271\ 8 & 0.343\ 8 & 0.068\ 9 & 0.720\ 8 \end{bmatrix}$$

归一化后得

$$\underset{\sim}{\boldsymbol{B}}^1 = \begin{bmatrix} 0.018\ 7 & 0.189\ 9 & 0.240\ 2 & 0.048\ 1 & 0.503\ 6 \end{bmatrix}$$

根据最大隶属度原则可知,心理瓦解程度为等级 Ⅴ,故在相对毁伤面积为 0.68 的情况下,敌军坦克装甲进攻部队的心理瓦解程度为 0.8 以上。

参 考 文 献

[1]　邱成龙,等.地地导弹火力运用原理[M].北京:国防工业出版社,2001.

[2]　舒建生.常规导弹毁伤指标及其计算方法研究[D].西安:第二炮兵工程学院,1998.

[3]　黄路炜.常规导弹联合作战火力运用仿真系统研究[D].西安:第二炮兵工程学院,2005.

[4]　隋树元,王树山.终点效应学[M].北京:国防工业出版社,2000.

[5]　余文力,蒋浩征.地地导弹对面目标毁伤效率仿真研究[J].兵工学报,2000(1):31 – 36.

［6］　李新其，向爱红. 系统目标毁伤效果评估问题研究［J］. 兵工学报，2008(1)：65－69.

［7］　卢井澄，卢华明. 图论及其应用［M］. 北京：清华大学出版社，1995.

［8］　李志强，胡晓峰. 作战模拟中通信系统连通性算法研究［J］. 计算机仿真，2006(4)：15－18.

［9］　德普图拉. 基于效果作战：战争性质的转变［M］. 军事科学院世界军事研究部，译. 北京：军事科学出版社，2005.

［10］　汪民乐，李景文. 机动导弹武器系统生存能力的综合评判［J］. 系统工程与电子技术，1995(9)：26－30.

［11］　张最良，李长生. 军事运筹学［M］. 北京：军事科学出版社，1993.

第 17 章 基于效果的导弹毁伤效能优化

17.1 引　　言

  常规导弹火力分配是导弹毁伤效能优化中的关键环节,是指在实现一定作战意图的前提要求下,将一种或多种导弹最优分配(或根据需要分配)到一类或多类目标,或者根据所打击的目标和所发射的弹量,将导弹发射任务与导弹发射力量进行最佳匹配的过程。传统的火力最优分配是指在某一特定的打击时机,对于给定的打击目标和可以使用的弹量,最大限度地发挥诸火力单位效能,从而达到对目标的最大毁伤效果。显然,传统火力分配追求的只是物理毁伤效果的最大化,即追求的效果只体现在物理方面。过分追求物理毁伤效果不一定能达成作战目的,火力分配追求的效果需要综合考虑物理、心理效果。此外,全新的战争模式对火力分配的时效性和准确性提出了更高的要求。目前,常规导弹火力分配所追求的目标正在从传统的物理毁伤效果的最大化向物理、功能及心理等综合毁伤效果的最大化转变,其依据是基于效果作战的思想[1]。因此,基于效果的火力分配模型和方法都应与以往有所不同。毁伤效果的多样性,使常规导弹火力分配问题较以往更加复杂,由此导致常规导弹火力分配模型的求解困难。从问题本质上看,常规导弹火力分配问题属于组合优化问题,是一类典型的 NP - hard 问题,尤其是大规模火力分配问题涉及导弹数量多、打击目标多样、影响因素广,随着目标和火力单元数量的增加,问题求解的计算量呈指数增长,特别是当问题规模较大时(变量个数较多)将会出现组合爆炸,模型求解相当困难。在 20 世纪 90 年代以前,对火力分配问题的求解局限于传统算法,主要包括隐枚举法、分支定界法、割平面法、动态规划法等。这些算法的求解思想简单明了,易于编程实现,但收敛速度慢,难以处理维数较高的火力分配问题,且往往只能获得局部极优解,不能满足基于效果作战的要求。遗传算法(Genetic Algorithm,GA)作为一种仿生类智能优化算法[2],采用群体搜索策略,由于其搜索过程的隐并行性,对导弹火力分配这类复杂非线性组合优化问题具有较高的求解效率。近年来,在有关文献中出现了用标准遗传算法(Canonical Genetic Algorithm,CGA)求解导弹火力分配问题的方法及案例[3],具有一定的实用性,但是并没有克服基本 GA 本身存在的一些问题,主要是基本 GA 容易产生早熟现象,且局部寻优能力较差。由此可见,对于火力分配问题,基本 GA 的求解效果往往并不理想。为改进基本遗传算法,使之适应于求解火力分配问题,可以从以下方面入手:①改进 GA 的控制参数。GA 的控制参数(如变异概率、交叉概率、收敛准则等)作为其初始输入会对 GA 的收敛效率产生重要影响,因此恰当选择控制参数可以提高 GA 收敛效率。②将 GA 与模拟退火算法相混合。模拟退火算法(Simulated Annealing)具有较强的局部搜索能力,并能使搜索过程避免陷入局部最优解,但模拟退火算法对整个搜索空间中解的分布状况感知不够,不利于使搜索过程进入最有希望的搜索区域,从而使得模拟退火算法对最优解的大范围搜索效率不高。但如果将 GA 与模拟退火算法相结合,在算法性能上实现互补,则能够开发出性能更为优良的全局搜索算法。

本章针对基于效果的常规导弹火力决策的特点,以提高导弹毁伤效能为目的,通过在常规导弹火力分配模型中引入射击有利度这一新要素,建立基于效果作战模式下常规导弹火力分配模型,并为求解该模型,设计了改进控制参数的遗传模拟退火算法。

17.2 基于效果的导弹火力分配模型

17.2.1 传统火力分配模型的局限性

设 M 为各种导弹武器的总数,n 为目标总数,k 为导弹武器类型数,$m_i(i=1,2,3,\cdots,k)$ 为第 i 种导弹武器的数量,决策变量为 X_{ij},即为打击第 j 个目标的第 i 种导弹武器的数量,打击第 j 个目标的各种导弹武器的总数为 X_j。

传统的火力分配模型如下:

$$\max Q(D) = \sum_{j=1}^{n} A_j \left[1 - \prod_{i=1}^{k}(1 - P_{ij}(X_{ij}))\right]$$

$$\text{s.t.} \quad \sum_{i=1}^{k} m_i = M$$

$$\sum_{j=1}^{n} X_{ij} = m_i (i=1,2,3,\cdots,k)$$

$$X_j = \sum_{i=1}^{k} X_{ij} (j=1,2,\cdots,n)$$

式中,A_j 表示第 j 个目标的价值;$P_{ij}(X_{ij})$ 表示第 i 类导弹武器击毁目标 j 的概率,显然,P_{ij} 与 X_{ij} 有关,故为 X_{ij} 的函数形式;$Q(D)$ 为射击效益值。

此模型存在一定的局限性,具体表现为:火力分配作为指挥控制系统一个重要的辅助决策功能,与作战原则、策略、方案等因素密切相关,存在大量的变量和参量,上述模型综合考虑的因素太少,只考虑了目标价值和毁伤概率对火力分配的影响,因而,得出的射击效益值难以为指挥员决策提供真实有效的帮助。

17. 2. 2　改进后的火力分配模型

对传统的火力分配模型加以改进需从以下两个方面入手：一是改进对目标价值的评价指标及方法；二是在模型中以射击有利度来代替毁伤概率，并且改进对射击有利度的评价指标及方法。射击有利度综合考虑目标的运动状态、目标性质、目标环境、最大有效射击时间等因素对导弹毁伤的影响，其立足点是导弹射击全过程，而毁伤概率只考虑对目标毁伤的可能性，且追求的是物理毁伤效果的最大化，即毁伤效果只体现在物理方面，因此，以射击有利度代替毁伤概率有利于提高导弹火力分配的有效性和准确性。

改进后的火力分配模型可以表示为

$$\max f(x) = \sum_{i=1}^{k} \sum_{j=1}^{n} C_{ij} X_{ij} \tag{17.1}$$

$$C_{ij} = \lambda V_i + (1-\lambda) P_{ij}, (i=1,2,\cdots,k; j=1,2,\cdots,n)$$

$$\text{s.t.} \begin{cases} \sum_{i=1}^{k} X_{ij} = X_j \\ \sum_{j=1}^{n} X_{ij} = m_i \\ \sum_{i=1}^{k} \sum_{j=1}^{n} X_{ij} = M \end{cases}$$

$$X_{ij} \geqslant 0, (i=1,2,\cdots,k; j=1,2,\cdots,n)$$

式中，$f(x)$ 为射击效益函数，表现为对各个目标射击效益值的和；M 为各种导弹火力单元的总数；n 为打击目标总数；k 为导弹火力单元类型数；决策变量为 X_{ij}，其所表征的意义是第 i 类火力单元分配于第 j 个打击目标的火力单元数量；C_{ij} 为第 i 类火力单元射击第 j 个目标的基于效果的效益值，称为射击效益系数；λ 为权重系数，由专家组经过群组决策进行统计平均来确定；X_j 为分配于第 j 个打击目标的导弹火力单元总数；m_i 为第 i 类导弹火力单元的总数；V_j 为第 j 个目标基于效果的目标价值（需经过标准正规化处理）；P_{ij} 为第 i 类火力单元对第 j 个目标的射击有利度，代表导弹火力单元对目标实施射击的有利程度（为 $[0,1]$ 上无量纲值）。

由于 V_j, P_{ij} 均为 $[0,1]$ 上无量纲值且均为越大越好，因而射击效益系数 C_{ij} 可取为二者的加权和，其中权值 λ 所表达的意义是导弹火力分配中在选择高价值目标和选择高射击有利度目标之间的折中。

射击有利度 P_{ij} 须通过专门的评价指标和评价方法来确定，以下具体介绍射击有利度 P_{ij} 的评价指标及确定方法。

17.3　基于效果的射击有利度评价

对射击有利度进行评价与判断是实现基于效果的最优火力分配的基础。由于影响射击有利度的因素较多,对其进行评价时,这些因素的重要性、影响力或者优先程度难以量化,若采用传统的多指标加权综合方法,人的主观选择会起着相当重要的作用,从而影响评价的准确性。针对射击有利度评价指标的特点,运用基于有序加权平均(Ordered Weighted Averaging,OWA)算子的多属性决策方法对射击有利度进行评价,可以减小人的主观因素对指标权重属性量化及最终的射击有利度评价所带来的影响,提高了射击有利度评价的准确性[4-5]。

17.3.1　基于效果的射击有利度评价指标

射击有利度主要是由目标的相关参数和导弹武器的性能决定的。对导弹武器系统而言,影响对目标射击的因素主要有目标的运动状态、目标性质(包括目标形状及物理结构)、目标环境、导弹的射程、最大有效射击时间、对目标的单发杀伤概率等。射击有利度的评价指标体系如图 17.1 所示。

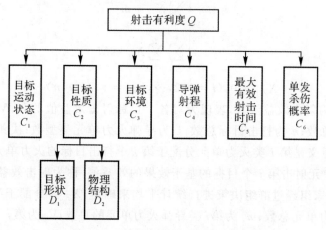

图 17.1　射击有利度评价指标体系

射击有利度评价指标的度量方法如下:

1. 目标的运动状态 C_1

由于常规导弹一般只能攻击静止目标,因此,当目标的运动状态为静止时, $C_1=1$,当目标处于运动状态时, $C_1=0$。若未来常规导弹能够攻击移动目标,则可根据目标的移动速度,将 C_1 取为 $[0,1]$ 上的值,目标的移动速度越快,则 C_1 的值越小。

2. 目标的性质 C_2

目标性质包括目标的几何形状和物理结构。一般的,在射击范围内,目标的被弹面积越大,射击越有利,因此可构建如下的目标几何形状有利度隶属函数(专家值):

$$D_1 = \begin{cases} 1.0, & \text{面目标} \\ 0.7, & \text{线目标} \\ 0.4, & \text{点目标} \end{cases}$$

目标的物理结构主要是通过目标的抗毁性能来反映的,对于一定物理结构的目标,需要用相对应的弹头进行毁伤,因此,D_2 值可以用弹头与目标物理结构的匹配程度来度量,匹配时,$D_2 = 1$,若不匹配,则 $D_2 = 0$。

3. 目标环境 C_3

目标环境是指目标所处的自然和人文环境,在目标遭受打击后,会不会激发目标周围环境对进攻方的反击,进而削弱进攻方的生存能力,影响后续的射击。通过对不同目标环境进行抽样分析,发现 C_3 值对射击有利度的影响关系服从正态分布:

$$f_{C_3}(x) = \frac{1}{\sigma_X \sqrt{2\pi}} \exp\left[-\frac{1}{2} \times \frac{(x-\mu)^2}{\sigma_X^2}\right] \tag{17.2}$$

根据抽样评估结果,式(17.2) 中 $\mu = 0.5$,$\sigma_X = 0.5$,因而可将 C_3 设置为服从正态分布的随机数。

4. 导弹的射程 C_4

目标在导弹射程范围内,则可设 $C_4 = 1$,否则为 0。

5. 最大有效射击时间 C_5

一般情况下,最大有效射击时间越长,射击越有利。当最大有效射击时间小于导弹武器系统反应时间时,则射击有利度为 0;当最大有效射击时间大于某一上界 τ 时,则射击有利度为 1;当最大有效射击时间大于导弹武器系统反应时间而小于上界 τ 时,射击有利度近似服从升半 Γ 形分布。其形式为

$$\mu_{C_5}(x) = \begin{cases} 0 & x < a \\ 1 - e^{-k(x-a)} & x \geqslant a \end{cases} \tag{17.3}$$

式中,x 为最大有效射击时间;a 为导弹武器系统反应时间;$k = 0.17$。

6. 单发杀伤概率 C_6

对目标单发杀伤概率大的火力单元射击较有利,而对目标单发杀伤概率小的火力单元射击较不利,也就是说应优先考虑用单发杀伤概率高的火力单元进行射击。该项射击有利度评价指标值可直接选取火力单元对目标的单发杀伤概率 $C_6 = P_s$。

17.3.2 基于有序加权平均(OWA)算子的射击有利度评价方法

1. 有序加权平均(OWA)算子的定义

设 OWA:$\mathbf{R}^n \rightarrow \mathbf{R}$,若:$OWA_w(a_1,a_2,\cdots,a_n)=\sum_{j=1}^{n}w_jb_j$,其中 $w=[w_1 \quad w_2 \quad \cdots \quad w_n]$是与函数 OWA 相关联的加权向量,$w_j \in [0,1]$,$j \in \mathbf{N}=\{1,2,3,\cdots,n\}$,$\sum_{j=1}^{n}w_j=1$,且 b_j 是一组数据$(a_1,a_2,\cdots,a_n)$中第 j 大的元素,$\mathbf{R}$为实数集,则称函数 OWA 是有序加权平均算子,也称 OWA 算子。

上述算子的特点是,对数据$(a_1,a_2,\cdots,a_n)$按从大到小的顺序重新进行排序并通过加权集结,而且元素 a_i 与 w_i 没有任何关联,w_i 只与集结过程中的第 i 个位置有关(因此加权向量也称为位置向量)。

2. 基于 OWA 算子的多属性决策方法

基于 OWA 算子多属性决策方法的具体步骤如下:

步骤1:对于某一多属性决策问题,设 $X=\{x_1,x_2,\cdots,x_n\}$ 为方案集,$U=\{u_1,u_2,\cdots,u_m\}$ 为属性集,属性权重信息完全未知,对于方案 x_i,按属性 u_i 进行测度,得到 x_i 关于 u_i 的属性值 a_{ij},从而构成决策表 A,如表 17.1 所示。

表 17.1 决策表 A

a_{ij}	u_1	u_2	$\cdots$	u_m
x_1	a_{11}	a_{12}	$\cdots$	a_{1m}
x_2	a_{21}	a_{22}	$\cdots$	a_{2m}
$\vdots$	$\vdots$	$\vdots$		$\vdots$
x_n	a_{n1}	a_{n2}	$\cdots$	a_{nm}

A 须经过规范化处理,得到规范化决策表 R,方法如下:属性类型一般分为效益型、成本型、固定型、偏离型、区间型、偏离区间型等。对于常规导弹射击有利度评价问题来说,C_1 属于固定型属性,且为$[0,1]$上的值,已是规范化形式。C_2,C_4,C_5,C_6 属于效益型属性,C_3 属于成本型属性,尚需对属性值进行规范化。成本型属性是指属性值越大越好的属性,效益型属性是指属性值越小越好的属性。设 I_1,I_2 分别为效益型和成本型属性的下标集,则决策表 A 中的效益型和成本型属性值 a_{ij} 经过以下规范化处理:

$$r_{ij}=\frac{a_{ij}}{\max_i(a_{ij})},i \in \mathbf{N}=\{1,2,3,\cdots,n\},j \in I_1 \tag{17.4}$$

$$r_{ij} = \frac{\min_i(a_{ij})}{a_{ij}}, i \in \mathbf{N} = \{1,2,3,\cdots,n\}, j \in I_2 \qquad (17.5)$$

步骤 2：利用 OWA 算子对各方案 $x_i (i=1,2,\cdots,n)$ 的属性值进行集结，求得其综合属性值 $z_i(w)(i=1,2,\cdots,n)$：

$$z_i(w) = \mathrm{OWA}_w(r_{i1}, r_{i2}, \cdots, r_{im}) = \sum_{j=1}^{m} w_j b_{ij} \qquad (17.6)$$

其中 $w = [w_1 \quad w_2 \quad \cdots \quad w_m]$ 是 OWA 算子的加权向量（其确定方法见参考文献 [3] 的 1.1 节中的定理 1.8 ~ 定理 1.11），$w_j \geqslant 0, j \in M = \{1,2,3,\cdots,m\}, \sum_{j=1}^{m} w_j = 1$，且 b_{ij} 是 $r_{il}(l \in M = \{1,2,3,\cdots,m\})$ 中的第 j 大的元素。

步骤 3：按 $z_i(w)(i=1,2,\cdots,n)$ 的大小对方案进行排序并择优，以 $z_i(w)$ 的计算值作为射击有利度值。

17.3.3　基于效果的常规导弹射击有利度评价示例

1. 计算条件

假设有 10 个打击目标（对应多属性决策中的方案），某一火力单元的决策者考察了这 10 个目标的射击有利度指标情况，其中 C_3 值由 MATLAB 7.1 中的正态分布随机数产生命令（Randn×0.5＋0.5）来产生，其值取 1 000 次产生值的平均。所得的评估结果见表 17.2。

表 17.2　决策表 A

	C_1	C_2	C_3	C_4	C_5	C_6
x_1	1	1	Randn×0.5＋0.5	1	1	0.884 6
x_2	1	1	Randn×0.5＋0.5	1	0.448 2	0.400 0
x_3	1	0.7	Randn×0.5＋0.5	1	1	0.985 3
x_4	1	0.7	Randn×0.5＋0.5	1	0.731 9	0.653 7
x_5	1	1	Randn×0.5＋0.5	1	0.286 5	0.742 3
x_6	1	1	Randn×0.5＋0.5	1	0.109 4	0.632 0
x_7	1	1	Randn×0.5＋0.5	1	0.852 3	0.857 1
x_8	1	1	Randn×0.5＋0.5	1	0.668 8	0.683 9
x_9	1	0.7	Randn×0.5＋0.5	1	0.473 6	0.745 6
x_{10}	1	1	Randn×0.5＋0.5	1	0.335 9	0.651 4

2. 仿真计算

步骤 1：由于 C_1 属于固定型属性，其值已是规范化形式。而 C_2，C_4，C_5，C_6 属于效益型属性，C_3 属于成本型属性，根据式(17.4)和式(17.5)，可将其规范化，得到规范化决策表 R，见表 17.3。

表 17.3　规范化后的决策表 R

	C_1	C_2	C_3	C_4	C_5	C_6
x_1	1.0	1.0	0.521 5	1.0	1.0	0.884 6
x_2	1.0	1.0	0.477 2	1.0	0.448 2	0.400 0
x_3	1.0	0.7	0.491 1	1.0	1.0	0.985 3
x_4	1.0	0.7	0.486 8	1.0	0.731 9	0.653 7
x_5	1.0	1.0	0.501 4	1.0	0.286 5	0.742 3
x_6	1.0	1.0	0.508 0	1.0	0.109 4	0.632 0
x_7	1.0	1.0	0.503 5	1.0	0.852 3	0.857 1
x_8	1.0	1.0	0.499 7	1.0	0.668 8	0.683 9
x_9	1.0	0.7	0.508 8	1.0	0.473 6	0.745 6
x_{10}	1.0	1.0	0.496 6	1.0	0.335 9	0.651 4

步骤 2：利用 OWA 算子对各方案 $x_i(i=1,2,3,\cdots,10)$ 的属性值进行集结，即应用式(17.6)求得其综合属性值 $z_i(w)(i=1,2,3,\cdots,10)$（根据参考文献[3]给出的定理 1.10 得到 OWA 算子的加权向量 $w = [0.333\ 4\quad 0.133\ 3\quad 0.133\ 3\quad 0.133\ 3\quad 0.133\ 3\quad 0.133\ 3]$，这里取 $a = 0.2$）：

$z_1(w) = \mathrm{OWA}_w(r_{11}, r_{12}, \cdots, r_{16}) = 0.3334 \times 1.0 + 0.1333 \times 1.0 + 0.1333 \times 1.0 + 0.1333 \times 1.0 + 0.1333 \times 0.8846 + 0.1333 \times 0.5215 = 0.9207$；

$z_2(w) = \mathrm{OWA}_w(r_{21}, r_{22}, \cdots, r_{26}) = 0.3334 \times 1.0 + 0.1333 \times 1.0 + 0.1333 \times 1.0 + 0.1333 \times 0.4772 + 0.1333 \times 0.4482 + 0.1333 \times 0.4000 = 0.7767$；

$z_3(w) = \mathrm{OWA}_w(r_{31}, r_{32}, \cdots, r_{36}) = 0.3334 \times 1.0 + 0.1333 \times 1.0 + 0.1333 \times 1.0 + 0.1333 \times 0.9853 + 0.1333 \times 0.7000 + 0.1333 \times 0.4911 = 0.8901$；

$z_4(w) = \mathrm{OWA}_w(r_{41}, r_{42}, \cdots, r_{46}) = 0.3334 \times 1.0 + 0.1333 \times 1.0 + 0.1333 \times 0.7319 + 0.1333 \times 0.7000 + 0.1333 \times 0.6537 + 0.1333 \times 0.4868 = 0.8096$；

$z_5(w) = \mathrm{OWA}_w(r_{51}, r_{52}, \cdots, r_{56}) = 0.3334 \times 1.0 + 0.1333 \times 1.0 + 0.1333 \times 1.0 + 0.1333 \times 0.7423 + 0.1333 \times 0.5014 + 0.1333 \times 0.2865 = 0.8040$；

$z_6(w) = \mathrm{OWA}_w(r_{61}, r_{62}, \cdots, r_{66}) = 0.3334 \times 1.0 + 0.1333 \times 1.0 + 0.1333 \times 1.0 +$

$0.1333 \times 0.6320 + 0.1333 \times 0.5080 + 0.1333 \times 0.1094 = 0.7665$;

$z_7(\boldsymbol{w}) = \mathrm{OWA}_w(r_{71}, r_{72}, \cdots, r_{76}) = 0.3334 \times 1.0 + 0.1333 \times 1.0 + 0.1333 \times 1.0 +$
$0.1333 \times 0.8571 + 0.1333 \times 0.8523 + 0.1333 \times 0.5035 = 0.8950$;

$z_8(\boldsymbol{w}) = \mathrm{OWA}_w(r_{81}, r_{82}, \cdots, r_{86}) = 0.3334 \times 1.0 + 0.1333 \times 1.0 + 0.1333 \times 1.0 +$
$0.1333 \times 0.6839 + 0.1333 \times 0.6688 + 0.1333 \times 0.4997 = 0.8469$;

$z_9(\boldsymbol{w}) = \mathrm{OWA}_w(r_{91}, r_{92}, \cdots, r_{96}) = 0.3334 \times 1.0 + 0.1333 \times 1.0 + 0.1333 \times 0.7456 +$
$0.1333 \times 0.7000 + 0.1333 \times 0.5088 + 0.1333 \times 0.4736 = 0.7904$;

$z_{10}(\boldsymbol{w}) = \mathrm{OWA}_w(r_{101}, r_{102}, \cdots, r_{106}) = 0.3334 \times 1.0 + 0.1333 \times 1.0 + 0.1333 \times 1.0 +$
$0.1333 \times 0.6514 + 0.1333 \times 0.4966 + 0.1333 \times 0.3359 = 0.7978$。

步骤 3：以步骤 2 的计算结果作为对各个目标的射击有利度评价值，按
$z_i(\boldsymbol{w})(i = 1, 2, 3, \cdots, 10)$ 的大小对各目标射击有利度进行排序：

$$x_1 > x_7 > x_3 > x_8 > x_4 > x_5 > x_{10} > x_9 > x_2 > x_6$$

3. 与传统火力分配模型的比较分析

射击有利度体现导弹火力单元对目标实施射击的有利程度，它综合考虑目标的运动状态、目标性质、目标环境、最大有效射击时间等因素对导弹毁伤的影响，其立足点是导弹射击全过程，而传统的火力分配模型只考虑毁伤概率对导弹毁伤的影响，亦即只考虑导弹对目标毁伤的可能性，体现的仅是导弹末端毁伤效果，且追求的是物理毁伤效果的最大化，即毁伤效果只体现在物理方面，因此，以射击有利度代替毁伤概率可使毁伤效果的度量更为全面，有利于提高导弹火力分配的有效性和准确性。

17.4　基于效果的导弹火力分配模型的求解

火力分配问题是一类组合优化问题，也是一个 NP - hard 问题，其中大规模火力分配问题涉及导弹数量多、打击目标杂、涵盖因素广，随着目标和火力单元数量的增加会出现组合爆炸，特别是当问题规模较大时（变量个数较多），计算量会呈指数增长，模型求解相当困难[6-7]。

17.4.1　火力分配算法概述

在 20 世纪 80 年代以前，对火力分配问题的求解局限于传统算法，主要包括隐枚举法、分支定界法、割平面法、动态规划法等。这些算法较为简单，但编程实现时较为烦琐，当目标数增多，但收敛速度慢时，难以处理维数较大的火力分配问题，不能满足基于效果作战的实时性要求。文献[4-5]给出了用基本遗传算法解决导弹火力分配问题的方案及实例，具有一定的实用性。但是它们没有克服 GA 本身存

在的一些问题,根据文献[6-7]所述,这些问题中最主要的是基本 GA 容易产生早熟现象、局部寻优能力较差等。可见,基本 GA 的求解效果往往不是解决这个问题的最有效的方法。

通过对文献[7-8]的分析,产生了以下两点考虑:①GA 的控制参数(如变异概率、交叉概率、收敛准则等)作为其初始输入会对 GA 的运行效率产生重要影响,因此恰当选择控制参数可以提高 GA 运行效率;②模拟退火算法具有较强的局部搜索能力,并能使搜索过程避免陷入局部最优解,但模拟退火算法却对整个搜索空间的状况了解不多,不便于使搜索过程进入最有希望的搜索区域,从而使得模拟退火算法的运算效率不高。但如果将 GA 与模拟退火算法相结合,互相取长补短,则有可能开发出性能优良的全局搜索算法。

基于以上两点考虑,本节拟采用改进控制参数的遗传模拟退火算法来解决导弹的火力分配问题。

17.4.2 导弹火力分配模型求解的遗传模拟退火算法

1. 编码方案

常规导弹火力规划问题中导弹需求量因为火力打击规模的不同而可能不同,但导弹火力单元类型有限。根据这一实际情况,拟采用整数编码方案,每个染色体由一个火力分配矩阵组成,表示一种火力分配方案。设 k 为导弹类型数,n 为打击目标总数,则染色体的长度为 $l=k\times n$。任一染色体共由 k 个基因段构成,对应 k 类导弹;每个基因段包含 n 个基因,对应 n 个打击目标;任一基因位的码值均为整数,其中第 i 个基因段的第 j 个基因位的码值表示第 i 类导弹分配给第 j 个目标的数量。

例如:取 $k=2$,第一类导弹数量为 $m_1=16$,第二类导弹数量为 $m_2=30$,目标数量为 $n=5$,种群中的一个染色体编码如图 17.2 所示。

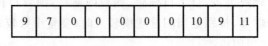

图 17.2 单个染色体编码示意图

其解码意义是,第一类导弹分配给第一个目标的数量为 9,分配给第二个目标的数量为 7,不分配给其他目标;第二类导弹分配给第三个目标的数量为 10,分配给第四个目标的数量为 9,分配给第五个目标的数量为 11,不分配给其他目标。采用整数编码方案的显著优点是直观明了,无须译码,有效降低了染色体长度,提高了遗传操作速度。

2. 适应度函数设计

采用精确罚函数法对改进后的火力分配模型的约束条件进行处理。

$$\max F(x) = f(x) - \theta \left\{ \sum_{i=1}^{k} \sum_{j=1}^{n} \mid \min(0, x_{ij}) \mid + \sum_{i=1}^{k} \left| \sum_{j=1}^{n} x_{ij} - m_i \right| \right\}$$

$$(17.7)$$

式中, $f(x)$ 为原始目标函数; $F(x)$ 为无约束化后的目标函数; $\theta > 0$ 为惩罚因子。于是,上述问题转化为无约束的非线性整数规划问题,下面的遗传操作是针对此无约束问题进行的。

适应度函数的选取至关重要,直接影响到遗传算法的收敛速度以及能否找到最优解。一般而言,适应度函数是由目标函数变换而成的,但对于上述改进后的目标函数有可能取到负值,因而采用界限构造法对目标函数进行变换。令适应度函数为 $\mathrm{Fit}(F(x))$,则

$$\mathrm{Fit}(F(x)) = \begin{cases} F(x) - C_{\min}, & F(x) > C_{\min} \\ 0, & \text{其他} \end{cases} \qquad (17.8)$$

其中, $C_{\min}$ 为 $F(x)$ 的最小估计值。

3. 初始种群的生成

采用随机产生的方法生成初始种群。

首先将目标价值和各类型导弹对目标的射击有利度均按降序排列,在个体随机生成过程中,遵循两个原则:

(1)首先毁伤价值较高的目标;

(2)对于不同的目标尽量使用对其射击有利度最大的导弹类型。

通过以上方法可以产生较为优良的个体组成初始种群。

4. 退火选择算子

模拟退火算法是模拟物理系统徐徐退火过程的一种搜索技术。在搜索最优解的过程中,SA 除了可以接受优化解外,还用一个随机接受准则(Metropolis)有限度地接受恶化解,并且使接受恶化解的概率逐渐趋于零,这使算法能尽可能找到全局最优解,并保证算法收敛。

SA 最引人注目的地方是它独特的退火机制,所谓 GA 与 SA 混合算法本质上是引入退火机制的 GA,其策略分为两类:一类是在 GA 遗传操作中引入退火机制,形成基于退火机制的遗传算子;一类是在 GA 迭代过程中引入退火机制,形成所谓退火演化算法。

在 GA 迭代前期适当提高性能较差串进入下一代种群的概率以提高种群多样性,而在 GA 迭代后期适当降低性能较差串(劣解)进入下一代的概率以保证 GA

的收敛性,这是 GA 运行的一种理想模式,退火选择算子(Selection Operator Based on Simulated Annealing)有助于这种模式的实现,其原理是利用退火机制改变串的选择概率,它又有两种形式。一种形式是采用退火机制对适应度进行拉伸,从而改变选择概率 P_i,公式如下:

$$P_i = \frac{\mathrm{e}^{f_i/T}}{\sum_{j=1}^{M} \mathrm{e}^{f_j/T}}, T = T_0(0.99^{g-1}) \tag{17.9}$$

式中,f_j 为第 j 个个体适应度;M 为种群规模;g 为遗传代数序号;T 为温度;T_0 为初始温度。

退火选择算子的另一种形式是引入模拟退火算法接受解的 Metropolis 准则对两两竞争选择算子做出改进。设 i,j 为随机选取的两个个体,它们进入下一代的概率为

$$P_i = \begin{cases} 1, & f(i) \geqslant f(j) \\ \exp\left[\dfrac{f(i)-f(j)}{T}\right], & f(i) < f(j) \end{cases}$$

$$P_j = \begin{cases} 0, & f(i) \geqslant f(j) \\ 1 - \exp\left[\dfrac{f(i)-f(j)}{T}\right], & f(i) < f(j) \end{cases} \tag{17.10}$$

式中,$f(i)$,$f(j)$ 为个体 i,j 的适应度;T 为温度值。在每一次选择过程之后,T 乘以衰减系数 $a(a < 1)$ 以使 T 值下降。

5. 交叉与变异算子

交叉操作是产生新个体的主要方法,变异操作是其辅助方法。交叉算子和变异算子的相互配合,共同完成对搜索空间的全局搜索和局部搜索,以寻求最优解[9-10]。

鉴于问题的实际情况,基本遗传算法(Canonical Genetic Algorithm,CGA)的交叉算子已不再适用,需做改进。根据导弹的类型数 k 和打击目标数 n,将随机配对的两条染色体都划分为 k 个基因段,每个基因段包含 n 个基因,首先采用部分匹配(PMX)交叉算子对两条染色体的对应基因段分别进行段内交叉,然后将两条染色体都作为整体采用单点交叉算子相互交叉。仍以导弹类型数 $k=2$、目标数量 $n=5$ 为例,其交叉操作过程如图 17.3 所示。

同样,变异操作也需限制在同一基因段内进行,变异规则可描述如下:① 从每段基因中按一定概率(变异概率)任选两个基因位;② 求这两个基因位的码值和;③ 产生一个小于码值和的随机整数替换其中一个基因位的码值;④ 将另一个基因位的码值变化为先前所求的这两个基因位的码值和与所产生的随机整数的差。其解码意义是保持分配给两个目标的导弹总数不变,对这两个目标的导弹数重新分配。

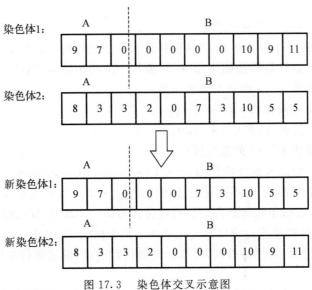

图 17.3　染色体交叉示意图

6. 动态收敛准则

目前采用的 GA 收敛准则主要有 3 种：① 固定遗传代数，到达后即停止；② 利用某种判定标准，判定种群已成熟并不再有进化趋势作为中止条件，常用的是根据几代个体平均适应度不变（其差小于某个阈值）；③ 根据种群适合度的方差小于某个值为收敛条件，这时种群中各个体适合度已充分趋于一致。以上 3 种方法各有利弊，而动态收敛准则是在融合以上 3 种方法优点的基础上，提出的一种新的 GA 收敛准则。

首先确定一个基本遗传代数 G_j，到达后对遗传代数取一个增量 ΔG，若再经 ΔG 代后，平均适应度的变化不大于某个阈值，则终止 GA 运行，从最后一代群体中获得当前最优解；否则，再取相同的代数增量 ΔG，继续种群进化。这种动态收敛准则既能保证进化需要，又能避免不必要的遗传，从而在 GA 的收敛性与时间复杂性之间做出均衡。其形式化描述如下：

The population evolves for Gj generations；

G：=Gj；

L：While G ＜ Gj ＋△G do

　｛ The population evolves；

　　　G：=G＋1 ｝

If｜$\bar{f}_{G+\Delta G} - \bar{f}_G$｜＞ε

｛ Gj＝G；

　　goto L ｝

End

7. 遗传模拟退火算法流程

在以上算法设计的基础上,遗传模拟退火算法流程可描述如下:

(1) 进化代数计数器初始化:$d \leftarrow 0$,随机产生初始群体 $P(t)$;

(2) 评价群体 $P(t)$ 中的个体适应度;

(3) 个体交叉操作:$P'(t) \leftarrow \mathrm{crossover}[P(t)]$;

(4) 个体变异操作:$P''(t) \leftarrow \mathrm{mutation}[P'(t)]$;

(5) 评价群体 $P'''(t)$ 的适应度;

(6) 个体模拟退火选择操作:$P(t+1) \leftarrow \mathrm{simulatedannealing}[P''(t)]$;

(7) 收敛条件判断:若不满足终止条件,则:$t \leftarrow t+1$,转到第(2)步,继续进行遗传进化过程;若满足收敛条件,则:对遗传代数取一个增量 ΔG 继续种群进化,若再经 ΔG 代后,群体平均适应度的变化不大于某个阈值,则终止 GA 运行,从最后一代群体中获得当前最优解;否则,再取相同的代数增量,继续进行种群进化。

17.5　基于效果的导弹火力分配仿真计算示例

17.5.1　计算条件

假定有 4 种不同类型的导弹武器,其数量均为 15 枚,有 10 批价值不尽相同的目标,各目标价值(此价值应为通过第 16 章方法评价所得)见表 17.4。

表 17.4　目标价值

目标	1	2	3	4	5	6	7	8	9	10
价值	0.8	0.9	0.9	0.9	0.7	0.9	0.5	0.7	0.9	0.9

不同类型的导弹对各目标的射击有利度(此射击有利度通过第 17.3 节中的方法评价所得)见表 17.5。

表 17.5　射击有利度

射击有利度	1	2	3	4	5	6	7	8	9	10
导弹类型 1	0.8	0.6	0.9	0	0.5	0.8	0	0.5	0.6	0.8
导弹类型 2	0.4	0	0.6	0.8	0	0.5	0.6	0	0.5	0
导弹类型 3	0.6	0	0.5	0	0	0.5	0.7	0.5	0.9	0.6
导弹类型 4	0.9	0.7	0.7	0.9	0	0.6	0.7	0	0.7	0

遗传算法参数选择如下:交叉概率为 0.8,变异概率为 0.01,进化基本迭代数为 100,初始种群数为 700,进化迭代数增量为 5。目标函数中 λ 取 0.5。

17.5.2　计算结果

分别用改进遗传算法和基本遗传算法,采用 MATLAB 语言编程进行计算机仿真,导弹火力最优分配结果见表 17.6 和表 17.7。

表 17.6　采用改进遗传算法得到的最优火力分配结果

迭代次数	分配结果	$\max f(x)$
19	1 0 11 0 0 3 0 0 0 0,0 0 3 10 0 0 0 0 2 0 1 0 2 0 0 2 0 0 10 0,2 0 0 12 0 0 0 0 1 0	211.000 0

表 17.7　采用基本遗传算法得到的最优火力分配结果

迭代次数	分配结果	$\max f(x)$
26	0 0 15 0 0 0 0 0 0 0,0 0 1 0 0 0 0 0 14 0 0 0 3 0 0 0 0 0 12 0,2 1 1 11 0 0 0 0 0 0	189.000 0

17.5.3　结果分析

采用 MATLAB 语言编程进行绘图,得到进化代数与目标函数值之间的关系如图 17.4 所示。

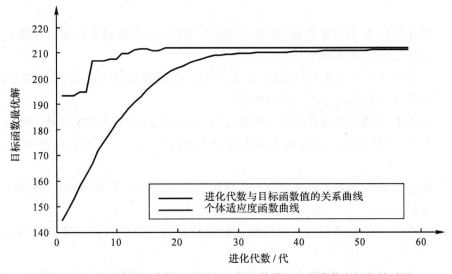

图 17.4　采用改进遗传算法得到的目标函数值与进化代数之间的关系图

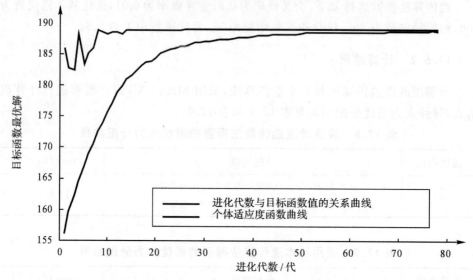

图 17.5　采用基本遗传算法得到的目标函数值与进化代数之间的关系图

　　由以上两幅图对比可以看出：与模拟退火算法融合以后，加快了遗传算法的收敛速度；采用动态收敛准则以后，使遗传算法得到的解更加稳定可靠。此外，由以上曲线和导弹火力分配的结果也可以看出，用基本遗传算法进行火力分配时目标函数值与适应度均出现"振荡"现象，很容易陷入局部最优解。

参 考 文 献

［1］　德普图拉.基于效果作战：战争性质的转变［M］.军事科学院世界军事研究部，译.北京：军事科学出版社，2005.

［2］　史密斯.基于效果作战：网络中心战在平时、危机及战时的运用［M］.郁军，贾可荣，译.北京：电子工业出版社，2007.

［3］　徐泽水.不确定多属性决策方法及应用［M］.北京：清华大学出版社，2005.

［4］　冯杰.遗传算法及其在导弹火力分配上的应用［J］.火力与指挥控制，2004（2）：31－36.

［5］　黄路炜.常规导弹联合作战火力运用仿真系统研究［D］.西安：第二炮兵工程学院，2004.

［6］　汪民乐.一种新型多目标遗传优化算法及其应用研究［J］.计算技术与自动化，2003（2）：20－25.

［7］　汪民乐，高晓光，汪德武.遗传算法控制参数优化策略研究［J］.计算机工程，

　　 2003(5):65-69.

[8]　 张文修,梁怡. 遗传算法的数学基础[M]. 西安:西安交通大学出版社,2003.

[9]　 周明,孙树栋. 遗传算法原理及应用[M]. 北京:国防工业出版社,1999.

[10]　 颜如祥. 地地常规导弹瞄准点分布研究[J]. 现代电子工程,2005(1):
　　　 53-56.

第5篇　导弹武器系统作战可靠性分析

第18章　复杂电磁环境下导弹武器系统作战可靠性分析导论

18.1　引　　言

导弹武器作为未来战争中的"撒手锏",对战争结果具有重要影响。现代高技术战争中,各类复杂的电子设备都应用到了导弹武器装备上,这些技术在提高武器系统作战效能的同时,也给作战双方带来了不利因素。首先是武器装备自身辐射产生电磁场[1],其次是应用了大量电子设备的武器系统,很容易遭受敌方电子对抗干扰设备的攻击[2]。

可见,信息化武器装备一方面催生了现代战场复杂电磁环境,战场复杂多变的电磁环境反过来又制约武器装备作战效能的发挥,威胁武器装备的生存,降低武器装备的作战可靠性[3-4]。必须深入研究复杂电磁环境对信息化武器装备的影响,探索和把握复杂电磁环境下信息化武器装备的运用规律,只有如此,在未来战争中才能取得主动权。

本篇以复杂电磁环境下的导弹作战为背景,研究导弹武器系统的作战可靠性,具体分析了电磁环境对导弹武器设备作战可靠性的影响,并由分析结果给出了提高作战可靠性应采取的预案措施。

1967 年 7 月 29 日,美国海军的"福莱斯特"号航空母舰发生爆炸,其罪魁祸首就是无处不在的电磁波。调查结果表明:一部大功率舰载雷达波束扫过飞行甲板,引爆了"天鹰"式战斗机机翼下悬挂的一枚导弹,酿成这起事故。1982 年以来,美国陆军的"黑鹰"式武装直升机,在飞临地面雷达、舰载雷达或通信发射机的上空时,数次失事,都是由雷达或通信的电磁波对直升机的飞行控制系统产生干扰破坏而造成的。可见,复杂电磁环境对武器系统可靠性具有重要影响,如果忽视对该问题的研究,在未来战争中将会产生致命的后果。

现代战争中,武器装备是军事力量的重要组成部分。随着微电子技术、光电子技术、计算机技术等电子信息技术在武器装备中的广泛应用,现代武器装备日益信息化和电磁敏感化。其核心部件即电子信息系统和综合信息网络,往往是通过辐射和接受电磁波工作的,容易受到复杂电磁环境的影响,其破坏恶化影响作用机理比较复杂。比如,电磁现象产生的热效应可以使武器装备系统中的微电子器件、电磁敏感电路过热,造成局部热损伤,导致系统性能恶化或失效[5];电磁辐射引起的射频干扰,造成电子信息系统功能降低或失效[6];雷电、强电磁脉冲引起的强电流"浪涌"、强电场、强磁场等都会对信息化武器装备造成软、硬损伤,直接影响信息化武器装备性能的稳定发挥,降低其作战可靠性[7-8]。

未来联合作战中,导弹武器系统将发挥越来越重要的作用。在远程攻击、定点打击方面,导弹作战优势非常明显。当前,导弹武器系统所面临的作战环境日益复杂多变[9-10],需要对导弹作战的战场电磁环境进行分析,明确导弹武器系统面临什么样的电磁威胁源,这些电磁场通过什么途径对导弹武器系统产生影响,进而用可靠性数学建模、定量分析的方法研究电磁环境对导弹武器系统作战可靠性的影响,提高导弹武器系统的作战可靠性,有效完成作战任务,这些都是亟待解决的问题,也是本篇研究意义所在。

18.2　国内外研究现状

18.2.1　国外研究现状

1.电磁环境研究现状

电磁干扰的重要性,在20世纪20年代开始被人们认识。随着无线电广播传输技术的应用,无线电噪声干扰受到美国电力设备制造商和电力事业公司的关注。由于噪声严重,美国国家电光协会和国家电器制造协会设立了技术委员会来检验无线电噪声。1933年,国际无线电干扰特别委员会(CISPR)成立。

第二次世界大战期间,各国军方对使用电信和雷达设备产生兴趣,开始制定相应的军用标准,并进行测试设备的开发。为了解决电磁干扰问题,保证设备和系统的可靠性,20世纪40年代初,提出了电磁兼容性的概念。

二战后,电气与电子工程技术迅速发展,军事科研、日常生活中开始大量使用电子设备和产品,导致设备周围电磁环境日益复杂。电磁环境即线路、设备和系统在执行规定任务时,可能遇到的各种电磁骚扰源在不同频率范围内电磁作用的总和,它由各种电磁骚扰源产生。在所有这些领域内,人们高度重视电磁噪声和电磁干扰引起的问题,促进了世界范围内对电磁噪声领域的技术研究。

很多国家利用大量资料形成并公布了自己的标准以限制电磁干扰,美军的标准起着示范作用。

国外对战场电磁环境研究比较早,并且将研究与作战理论和武器发展紧密结合起来[11]。二十世纪六七十年代,随着电子防御评估武器(EDE)的开发,美国空军就建立了综合演示与应用实验室[12]。

美军认为,军事行动将在越来越复杂的电磁环境中实施。1976 年颁布的《美军野战条令战斗通信》对电磁环境的界定是,电子发射体工作的地方。20 世纪 80年代又重新定义为,在各种频率范围内电磁辐射或传导辐射的功率和时间的分布状况。美国国防部对电磁环境的定义是,存在于防护区内的一个或若干个射频场。

美军认为电磁环境动态多变,在计划制定阶段,美军联合频率管理处就要对作战地域的电磁环境进行连续不断的推断,做出正确评估。

俄军认为,现代军队的威力取决于它装备的电子系统和设备。在电磁频谱的组织和管理方面,俄军将电磁兼容纳入无线电电子对抗范畴。

2. 可靠性研究现状

20 世纪 40 年代,由于各种复杂电子设备的相继出现,电子设备的可靠性问题严重地影响着装备的效能。出于军事装备效能研究的目的,美国首先在 1943 年成立了电子管研究委员会,专门研究电子管的可靠性问题。

20 世纪 50 年代,为解决军用电子设备和复杂导弹系统的可靠性问题,美国国防部于 1952 年成立了一个由军方、工业部门和学术界组成的电子设备可靠性咨询组,开始全面实施从装备的设计、试验到生产和使用等方面的可靠性发展计划,并于 1957 年发表了《军事电子设备可靠性》研究报告,奠定了可靠性研究的基石,标志着可靠性已成为一门独立的学科。

20 世纪 60 年代,可靠性理论不断成熟,可靠性分析与设计、可靠性分配与预计、故障模式及影响分析、故障树分析、冗余设计、可靠性试验与鉴定、可靠性评估等理论和方法有了全面发展。英、法、日等工业发达国家也都相继开展了可靠性的研究工作。

20 世纪 70 年代后,可靠性研究更加系统化,不仅在可靠性设计与计算方面进一步发展,同时在可靠性政策、标准、手册制定等方面也取得了进展。

20 世纪 80 年代以来,可靠性研究向着更深、更广的方向发展。深入开展了机械可靠性、软件可靠性以及光电器件可靠性和微电子器件可靠性的研究,全面推广了计算机辅助设计技术在可靠性领域的应用。同时积极采用模块化、综合化、容错设计、光导纤维和超高速集成电路等新技术来全面提高现代武器系统的可靠性。

表 18.1 即为美国部分固体战略导弹的性能指标,可以看出各型号导弹的可靠性是比较高的。

表 18.1　美国部分固体战略导弹性能指标

导弹型号	级数	直径/m	最大射程/m	可靠性	开始装备时间
民兵ⅠA	3	1.88	9 500	0.80	1962 年
民兵ⅠB	3	1.88	10 000	0.80	1963 年
民兵Ⅱ	3	1.88	11 000	0.80	1965 年
民兵Ⅲ	3	1.88	11 000	0.80	1970 年
民兵ⅢA	3	1.88	11 000	0.80	1979 年

　　国外可靠性技术研究对导弹武器系统可靠性性能的提高起了巨大的推动作用,不仅极大地提高了导弹的战术技术性能和作战效能,而且拓宽了导弹的作战用途。

　　二战末期,德国的 V1 导弹设计者皮鲁契加(E. Pierschka)和鲁塞尔(R. Lusser)等人利用概率论的知识,提出了 V1 飞弹的可靠性串联模型,成了最初的可靠性理论著作。此后,美国可靠性技术始终处于领先地位,而且具有代表性,特别是在航天、航空领域取得了长足的发展。通过阅读国外文献可以看出,对复杂电磁环境下导弹武器系统作战可靠性的研究尚无公开发表的研究成果,一方面是出于保密的考虑,另一方面则是该问题是最近几年才出现的,尚没有开始进行深入而广泛的研究和探索。

18.2.2　国内研究现状

1. 电磁环境研究现状

　　我国过去工业基础比较薄弱,电磁环境危害尚未充分暴露,对电磁兼容认识不足,理论研究起步较晚,与国际水平差距较大。我国第一个电磁干扰标准发布于1966 年。直到 20 世纪 80 年代初,才有组织、有系统地研究制定电磁兼容性标准和规范。

　　20 世纪 90 年代以来,随着国民经济和高新技术的迅速发展,在航空、航天、通信、电子、军事等部门,电磁兼容技术受到格外重视,建立了多个研究中心。

　　多数研究是从工程角度出发,集中在电磁兼容问题上。通常采用软硬件结合的半实物仿真技术,用硬件仿真电磁波,用软件仿真电磁波的特性参数,如频率、相位等。从军事应用角度考虑,有些单位也做过一定范围内的电磁环境研究,基本上都是针对雷达电子战领域,建立的模型很丰富,但很专业化,不易于理解和使用。

　　近年来,各类高科技电子设备装备,对电磁环境的研究更显得重要。特别是导弹武器装备,涉及的电子设备多,电路复杂,易受到外在电磁环境的影响。电磁环境对电子设备的影响有高压击穿、器件烧毁、微波加温、电泳冲击等。

从军事应用和军事运筹角度考虑,加强对电磁环境危害性的研究已经是势在必行。文献[2]全面分析了复杂电磁环境的构成及其对周围物体的影响。文献[10]借助统计学的方法,分析了复杂电磁环境对舰载导弹防空系统性能的影响,得出了有益的结论。文献[13]分析了导弹阵地所面临的电磁环境及其应对措施。

综合文献阅读,可以看出,人们对电磁环境危害的认识逐步加强,但是在实际的理论研究中,定性介绍居多,重点在于介绍电磁环境的来源、危害,或者从工程角度介绍电磁兼容和防护方法;定量研究较少,主要是研究电磁场的分布强度、电磁防护能力,研究产品可靠性与电磁环境之间关系的非常少。

电磁兼容技术研究在导弹武器系统研制领域经过 10 多年的发展取得了很多的成果,初步形成了一套工程应用的具体方法,但在设计方法、系统设计、预测与分析等方面仍存在着不足,制约着系统性能的提高。其主要表现在以下几个方面:

电磁兼容性设计所采取的方法相对滞后。过去,在装备设计制造中主要采用问题解决法。先行研制,然后根据研制成的设备或系统在测试中出现的电磁干扰问题,运用各种抑制干扰的技术去逐个解决。很明显,这种方法存在很大风险,往往造成资源浪费,延误研制周期。

目前,导弹电磁兼容性设计采用规范法,即主要根据国军标 GJB151A — 1997 或 GJB152A — 1997 的要求,制定具体部件的电磁兼容性试验标准,各个分系统据此开展设计,最终按此要求考核。采用这种方法的优点是易操作,缺点是容易使设计人员仅仅把电磁兼容性试验作为一项考核指标,而忽略了电磁兼容性设计在产品设计中的重要性,从而缺乏对新技术、新方法的研究,最终影响产品的性能。

经过多年发展,电磁兼容性研究在分系统或部件设计方面积累了大量的工程经验。而系统研究相对薄弱,不能从系统的高度引导和牵引分系统的设计。系统级的电磁兼容研究是指将全武器系统作为一个整体,对系统与各分系统的相互关系以及与电磁环境的相互电磁作用进行研究。

2. 可靠性研究现状

我国最早也是由电子工业部门开始可靠性工作的,20 世纪 60 年代初进行了可靠性评估的开拓性工作[8]。20 世纪 70 年代初,航天部门首先提出电子元器件必须经过严格筛选。20 世纪 70 年代中期,由于中日海底电缆工程的需要,开始高可靠元器件验证试验的研究,促进了我国可靠性数学的发展。以后经过各有关部门的不断努力,从 1984 年开始,在国防科工委的统一领导下,结合中国国情并积极汲取国外先进技术,组织制定了一系列可靠性基础规定和标准。1985 年 10 月国防科工委颁发的"航空技术装备寿命与可靠性工作暂行规定",标志着我国航空工业的可靠性工程全面进入工程实践和系统发展阶段。1987 年 5 月,国务院、中央军委颁布《军工产品质量管理条例》,明确了在产品研制中要运用可靠性技术。此后,先后于 1987 年 12 月和 1988 年 3 月颁发了国家军用标准 GJB368 - 1987《装备维修性通用规范》和 GJB450 — 1988《装备研制与生产的可靠性通用大纲》,这是目前具有代表性的基础标准。

全国性和专业系统性的可靠性学会相继成立,进一步促进了我国可靠性理论与工程研究的深入展开。当前,可靠性数学和可靠性工程理论还在继续向更高水平发展。比如,以寿命周期费用为约束的可靠性权衡优化设计、具有更高可靠性的系统研制、软件可靠性的研究、可靠性试验方法的改进、先进的机内自测试技术的开发以及统一的管理机构与数据库的建立等。有关研究成果和新进展又适时地反映到原有标准、规范的修订和相应的新标准、新规范的制定中去。

与此同时,各军兵种单位也越来越重视可靠性管理,加强了可靠性信息数据和学术交流活动,全国军用电子设备可靠性数据交换网已经成立。

从总的情况来看,我国武器装备的可靠性工作还存在不少问题。有些装备在研制过程中没有明确的可靠性要求,有些装备虽提出了可靠性要求,但可靠性要求并没有在工程研制中真正落实,致使许多装备的可靠性水平不高,甚至还有下降的趋势。从武器装备的质量状况和对其进行的试验与统计分析可以看出,我国自行研制的武器装备与外军同类武器装备相比,可靠性方面存在较大差距。可靠性水平上不去已成为当前武器装备发展的薄弱环节。

对导弹武器系统可靠性的研究,主要是用可靠性统计模型,结合实际的导弹发射和使用数据,找出系统和部件的可靠性变化规律,文献[9]对远程火箭炮武器系统进行了研究,主要是不同环境条件下可靠性数据的综合处理;文献[14]用 BAYES 方法对某型导弹的发射可靠性和贮存可靠性进行了评估;文献[15]首先建立了某防空导弹武器系统的可靠性概率模型,结合各部件的可靠性分布函数,对其进行了可靠性仿真。总体而言,对导弹武器装备可靠性研究有两种方法,即概率建模法和可靠性统计方法。而对复杂电磁环境下的导弹武器可靠性定量研究,尚无公开文献,这也说明本篇的研究是有一定意义的。

18.3 本篇主要内容

本篇从导弹作战所面临的战场复杂电磁环境分析着手,研究当前导弹作战战场电磁环境的分类,定量分析对导弹武器系统可靠性的影响,建立导弹武器系统可靠性概率模型、电子设备电磁兼容性概率模型,并提出导弹武器系统在战场复杂电磁环境中提高作战可靠性的对策。本篇的主要内容包括以下几个方面:

(1)战场电磁环境分析:主要分析影响导弹作战的几类典型电磁环境,对战场电磁环境进行建模,分不同情况计算战场电磁环境综合场强,为分析复杂电磁环境下导弹武器系统的作战可靠性打下基础。

（2）导弹武器系统作战可靠性分析的一般方法：主要是按导弹作战任务进程划分作战任务阶段，自上而下划分系统等级，建立导弹武器系统可靠性概率模型，并给出求解正常环境下导弹武器系统可靠性的方法。

（3）复杂电磁环境下导弹武器系统作战可靠性分析方法：确定战场复杂电磁环境对导弹武器系统的干扰路径，分析复杂电磁环境对导弹作战可靠性的影响，建立电子设备电磁兼容性概率模型，基于加速应力理论建立导弹武器系统作战可靠性计算模型。

（4）复杂电磁环境下导弹武器系统作战可靠性仿真计算：在以上研究的基础上，结合导弹武器系统各部件可靠性数据，计算复杂电磁环境下导弹武器系统的作战可靠性，定量分析复杂电磁环境对导弹武器系统作战可靠性的影响，并给出降低复杂电磁环境对导弹武器系统作战可靠性影响的对策。

第19章 导弹作战的战场电磁环境建模

导弹武器系统面临的战场电磁环境包括自然电磁环境和人为电磁环境,人为电磁环境又包括无意辐射和有意辐射。无意辐射分为系统内电磁辐射和系统外电磁辐射[16];有意辐射包括电子战干扰、电磁脉冲武器和高能微波武器[17]。电磁效应的传播需要辐射传播因素,战场电磁环境的构成如图 19.1 所示。

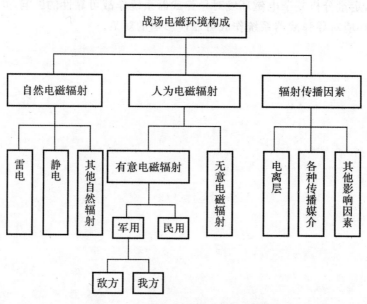

图 19.1 战场电磁环境构成示意图

19.1 电磁辐射因素

19.1.1 自然电磁辐射

自然电磁辐射主要包括雷电辐射、宇宙辐射及静电等。雷电辐射主要对工作频段低于 3 MHz 的电子设备产生干扰;宇宙辐射主要是来源于太阳系和银河系的电磁辐射,对工作频段在 30～300 MHz 的电子设备产生一定影响;由于储存、运输等因素产生的静电也能导致电子设备的损伤[18]。

19.1.2 人为无意辐射

人为无意辐射电磁源包括两种：一种是不是有意产生和利用电磁信号的装置，在其工作时伴随产生无用的电磁能量，如机电设备、加热装置等；另一种是产生和利用电磁信号的装置，其目的不是为了干扰其他系统，但客观上有用信号干扰了其他系统的正常工作，如敌我双方的雷达、通信、导航等设备的电磁辐射。

现代战场上，各种军用辐射体所用的频率从低频到高频，覆盖了整个可用的电磁频谱。表 19.1 列举了部分防空系统的频谱范围。可以看出，在现代战争中，无意电磁辐射也是构成战场电磁环境的主要因素，该类电磁辐射的作用范围是很大的。

表 19.1 部分军用防空系统频谱

频段/MHz	系统	作用距离/ft
高频	超视距雷达	1 000
甚高频(30～300)	预警雷达反导预警系统	300～2 000
特高频(300～3k)	地空引导截击雷达	150
	地面引导雷达	10～100
	炮瞄雷达	20
	敌我识别系统	300
超高频(3k～30k)	机载截击雷达	30
	机载绘图雷达	100
	炮瞄雷达	20
红外高频	前视红外探测系统	5
	高炮控制装置	1～10

19.1.3 人为有意辐射

人为有意辐射电磁源包括电子战干扰、电磁脉冲(EMP)武器和高能微波武器(HPM)三种。

1. 电子战干扰

电子战干扰源通过辐射电磁能量来阻碍或降低敌方有效利用电磁频谱。干扰

主要针对敌方 C^4I 系统、雷达、通信、导弹等利用电磁频谱的武器装备,实施干扰降低其作战效能。目前,电子战的干扰方式有阻塞式杂波干扰、回答式欺骗干扰、瞄准式杂波干扰和回答式假目标。表 19.2 列举了部分干扰武器及其干扰方式。

表 19.2 各种干扰体制

干扰方式	干扰类别	干扰机参数	20 世纪 70 年代指标	20 世纪 80 年代指标
杂波干扰	战术飞机携带干扰机	干扰功率 P	100~400 W	
		天线增益 G	10	
		有效干扰功率 PG	1~4 kW	10 kW
		工作波段	G~J	
	专用干扰飞机或战略轰炸机携带的干扰机	干扰功率	1~2 kW	
		天线增益	100	
		有效干扰功率	100~200 kW	1 MW
		工作波段	A~J	A~L
	投掷式干扰机	干扰功率	5~10 W	
		天线增益	10	
		有效干扰功率	50~100 W	
		工作波段	1 个波段	2~3 个波段
回答式干扰	各种飞机携带的干扰机	干扰功率	1~2 kW	10 kW
		工作波段	E~J	E~L
		储频时间	几百 μs	几千 μs

2. 电磁脉冲武器

电磁脉冲武器是利用很强的瞬态电磁脉冲来摧毁或毁伤敌方电子设备和系统的武器,包括核电磁脉冲和电磁脉冲弹。

3. 高能微波武器

高能微波武器是利用高能微波源产生的微波,经高增益天线定向辐射,把微波能量汇集在窄波束内,以极高的强度照射目标,干扰和破坏敌方的电子设备。

19.2　影响导弹作战的电磁威胁信号

现代高技术战争中,一旦导弹部队接到作战命令,除了做好导弹的作战发射准备之外,与此并行的是进行有效的战场电磁情报分析、电磁态势评判和相应的电子对抗。

从导弹部队作战特点和电子对抗角度分析,战时对导弹部队生存产生直接威胁的典型信号源主要有三类:雷达武器装备、光电武器装备和通信干扰设备。其中雷达武器装备包括雷达侦察武器、雷达干扰武器、雷达火控武器和雷达精确制导武器;光电武器装备包括光电侦察武器、光电干扰武器和光电精确制导武器[19]。

雷达武器装备是利用工作在不同频率的电磁波发现探测目标,并指示制导武器打击目标。雷达战场武器有预警卫星、预警飞机和战场侦察雷达等。制导雷达、炮瞄雷达、反辐射雷达等则可以直接威胁作战人员的生存。

光电武器装备是指利用工作在光波段(包含紫外线、可见光、红外波段)的电磁能量去探测目标并引导光电精确制导武器有效打击目标。该类武器装备有光学与红外侦察卫星、激光、红外和电视制导导弹等精确制导武器。这些武器抗干扰性强,精确度高,可多平台、全天候、全方位执行作战任务。

通信干扰设备以干扰器为工具,运用人为辐射电磁能量的办法进行通信干扰和压制。如电子战飞机、通信干扰机等。表 19.3 列举了美军部分干扰武器装备及性能。

表 19.3　美军部分干扰设备

类别	型号	用途	频段/MHz	功率/kW	平台
雷达干扰	ALQ-136	自卫雷达干扰	7 500~1 800		机载
	ALQ-143	雷达干扰	8 500~17 000		机载
	M-130	干扰投放器			机载
	M-128	干扰投放器			车载
通信干扰	MSQ-34	战术通信干扰	20~200	3~4	车载
	TLQ-17A	高频、甚高频干扰	1.5~80	2.5	车载
	ALQ-151	高频通信干扰	2~76	0.04~0.15	机载
光电干扰	ALQ-144(V)[1]	红外干扰	3~4 μm		机载
	ALQ-144(V)[3]	红外干扰	3~4 μm		机载

这些干扰设备在整个作战过程中发射大量的电磁信号,相互交叠,形成了导弹战场电磁环境的主体。导弹作战特有的作战地位和特定的作战方式,使得导弹部队和发射阵地成了敌方重点侦察和打击的目标。

战时导弹发射分队在接受作战命令后,向发射阵地机动行进。在整个过程中,敌方的多台侦察武器将对整个作战区域内我方导弹机动车辆进行全时跟踪。进入发射阵地后,导弹从测试准备到发射需要一段时间,此时敌方可根据需求对我方实施通信干扰,阻断我方的正常指挥通信,并可以实施定向能电磁脉冲武器和高功率微波武器进攻,破坏我方的导弹发射指挥系统和弹上电子设备系统。

由上述三类电磁威胁信号源构成的导弹战场电磁环境,从空间角度来看,从天空到地面形成了相互独立的两大体系,故将战场电磁环境分为两类,即地面防御体系和空中突防体系。两大体系进一步形成了各具不同典型特征的两大电磁环境[19]。

在地面防御体系构成的电磁环境中,地面防空武器系统所构成的电磁环境是导弹装备在地面机动和发射时的主要威胁源。地面雷达的信号形式日趋复杂,如脉冲式、连续波式,雷达样式也多种多样,如相干雷达、相控阵雷达及采用多频、捷变频、脉冲重频率间隔变频、线性调频脉冲、频谱展宽等新体制雷达,它们辐射的电磁脉冲使地面电磁环境复杂多变。

在空中突防体系构成的电磁环境中,空中电子干扰是导弹飞行的主要威胁源,具体来说就是远距离支援干扰、近距离支援干扰、随机干扰、箔条干扰、干扰火箭与反辐射导弹、专用电子对抗飞机与无人机等组成的有源与无源干扰系列。

以这样的战场情况来看,敌方可以实施不同平台的电磁侦察、通信干扰、电磁脉冲武器杀伤和精确制导武器打击。战场环境中各类电磁信号在频域、时域、空域及能量上表现出多种形式,不同型号导弹在不同任务下对电磁环境的敏感程度不同。即使是同一枚导弹,不同模块,不同功能组件在相同的战场电磁环境下也具有不同的受干扰程度。如何快速、准确计算出复杂电磁环境下导弹武器系统作战可靠性就变得异常复杂。对于较简单的电磁环境,导弹武器系统的性能不会受到影响。面对复杂电磁环境,情况就不同了,必须对战场电磁环境进行综合场强计算,进而计算电磁环境对武器系统作战可靠性的影响,这是对导弹武器系统进行可靠性分析的前提。

19.3　战场电磁环境建模

战场电磁环境中电磁信号频率范围广,密度大,对导弹武器系统的性能发挥影响非常大。电磁环境建模是建立导弹武器系统作战可靠性模型的基础[20]。

19.3.1　战场电磁环境参数

影响导弹武器系统作战可靠性的主要因素是电磁辐射的强度和密集度[21]，在战场电磁环境中，频谱没有重叠的发射-响应设备不会形成干扰，即使频谱重叠而空间距离较大或者相互工作时间交错也不会形成干扰[22]。故采用空域参数（这个地点）、时域参数（这段时间）、频域参数（这段信号通道、频率，类似于高速公路）和能域参数（场强、密集度和强度）描述电磁环境的整体情况[23]。

空域参数，主要指的是辐射源的方向参数，它表示电磁辐射在不同空域的分布情况和电磁信号在空间的变化情况，表现为不同区域电磁辐射源分布不同，电磁信号特性不同，不同点所受到的电磁辐射不同[24]。对辐射源方向参数的测量就是通常说的无线电测向。方位对准是干扰有效的最基本条件之一。测向装备是通过接收不同方向上的辐射源信号，用空域取样或空域变换的方法将它们从方向上分离出来，最终完成辐射源方位信息的测量。

时域参数，即电磁频率动态变化，不同时段分布不同，时而持续连贯，时而集中爆发。它有两个层次，一是辐射源的工作时间参数，如开关机时间、开关机规律和不同工作模式的转换时间等；二是辐射源信号的时间参数，如雷达脉冲信号的到达时间、信号脉冲宽度和通信通联特征参数等。

频域参数，即频率占用度特性，包括载波中心频率（载频）、频率带宽和多普勒频率，表现为频谱拥挤，相互重叠。把频段比作交通道路，在某一频段工作的设备，好比道路上行走的交通工具。每条道路的通行量是一定的，当有限的道路上承载的交通工具数量众多时，交通拥挤就出现了。

能域参数，即电磁信号功率强弱的变化情况，通常用场强图来表示。理想情况下，电磁辐射是在无限空间向所有方向传播的，在空间上任意一点的能量密度只和传播距离有关，影响因素为传播衰减因子。通过各种天线及其控制技术的运用，通过电磁发射天线把电磁能量发送到任意指定空间。对不同的信号样式，能域参数的表达式是不一样的。能域参数与其他域参数有着密切关系[25]。能域参数与时域参数的关系体现在信号电平在时间序列上的分布；能域参数与频域参数的关系体现在信号功率在不同频率上的分布，即功率谱分布；能域参数与空域参数的关系体现在信号电平在不同空间上的分布。

19.3.2　战场电磁环境综合场强计算模型

导弹作战的战场电磁环境由众多电磁骚扰源构成。为了正确描述导弹作战所面临的战场电磁环境，电磁环境场强的综合计算是必不可少的。电磁辐射场的叠加不仅与各辐射场的强度和极化方向有关，还与各辐射场的频率、传播方向、相位等因素有关。任何复杂的电磁辐射场经过 Fourier 变换都可以展开成某个基波正弦函数及其谐波的线性组合[24]。因此,下面首先计算传播方向相同的两个简单电磁辐射场的叠加,分析计算电磁辐射场叠加的方法。

分析计算战场电磁环境对导弹武器系统作战可靠性的影响,从电磁场的综合效应分析,这些问题主要属于能量效应(功率密度)问题。因此,合成方法主要采取功率叠加的方式。按照功率叠加的原则,综合场即为"空间某点处或空间某区域中的合成电磁场能量的大小"。

选取适应于测量不同发射源场强的测量仪表及方法分别对各发射源进行测量,将测量值均换算为功率密度或场强值。对于一般测量部位,应将各发射源在某点形成的功率密度值(或场强值的二次方)相加(指矢量叠加),得到该点的综合功率密度值(或场强值的二次方)。

1. 传播方向相同的辐射场的叠加

(1)不同频率。先讨论极化方向相互平行的两种不同频率的电磁辐射场的叠加,设电场为

$$\boldsymbol{E}_1 = E_{1m}\sin(\omega_1 t - \beta_1 x_1 + \varphi_1)\boldsymbol{j} \tag{19.1}$$

$$\boldsymbol{E}_2 = \pm E_{2m}\sin(\omega_2 t - \beta_2 x_2 + \varphi_2)\boldsymbol{j} \tag{19.2}$$

式中,± 表示有两种可能的取向,磁场可以表示为

$$\boldsymbol{H}_1 = \frac{E_{1m}}{Z_0}\sin(\omega_1 t - \beta_1 x_1 + \varphi_1)\boldsymbol{k} \tag{19.3}$$

$$\boldsymbol{H}_2 = \pm\frac{E_{2m}}{Z_0}\sin(\omega_2 t - \beta_2 x_2 + \varphi_2)\boldsymbol{k} \tag{19.4}$$

式(19.1)～式(19.4)中,$\beta_1 = \dfrac{\omega_1}{\nu}$;$\beta_2 = \dfrac{\omega_2}{\nu}$;$Z_0$ 为空间波阻抗。

总的平均辐射功率密度为

$$S_{av} = \frac{1}{T}\int_0^T (\boldsymbol{E}\times\boldsymbol{H})\mathrm{d}t \tag{19.5}$$

式中,$\boldsymbol{E} = \boldsymbol{E}_1 + \boldsymbol{E}_2$,$\boldsymbol{H} = \boldsymbol{H}_1 + \boldsymbol{H}_2$。

把式(19.1)～式(19.4)代入式(19.5),得

$$S_{av} = \frac{1}{T}\int_0^T \left[E_{1m}\sin(\omega_1 t - \beta_1 x_1 + \varphi_1)\boldsymbol{j} \pm E_{2m}\sin(\omega_2 t - \beta_2 x_2 + \varphi_2)\boldsymbol{j}\right]\times$$

$$\left[\frac{E_{1m}}{Z_0}\sin(\omega_1 t - \beta_1 x_1 + \varphi_1)\boldsymbol{k} \pm \frac{E_{2m}}{Z_0}\sin(\omega_2 t - \beta_2 x_2 + \varphi_2)\boldsymbol{k}\right]\mathrm{d}t \tag{19.6}$$

利用同方向不同频率的简谐振动的合成方法,极化方向相互平行,周期分别为 T_1,T_2 的辐射场的合成场的周期是 T_1,T_2 的最小公倍数,因此,可以令 $T = nT_1 = kT_2$,其中 n,k 均为正整数且 $n \neq k$。式(19.6)的积分中:

$$\frac{1}{T}\int_0^T \sin^2(\omega t - \beta x + \varphi)\,\mathrm{d}t = \frac{1}{2} \tag{19.7}$$

$$\frac{1}{T}\int_0^T \sin(\omega_1 t - \beta_1 x_1 + \varphi_1)\sin(\omega_2 t - \beta_2 x_2 + \varphi_2)\,\mathrm{d}t = 0 \tag{19.8}$$

代入式(19.6) 可得

$$S_{av} = \frac{1}{2}\frac{E_{1m}{}^2}{Z_0} + \frac{1}{2}\frac{E_{2m}{}^2}{Z_0} = S_{av1} + S_{av2} \tag{19.9}$$

利用有效值可表示为

$$S_{av} = \frac{E_1{}^2}{Z_0} + \frac{E_2{}^2}{Z_0} \tag{19.10}$$

总的平均功率密度又可以写为

$$S_{av} = \frac{E^2}{Z_0} \tag{19.11}$$

其中，E 是合场强的有效值：

$$E = \sqrt{E_1{}^2 + E_2{}^2} \tag{19.12}$$

对于极化方向相互垂直的两种不同频率的辐射场，设电场分别为

$$\boldsymbol{E}_1 = E_{1m}\sin(\omega_1 t - \beta_1 x_1 + \varphi_1)\boldsymbol{j} \tag{19.13}$$

$$\boldsymbol{E}_2 = \pm E_{2m}\sin(\omega_2 t - \beta_2 x_2 + \varphi_2)\boldsymbol{k} \tag{19.14}$$

则磁场应表示为

$$\boldsymbol{H}_1 = \frac{E_{1m}}{Z_0}\sin(\omega_1 t - \beta_1 x_1 + \varphi_1)\boldsymbol{k} \tag{19.15}$$

$$\boldsymbol{H}_2 = \pm\frac{E_{2m}}{Z_0}\sin(\omega_2 t - \beta_2 x_2 + \varphi_2)\boldsymbol{j} \tag{19.16}$$

把式(19.13) ～ 式(19.16) 代入式(19.5)，再利用式(19.7)，总的平均辐射功率密度为

$$S_{av} = \frac{1}{T}\int_0^T \big[E_{1m}\sin(\omega_1 t - \beta_1 x_1 + \varphi_1)\boldsymbol{j} \pm E_{2m}\sin(\omega_2 t - \beta_2 x_2 + \varphi_2)\boldsymbol{k}\big]\times$$

$$\left[\frac{E_{1m}}{Z_0}\sin(\omega_1 t - \beta_1 x_1 + \varphi_1)\boldsymbol{k} \pm \frac{E_{2m}}{Z_0}\sin(\omega_2 t - \beta_2 x_2 + \varphi_2)\boldsymbol{j}\right]\mathrm{d}t$$

$$= \frac{1}{2}\frac{E_{1m}{}^2}{Z_0} + \frac{E_{2m}{}^2}{Z_0} = (S_{av1} + S_{av2})\,\boldsymbol{i} \tag{19.17}$$

利用式(19.10) 和式(19.11)，同样可以得到合场强为

$$E = \sqrt{E_1{}^2 + E_2{}^2} \tag{19.18}$$

所以两种不同频率电磁辐射场的叠加，无论极化方向相互平行还是相互垂直，总的平均辐射功率密度和合场强都可以利用式(19.9) 和式(19.12) 计算。这个结

论也可以推广到 n 种不同频率辐射场的叠加：

$$S_{av} = \sum_{i=1}^{n} S_{avi}, \quad E = \sqrt{\sum_{i=1}^{n} E_i{}^2} \tag{19.19}$$

对于极化方向成任意角度的两个辐射场，设与传播方向垂直的平面为 xOy 平面，则

$$\left. \begin{array}{l} \boldsymbol{E}_1 = \boldsymbol{E}_{1x} + \boldsymbol{E}_{1y} \\ \boldsymbol{E}_2 = \boldsymbol{E}_{2x} + \boldsymbol{E}_{2y} \end{array} \right\} \tag{19.20}$$

仍可以利用式(19.9)计算总的平均辐射功率密度。计算合场强时，可以利用极化方向互相平行的辐射场的叠加方法，把两个辐射场的 x 分量和 y 分量分别叠加，再利用极化方向相互垂直的辐射场的叠加方法，把 x 分量和 y 分量的合场强叠加。

（2）相同频率。先讨论极化方向相互平行的两种相同频率电磁辐射场的叠加，设电场和磁场分别为

$$\boldsymbol{E}_1 = E_{1m} \sin(\omega_1 t - \beta_1 x_1 + \varphi_1)\boldsymbol{j} \tag{19.21}$$

$$\boldsymbol{E}_2 = \pm E_{2m} \sin(\omega_2 t - \beta_2 x_2 + \varphi_2)\boldsymbol{j} \tag{19.22}$$

$$\boldsymbol{H}_1 = \frac{E_{1m}}{Z_0} \sin(\omega_1 t - \beta_1 x_1 + \varphi_1)\boldsymbol{k} \tag{19.23}$$

$$\boldsymbol{H}_2 = \pm \frac{E_{2m}}{Z_0} \sin(\omega_2 t - \beta_2 x_2 + \varphi_2)\boldsymbol{k} \tag{19.24}$$

把式(19.21)～式(19.24)代入式(19.5)，总的平均辐射功率密度为

$$S_{av} = \frac{1}{T} \int_0^T \left[E_{1m} \sin(\omega_1 t - \beta_1 x_1 + \varphi_1)\boldsymbol{j} \pm E_{2m} \sin(\omega_2 t - \beta_2 x_2 + \varphi_2)\boldsymbol{j} \right] \times$$

$$\left[\frac{E_{1m}}{Z_0} \sin(\omega_1 t - \beta_1 x_1 + \varphi_1)\boldsymbol{k} \pm \frac{E_{2m}}{Z_0} \sin(\omega_2 t - \beta_2 x_2 + \varphi_2)\boldsymbol{k} \right] dt$$

$$\tag{19.25}$$

由于频率相同，故 $\omega_1 t = \omega_2 t$，可以得出下式：

$$\frac{1}{T} \int_0^T \sin(\omega_1 t - \beta_1 x_1 + \varphi_1) \sin(\omega_2 t - \beta_2 x_2 + \varphi_2) dt =$$

$$\frac{1}{2} \cos[\beta(x_1 - x_2) - (\varphi_1 - \varphi_2)] = \frac{1}{2} \cos(\Delta\varphi) \tag{19.26}$$

其中，$\Delta\varphi = \beta(x_1 - x_2) - (\varphi_1 - \varphi_2)$，再利用式(19.7)，可以得到

$$S_{av} = \frac{1}{2} \left(\frac{E_1{}^2}{Z_0} + \frac{E_2{}^2}{Z_0} \right) \pm \frac{E_{1m} E_{2m}}{Z_0} \cos(\Delta\varphi) \tag{19.27}$$

写成有效值：

$$S_{av} = \frac{1}{2} \left(\frac{E_1{}^2}{Z_0} + \frac{E_2{}^2}{Z_0} \right) \pm \frac{E_{1m} E_{2m}}{Z_0} \cos(\Delta\varphi) = S_{av1} + S_{av2} \pm \frac{2E_{1m} E_{2m}}{Z_0} \cos(\Delta\varphi)$$

$$\tag{19.28}$$

与式(19.11)对比,合场强为

$$E = \sqrt{E_1{}^2 + E_2{}^2 \pm 2E_{1m}E_{2m}\cos(\Delta\varphi)} \qquad (19.29)$$

式(19.29)中的第三项是由于两列电磁波的干涉引起的。可以看出,总的平均辐射功率密度和合场强是随两列电磁波的相位差 $\Delta\varphi$ 变化的:

1) 当 $\Delta\varphi = 2n\pi(n=1,2,\cdots)$ 时,$E = E_1 + E_2$,合场强最大;

2) 当 $\Delta\varphi = (2n+1)\pi$ 时,$E = E_1 - E_2$,合场强最小。

一般情况下,合场强由式(19.29)表示,也可以用矢量图解法求出。对于极化方向相互垂直的两相同频率电磁辐射场的叠加,利用与讨论极化方向互相垂直的两种不同频率的辐射场叠加完全相同的方法,很容易导出

$$\left.\begin{array}{l} S_{av} = S_{av1} + S_{av2} \\ E = \sqrt{E_1{}^2 + E_2{}^2} \end{array}\right\} \qquad (19.30)$$

2. 传播方向不同的辐射场的叠加

(1) 传播方向相反。对于传播方向相反的电磁辐射场,不论是相同频率还是不同频率,极化方向是互相平行还是互相垂直,利用上面介绍的方法都可以导出,总的平均辐射功率密度等于两个辐射场平均辐射功率密度之差:

$$S_{av} = S_{av1} - S_{av2} \qquad (19.31)$$

合场强可以写为

$$E = \sqrt{\left|E_1{}^2 - E_2{}^2\right|} \qquad (19.32)$$

(2) 传播方向相互垂直。对于传播方向相互垂直的电磁辐射场,若频率不同,无论极化方向是互相平行还是互相垂直,都可以导出:在两辐射场的相交点,总的平均辐射功率密度与两个辐射场平均功率密度的关系为

$$S_{av} = S_{av1} + S_{av2} \qquad (19.33)$$

$$E = \sqrt[4]{E_1{}^4 - E_2{}^4} \qquad (19.34)$$

若频率相同,对于极化方向互相平行的两辐射场,仍设 S_{av1} 沿 Ox 轴正方向,S_{av2} 沿 Oz 轴正方向,E_1 沿 Oy 轴正方向,E_2 沿 Oy 轴正方向或负方向,在两辐射场的相交点,总的平均辐射功率密度为

$$\boldsymbol{S}_{av} = \left\{\frac{E_1{}^2}{Z_0} \pm \frac{E_1 E_2}{Z_0}\cos\left[\beta(x-z) - (\varphi_1 - \varphi_2)\right]\right\}\boldsymbol{i} + $$

$$\left\{\frac{E_2{}^2}{Z_0} \pm \frac{E_1 E_2}{Z_0}\cos\left[\beta(x-z) - (\varphi_1 - \varphi_2)\right]\right\}\boldsymbol{k} \qquad (19.35)$$

两个分量的第二项都是干涉项。对于极化方向互相垂直的两辐射场,仍设 S_{av1} 沿 Ox 轴正方向,S_{av2} 沿 Oz 轴正方向,E_1 沿 Oy 轴正方向,E_2 沿 Oy 轴正方向或负方向,在两辐射场的相交点,总的平均辐射功率密度为

$$S_{av} = \frac{E_1{}^2}{Z_0}i + \frac{E_2{}^2}{Z_0}k \mp \frac{E_1 E_2}{Z_0}\cos\left[\beta(x-z)-(\varphi_1-\varphi_2)\right]j \qquad (19.36)$$

式中,第三项是干涉项。

(3) 传播方向成任意角度。对于传播方向成任意角度的两个辐射场,可以把每个辐射出的平均辐射功率密度投影在 Ox 方向和 Oy 方向:

$$S_{av1} = S_{av1x} + S_{av1y}, S_{av2} = S_{av2x} + S_{av2y} \qquad (19.37)$$

首先分别在 Ox 方向和 Oy 方向把辐射功率密度和场强叠加,然后再把合成后的 Ox 方向和 Oy 方向的辐射功率密度和场强叠加即可。

第20章 导弹武器系统作战可靠性分析模型

20.1 基 本 概 念

导弹武器系统可靠性有以下特点:第一,系统庞大、复杂,结构多为串、并联,还包含旁联(冷贮)系统[26];第二,单元寿命分布要考虑成败型、指数寿命型、Weibull寿命型及应力-强度模型等[27];第三,系统定型试验次数少,可靠性指标要求高。武器系统的组成单元主要涉及六类产品:成败型产品、电子和机电产品、机械产品及软件产品[28]。

在可靠性分析中,需要明确可靠性概念的内涵,明确所研究对象的可靠性特性、寿命分布类型,这样,才能进行正确的可靠性建模与分析。由于复杂电磁环境主要对电子设备产生影响,通常情况下,电子设备和机电设备可靠性均服从指数分布,机械设备服从 Weibull 分布及应力-强度分布,故本章所涉及的导弹武器系统电子设备的寿命分布为指数分布。

20.1.1 基本可靠性与任务可靠性

基本可靠性定义为:产品在规定条件下无故障的持续时间或概率。由其定义可知:

(1)基本可靠性与规定条件有关,即与产品所处的环境条件、应力条件、寿命阶段等有关,也就是与寿命剖面内所确定的事件有关[29]。

(2)基本可靠性模型是一个串联模型,不管产品是否有冗余或是否有替代工作模式等[30]。

(3)基本可靠性用于估计产品的后勤保障及用户费用等。

任务可靠性的定义是[29-30]:产品在规定任务剖面内完成规定功能的能力。由其定义可知:

(1)任务可靠性是在任务剖面所规定的时间范围和规定的条件下,产品完成任务基本功能的概率。

(2)度量任务可靠性仅考虑任务期间影响完成任务的故障。因此,在进行任务可靠性分析时,首先,要确定什么是任务的基本功能,什么是危及任务的故障。

(3)任务可靠性模型包括能反应冗余或替代工作模式的串联、并联等单元。任务所规定的时间范围不仅是任务持续时间的长度,也包括任务的起始时间和终止时间;规定的条件也不仅是环境条件、应力条件,还应当包括任务开始时的维护保养条件等。

基本可靠性指标一般用平均故障间隔时间(MTBF)表示,而任务可靠性指标一般用可靠度来表示。

使用基本可靠性与任务可靠性来表征军用装备的可靠性指标有很大区别[31]。从可靠性的定义可以看出,基本可靠性是衡量设备在其整个寿命周期内的使用能力(仅仅是能与不能的区别);任务可靠性则是衡量设备在规定的任务时间内的使用效能(不仅仅是能与不能的区别,而且还有好与不好的区别)。

建立可靠性模型时,首先要区分建立的是基本可靠性模型还是任务可靠性模型。基本可靠性模型的建立比较简单,因为系统任何组成部分的故障,都会产生维修和保障的需求。故对系统所有单元建立一个大的串联模型即可。任务可靠性模型的建立比较复杂,它可能是一个复杂的串联、并联、表决、旁联、桥联等多种模型的组合。应有明确的任务剖面、任务时间、故障判据以及执行任务过程中所遇到的环境条件和工作应力,建立系统的可靠性框图或功能流程图。本章所讨论的是导弹武器系统作战的任务可靠性模型。

20.1.2　导弹作战可靠性

导弹作战可靠性是基本可靠性和任务可靠性的延伸。其含义是,在一次作战过程中,导弹武器系统能按照设计指标在规定的条件和规定的时间内完成整个作战任务的概率。它是一个总体性的指标,表征了整个导弹武器系统完成作战任务的可靠性。它和任务可靠性有密切的联系。对于作战过程,可以将其划分为若干个任务阶段,每个这样的阶段,用任务可靠性指标来衡量。所有任务阶段的综合就是作战可靠性。也可以认为作战,即完成整个发射任务,这是一个较大的任务,这时的任务可靠性即为作战可靠性。但为了研究问题的方便,将完成整个发射任务的可靠性称为作战可靠性,而将为完成作战任务而必须经历的各个作战阶段的可靠性称为任务可靠性。

作战可靠性具有特殊性,即它是针对具体的某次任务而言的,因为每次发射过程,武器系统所面临的战场环境是不同的。针对本章的研究内容,则每次所面临的战场电磁环境是不同的,必须考虑战场环境对作战可靠性的影响。电磁环境是一种特殊的战场环境,对导弹武器系统作战可靠性有较大影响,应该针对具体的电磁环境参数计算其作战可靠性。

20.1.3　环境因子

定义　若 $F_i(t)$,$F_j(t)$ 分别表示产品在应力 S_i,S_j 作用下的累积失效概率,

且存在关系 $F_i(t_i) = F_j(t_{ij})$，则应力 S_i 对应力 S_j 的环境因子为

$$K_{ij} = \frac{t_{ij}}{t_i} \tag{20.1}$$

环境因子存在要满足如下三条假设：

假设 1　失效机理一致性假设：在不同的环境应力水平 S_1, S_2, S_k 下，产品失效机理保持不变。该假设是进行环境因子相关问题研究的前提条件。只有在失效机理保持一致的情况下，才能进行不同应力水平下可靠性信息的等效折算与综合，环境因子研究才具有意义。通常情况下，该假设可通过试验设计来保证[32]。

假设 2　分布同族性假设：在不同的环境应力水平 S_1, S_2, S_k 下，产品的寿命服从同一形式的分布。该假设最早由 Pieruschka 提出，它表明不同环境应力水平下的寿命数据的分布形式相同，只是在分布参数上存在差异。寿命分布同族性可以通过分布拟合来检验[33]。

假设 3　Nelson 假设：产品的残存寿命仅依赖于已累积的失效和当前的环境应力，而与累积方式无关[34]。

下面给出三种常见寿命分布的环境因子定义和失效机理不变的条件[35-36]：

（1）指数分布的分布函数为 $F(t) = 1 - e^{-\lambda t}$，环境因子 $K_{ij} = \lambda_i / \lambda_j$，且自然满足失效机理不变的约束条件；

（2）对数正态分布的分布函数为 $F(t) = \Phi[(\ln t - \mu)/\sigma]$，环境因子 $K_{ij} = \exp(\mu_j - \mu_i)$，失效机理不变的约束条件为 $\sigma_i = \sigma_j$；

（3）Weibull 分布的分布函数为 $F(t) = 1 - \exp[-(t/\eta)^m]$，其中 m, μ 分别是形状参数和尺度参数，环境因子 $K_{ij} = \eta_j / \eta_i$，失效机理不变的约束条件为 $m_i = m_j$。

可以看出，不同寿命分布类型的环境因子的定义和失效机理不变的约束条件是不同的，因此在研究环境因子时首先要明确产品的寿命分布类型。

20.2　导弹武器系统作战阶段及功能模块划分

系统是为完成某项任务而设计的一个结构。为了完成某项任务就必须赋予系统某种功能。系统的某项任务的完成往往与系统的某种功能的正常发挥紧密相连。当这种功能无法成功发挥时，与这种功能相联系的某项任务就不能完成。从数学角度来看，系统是一个以子系统或部件作为元素的集合[37]。

以三级固体弹道式导弹武器系统为研究对象进行分析。由于本书的主要研究内容是导弹武器系统的作战可靠性，故从作战部队接受作战任务开始进行分析。

设导弹武器系统包括发射子系统、电源子系统、瞄准子系统、测控子系统、指控子系统等[38-39]，由它们互相配合完成导弹发射任务。设导弹的发射方式是车载机动冷发射，机动方式是有目的、各发射车辆机动路线是有限的，只能在预定的几个阵地之间机动。从接受命令开始到抵达预定发射阵地，这一阶段为机动阶段。在此阶段中，各发射车辆按预定行军路线开进，车辆底盘工作，其他设备不工作。

机动阶段结束，车辆成功到达发射阵地。从展开设备到完成发射大约需要×min 时间。主要是展开设备，电源车开始发电，为相应设备供电。发射车起竖导弹，测控车对导弹做临射检查，检查合格后，指挥员下达发射命令。由于发射方式为冷发射，导弹由发射筒内弹射出筒，在预定高度点火，而后作主动段飞行，这一阶段为发射阶段。

导弹点火起飞后，进入飞行阶段。弹道式导弹的飞行阶段分为主动段和被动段。在飞行过程中，一、二、三级壳体先后与弹头脱离。在整个飞行过程中，所有器件均处在异常复杂的环境中，此时，若遭遇复杂电磁环境，将使导航精度降低，甚至使导弹不能正常工作，在空中解体。

飞行阶段结束后，弹头飞向目标，此时工作部件为弹头。设导弹为子母弹头，具有多个子弹头，由外层的壳体包裹着，由子弹抛撒机构将子弹抛出，继而命中目标，即为引爆阶段。综上所述，导弹武器系统任务剖面划分如图 20.1 所示。

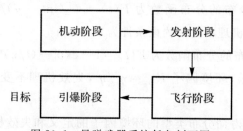

图 20.1　导弹武器系统任务剖面图

导弹武器系统基本组成如图 20.2 所示，按其在导弹作战中发挥的功能，可将导弹武器系统划分为三大部分。

第一部分为导弹系统，主要包括弹头、控制系统、弹体结构、分离系统、动力系统、安全系统、遥测系统；

第二部分为发射系统，发射系统包括配电系统（电力设备）、运输发射子系统（发射设备）、瞄准子系统（瞄准设备）、测控子系统（测控设备）、ZJ 子系统（ZJ 设备）；

第三部分为辅助系统，包括指挥通信系统（指控设备）和 TW 系统（TW 设备）。

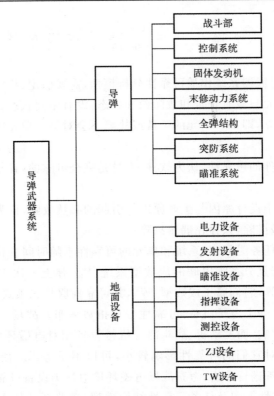

图 20.2　导弹武器系统组成图

　　根据导弹武器系统的组成结构及其相互间的功能联系,将导弹武器系统划分为三大功能组成部分,包括导弹系统、导弹发射系统和辅助系统,这三个功能系统的可靠性逻辑关系如图 20.3 所示。

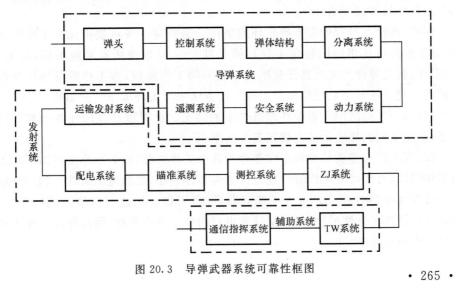

图 20.3　导弹武器系统可靠性框图

20.3 导弹作战可靠性分析模型的建立

为了简化导弹武器系统作战可靠性分析模型,需要假定:

(1)系统和单元只具有正常和故障两种状态,没有中间状态;

(2)各单元独立,即某一单元的正常或故障不会对另一单元的正常或故障产生影响[40];

(3)只分析硬件的可靠性,认为软件、人员是完全可靠的,且与硬件之间没有相互影响;

(4)不考虑由于设计原因与生产原因等引起的必然故障,认为这些故障在产品定型交付之前已经排除,只存在偶然故障;

(5)在规定的任务时间内,系统和单元的可靠性不随时间变化。

导弹武器系统是分系统串联的成败型系统[14]。弹上一次工作的分系统主要有发动机、战斗部等,它们属于成败型产品,其可靠性服从二项式分布;弹上重复工作的分系统主要是弹上电子设备,可靠性服从指数分布。战场电磁环境主要对弹上电子设备产生影响,而发动机、战斗部等机械设备相对电磁环境而言,不属于敏感设备,电磁环境对它们的可靠性影响较小,可以不予考虑。所以在下面的分析中,对弹上电子设备进行分析,考察战场电磁环境对这类设备可靠性的影响。

依据任务可靠性框图及任务可靠性结构模型,武器系统的作战可靠性计算程序如下:

(1)根据每个组成单元(每个框)的失效率、占空因数、故障分布特性及分布参数,计算每个框(单元)的任务可靠度 $R_s(t)$。

(2)将每个单元(每个框)的可靠度代入建立的系统作战可靠性模型,计算武器系统的作战可靠度 $R_s(t)$。

同时,在计算过程中需要确定环境条件。某特定任务可能由几个工作阶段组成,每个阶段有其相应的特定主导环境条件[41]。对导弹武器系统来说,发射、飞行、引爆,就是导弹为完成其任务所经历的不同工作阶段,各工作阶段环境条件是不同的。建立任务可靠性模型时可按下述方法来考虑环境条件的影响[31]:

(1)同一个产品用于多个环境条件下的情况。此时该产品的任务可靠性框图不变,仅用不同的环境因子去修正其失效率[42]。

(2)当产品为完成某个特定任务分为几个工作阶段,而各工作阶段的环境条件均不相同时,可按每个工作阶段建立任务可靠性模型,然后将结果综合到一个总的任务可靠性模型中去[43]。对于导弹武器系统,可以分别建立机动、发射、飞行、引爆阶段的任务可靠性模型,并分别计算出它们的任务可靠度,最后算出导弹武器系统总的作战可靠度。

20.3.1   机动阶段

导弹部队接到上级作战指令后,从待机阵地向发射阵地进发,在该过程中,由于不考虑人的可靠性,故认定此时各装备车辆已明确自己的目的地,即发射阵地是确定的。在此机动过程中,工作部件是各车辆的底盘,其他部件不工作。且整个车辆处于伪装状态,电磁干扰威胁较小,对各车辆的机动行进影响不大,故可以忽略。对于轮式底盘车,由于在这里考虑的是其任务可靠性,故选取有维修的致命性故障间隔里程 MTBCF_m 作为可靠性指标,导弹武器系统各子系统对应的 7 种特种车辆共有 7 个可靠性指标,记为 $\mathrm{MTBCF}_{mi}, i=1,\cdots,7$,其对应的 $R_s(t)$ 为 $R_{si}(t), i=1,\cdots,7$,则在机动阶段导弹武器系统的可靠性为

$$R_s(t)_{(机动)} = \prod_{i=1}^{7} R_{si}(t) \tag{20.2}$$

20.3.2   发射阶段

导弹武器系统在发射阶段时,电力设备开始工作,2 台 FD 装置并联工作,提高了可靠性,电流经 HL 装置和 WY 装置后,通过 PDP 装置为其他发射设备供电。其可靠性框图如图 20.4 所示。记各种配电装置的可靠性分别为 $R(t)_{(\mathrm{FD})}$, $R(t)_{(\mathrm{HL})}, R(t)_{(\mathrm{WY})}, R(t)_{(\mathrm{PDP})}, R(t)_{(\mathrm{XCB})}$,则配电系统可靠性为

$$R(t)_{(配电系统)} = \left[1-(1-R(t)_{(\mathrm{FD})})^2\right] R(t)_{(\mathrm{HL})} R(t)_{\mathrm{WY}} R(t)_{\mathrm{PDP}} R(t)_{\mathrm{XCB}} \tag{20.3}$$

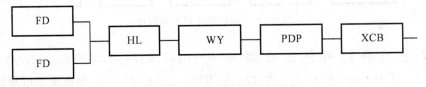

图 20.4   配电系统可靠性框图

导弹发射系统的主要功能部件为液压系统和起竖发射装置。接到发射操作指令后,液压系统起竖发射筒,发射装置将导弹弹射出筒,进而点火发射。其可靠性框图如图 20.5 所示。

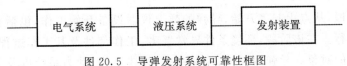

图 20.5   导弹发射系统可靠性框图

记其可靠性为 $R(t)_{(电气系统)}, R(t)_{(液压系统)}, R(t)_{(发射装置)}$,发射系统可靠性为

$$R(t)_{(发射系统)} = R(t)_{(电气系统)} R(t)_{(液压系统)} R(t)_{(发射装置)} \tag{20.4}$$

瞄准系统的主要功能是按照打击目标和打击要求,做好发射前的目标瞄准工作。完成瞄准工作需要发射设备、瞄准设备和指挥控制设备协同配合完成。瞄准系统由多种瞄准装置构成,根据其工作过程,通过分析其功能结构,得出其可靠性框图如图20.6所示。

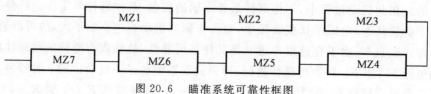

图20.6　瞄准系统可靠性框图

记各种瞄准装置的可靠性分别为 $R(t)_{(MZ1)}$,$R(t)_{(MZ2)}$,$R(t)_{(MZ3)}$,$R(t)_{(MZ4)}$,$R(t)_{(MZ5)}$,$R(t)_{(MZ6)}$,$R(t)_{(MZ7)}$。该系统为串联系统,瞄准系统可靠性为

$$R(t)_{(瞄准系统)} = R(T)_{(MZ1)} R(t)_{(MZ2)} R(t)_{(MZ3)} R(t)_{(MZ4)} \times$$
$$R(t)_{(MZ5)} R(t)_{(MZ6)} R(t)_{(MZ7)} \tag{20.5}$$

导弹武器系统在发射阵地上需要进行最后一次临射前检查,以检验各系统是否正常,是否具备发射条件。该项工作主要由测控系统来完成,其可靠性框图如图20.7所示。

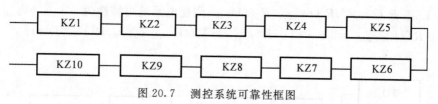

图20.7　测控系统可靠性框图

设备部件的可靠性分别为 $R(t)_{(KZ1)}$,$R(t)_{(KZ2)}$,$R(t)_{(KZ3)}$,$R(t)_{(KZ4)}$,$R(t)_{(KZ5)}$,$R(t)_{(KZ6)}$,$R(t)_{(KZ7)}$,$R(t)_{(KZ8)}$,$R(t)_{(KZ9)}$,$R(t)_{(KZ10)}$,测控系统可靠性为

$$R(t)_{(测控系统)} = R(t)_{(KZ1)} R(t)_{(KZ2)} R(t)_{(KZ3)} R(t)_{(KZ4)} \times$$
$$R(t)_{(KZ5)} R(t)_{(KZ6)} R(t)_{(KZ7)} \times$$
$$R(t)_{(KZ8)} R(t)_{(KZ9)} R(t)_{(KZ10)} \tag{20.6}$$

20.3.3　飞行阶段

飞行阶段,从点火起飞开始,导弹的弹上仪器设备开始工作,包括主动段飞行和被动段飞行。在该阶段,环境条件异常恶劣,工作部件及其工作过程较为复杂,是重点建模的对象。导弹由弹头、控制系统、弹体结构、动力系统以及分离系统组成。下面分别计算各系统的可靠性。

控制系统的可靠性框图如图20.8所示。

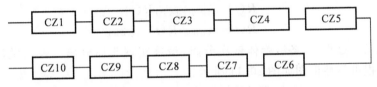

图 20.8　控制系统可靠性框图

各部件可靠性分别为 $R(t)_{(CZ1)}, R(t)_{(CZ2)}, R(t)_{(CZ3)}, R(t)_{(CZ4)}, R(t)_{(CZ5)},$ $R(t)_{(CZ6)}, R(t)_{(CZ7)}, R(t)_{(CZ8)}, R(t)_{(CZ9)}, R(t)_{(CZ10)}$，则控制系统可靠性为

$$R(t)_{(控制系统)} = R(t)_{(CZ1)} R(t)_{(CZ2)} R(t)_{(CZ3)} R(t)_{(CZ4)} \times$$
$$R(t)_{(CZ5)} R(t)_{(CZ6)} R(t)_{(CZ7)} R(t)_{(CZ8)} \times$$
$$R(t)_{(CZ9)} R(t)_{(CZ10)} \tag{20.7}$$

设导弹为三级固体导弹，三级结构为串联型机械结构，可靠性框图如图 20.9 所示。

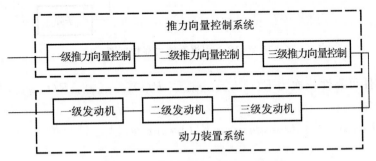

图 20.9　弹体结构可靠性框图

各部件可靠性为 $R(t)_{(一级壳体)}, R(t)_{(二级壳体)}, R(t)_{(三级壳体)}, R(t)_{(级间段)},$ $R(t)_{(管路系统)}$，则弹体结构可靠性为

$$R(t)_{(弹体)} = R(t)_{(一级壳体)} \times R(t)_{(二级壳体)} \times R(t)_{(三级壳体)} \times$$
$$R(t)_{(级间段)} \times R(t)_{(管路系统)} \tag{20.8}$$

导弹的动力装置系统由推力向量控制系统和动力装置（发动机）构成。可靠性框图如图 20.10 所示。

图 20.10　动力装置系统可靠性框图

各部件可靠性为 $R(t)_{(一级推力向量控制)}, R(t)_{(二级推力向量控制)}, R(t)_{(三级推力向量控制)},$ $R(t)_{(一级发动机)}, R(t)_{(二级发动机)}, R(t)_{(三级发动机)}$，则系统可靠性为

$$R(t)_{(动力系统)} = R(t)_{(一级推力向量控制)} R(t)_{(二级推力向量控制)} \times$$

$$R(t)_{(三级推力向量控制)} R(t)_{t(一级发动机)} \times$$
$$R(t)_{(二级发动机)} R(t)_{(三级发动机)} \tag{20.9}$$

导弹飞行过程中,各级弹体依次分离,最终实现头体分离。弹头做被动段飞行。该过程可靠性框图如图 20.11 所示。

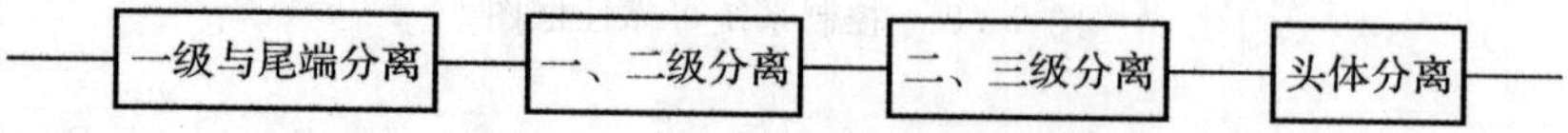

$$\boxed{\text{一级与尾端分离}} \longrightarrow \boxed{\text{一、二级分离}} \longrightarrow \boxed{\text{二、三级分离}} \longrightarrow \boxed{\text{头体分离}}$$

图 20.11 分离系统可靠性框图

各部件可靠性为 $R(t)_{(一级与尾端分离)}$,$R(t)_{(一、二级分离)}$,$R(t)_{(二、三级分离)}$,$R(t)_{(头体分离)}$,则分离系统可靠性为

$$R(t)_{(分离系统)} = R(t)_{(一级与尾端分离)} R(t)_{(一、二级分离)} R(t)_{(二、三级分离)} R(t)_{(头体分离)} \tag{20.10}$$

20.3.4 引爆阶段

导弹飞行阶段结束后,就进入引爆阶段。此时工作部件为弹头。该型导弹为子母弹,具有多个弹头,由外层的壳体包裹着,由子弹抛撒机构将子弹抛出,继而命中目标,该过程可靠性框图如图 20.12 所示。

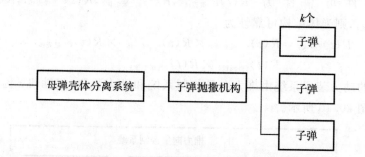

图 20.12 引爆系统可靠性框图

各部件可靠性依次为 $R(t)_{(母弹壳体分离系统)}$,$R(t)_{(子弹抛撒系统)}$,$R(t)_{(子弹)}$,则弹头系统可靠性为

$$R(t)_{(弹头系统)} = R(t)_{(母弹壳体分离系统)} R(t)_{(子弹抛撒系统)} [1 - (1 - R(t)_{(子弹)})^k] \tag{20.11}$$

20.3.1 节至 20.3.4 节分别建立了机动、发射、飞行和引爆四个阶段的可靠性分析模型。经分析,这四个阶段所涉及的设备为电子设备或机电设备,其可靠性分布为指数分布,所以在下面的可靠性计算中均按指数分布模型计算其可靠度。

20.3.5　正常环境下导弹武器系统可靠性预计模型

在此将战场环境分为电磁环境和非电磁环境,电磁环境是一种特殊的战场环境,而其他的环境条件,如地形地貌、温度、大气等环境是一种传统的战场环境,将其视为非电磁环境,亦即正常环境。

正常环境下系统可靠性的计算有两种思路:一种是建立系统可靠性结构图,得到可靠性概率模型,自下而上,从分析底层各元件的可靠性开始,得到系统可靠性,为概率方法[44];另一种是统计方法,对整个系统而言,搜集得到系统在每次使用中的可靠性数据,用可靠性估计理论的相关方法得到可靠性,为统计方法[45]。

本节讨论的预计方法,是求解系统可靠性的概率方法。可靠性预计是根据系统各组成元器件的失效率和相互组合情况,计算出系统可靠性的过程[46]。它有多种计算方法。但不同的方法适用于不同对象。例如,在导弹武器装备方案设计阶段开始时,一般采用相似产品法(相似设备法或相似电路法);进行初步设计时,可采用元、器件计数法;当产品设计已基本完成时,可以得到元器件应力数据的详细清单,采用元器件应力分析法或失效率预计法进行更为详细的预计[47]。

对于已经定型出厂交付使用的导弹,其系统组成结构,组成系统的元器件和部件的失效率,工作环境的环境因子,工作载荷应力都是可以知道的,故采用失效率预计法预计系统的可靠性,该方法比较简单,只需要知道元器件的基本失效率、环境因子即可,是一种较为方便的求解可靠性的方法。

针对所研究的确定的导弹武器系统,组成各功能部件的元器件种类、数量、特性是可以知道的。其计算步骤如下:

(1) 分析系统工作过程,确定系统原理图;

(2) 由系统的工作原理,画出可靠性逻辑框图,建立相应的可靠性概率模型;

(3) 对照可靠性逻辑框图,查出所使用元器件的基本失效率 λ_0;

(4) 依据本次作战情况,查相关数表得到环境因子参数,根据使用应力确定应力因子;

(5) 综合上述数据计算系统可靠性。

根据上述分析,计算导弹武器系统的作战可靠性,需要知道下列参数:

1) 基本失效率[1]。导弹元件或系统单元,在额定值条件(温度、电压、电功率)下工作时所统计出来的失效率称为基本失效率,用 λ_0 表示。基本失效率是导弹作战可靠度预测的基础数据,是经过长期实践统计出来的数据。

2) 降额因子[48]。导弹在发射过程中,大部分零部件或单元多数时间内都工作在低于额定值条件下,降低了的工作条件会使失效率降低。这种降低了的失效率称为降额失效率。它的求法是把基本失效率乘一个系数 α,该系数叫降额因子。

3) 环境因子。当导弹的零部件或单元工作在特别的环境中(如强振动和强冲击等)时,其失效率和工作在一般环境中下的失效率是不同的,应乘以系数 k,该系数即为环境因子[49]。需要强调的是,该环境因子是正常环境下的环境因子,复杂电磁环境下的作战可靠性计算,用加速应力理论加以解决。

4)任务失效率,是指在完成某次任务中的失效率,常用 λ_a 表示。表达式为

$$\lambda_a = \lambda_0 \alpha k t \tag{20.12}$$

即基本失效率 λ_0 乘以降额因子 α 和环境因子 k 后再乘以任务时间 t。

5)未工作失效率,是一个未进行工作的元件具有的失效率。一般将工作失效率的百分之几作为未工作失效率数值。这个百分比从经验统计中得来。先由基本失效率求得未工作基本失效率,进而由上面公式求得未工作失效率。将未工作失效率记为 λ_n,则在整个工作过程中部件的失效率 λ_{total} 表达式为

$$\lambda_{total} = \lambda_a + \lambda_n \tag{20.13}$$

导弹武器系统在作战过程中某部件任务失效率 λ_{total} 由两部分组成,即工作失效率 λ_a 和未工作失效率 λ_n。取降额因子为 1,则该部件作战可靠度为

$$R_a = e^{-\lambda_{total}} = e^{-(\lambda_a + \lambda_n)} \tag{20.14}$$

利用上述方法,结合第 20.3 节建立的导弹作战可靠性分析模型,就可求得导弹武器系统在正常环境下的作战可靠性。而战场电磁环境是一类特殊的工作环境,它远比正常环境复杂。可以将电磁环境的影响视为加在系统上的加速应力,其作用结果要么使系统可靠性降低,要么使系统直接失效。在这种情况下,应该从作用机理、作用对象、损伤效应等各方面,详细分析电磁环境对导弹武器系统作战可靠性的影响,这是下一章的研究内容。

第21章 电磁环境下基于加速应力理论的导弹作战可靠性建模

21.1 电磁干扰机理及其危害

21.1.1 电磁干扰机理

电磁干扰产生于干扰源,是一种来自外部的,并有损于有用信号的电磁现象。电磁干扰由三个基本要素构成[50],如图21.1所示。

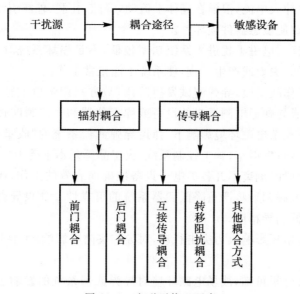

图21.1 电磁干扰三要素

电磁干扰源、干扰传播途径和敏感设备称为电磁干扰三要素。如果用时间 t、频率 f、距离 r 和方位 θ 的函数 $S(t,f,r,\theta)$, $C(t,f,r,\theta)$, $R(t,f,r,\theta)$ 分别表示电磁干扰源、电磁能量的耦合、敏感设备的敏感性,则产生电磁干扰时,必须满足如下条件:

$$S(t,f,r,\theta)C(t,f,r,\theta) \geqslant R(t,f,r,\theta) \tag{21.1}$$

21.1.2 电磁干扰危害

导弹武器系统在作战过程中,敌方对我方的电磁攻击,包括电磁脉冲弹、干扰机等强电磁干扰,电磁能直接耦合到武器系统内部,干扰电子设备的正常工作,程度较轻者工作性能降低,可靠性下降,特别严重时,电子器件被烧毁、击穿。具体表现为以下几方面:

(1)高压击穿。电磁能被电子设备接收后转化为大电流,或在高电阻处转化为高电压,引起接点、部件或回路间的电击穿及器件损坏或瞬时失效,严重情况下会使电发火装置中的火工品误爆,造成事故[51]。

(2)器件烧毁。含半导体器件的结烧蚀、金属连线熔断等,将造成永久性损伤,未加防护的计算机数字电路和器件将受到干扰、击穿和烧毁。

(3)微波加温。微波可使金属、含水介质升温,导致器(部)件不能正常工作。

(4)电涌冲击。微波脉冲即使由于金属屏蔽不能直接辐射到电子系统,但在其壳体上能感生脉冲大电流,浪涌在壳体上流动,缝隙、孔洞、外露引线等将电涌电流引进壳内系统,致使敏感器件损坏[5]。

(5)瞬时干扰。电磁干扰进入系统功率较低,不足损坏系统时,能感应瞬时电流引起器件的瞬时失效或产生干扰,使系统不能正常工作。

具体到四个作战阶段,导弹测试发射阶段,敌方利用强电磁脉冲弹、高能微波弹等武器,可造成导弹通电测试时的设备或弹上仪器和线路瞬时过载电流或瞬时高电压破坏。在复杂电磁环境影响下,弹道导弹武器系统的"收星检查"和制导模式选择易受到影响;发射车、弹上控制系统、火工品等基本不受干扰。

导弹飞行阶段时刻离不开各类电子设备准确而有效的工作,而敌方的有意干扰、破坏和自然电磁辐射将严重降低武器系统的可靠性。如果导弹飞行航区遭受电磁干扰,将降低制导精度。

复杂电磁环境还影响火力突击行动,对导弹突防有影响,主要是降低导弹的命中精度。

由电磁危害分析可知,战场电磁环境对导弹武器系统的影响主要在于电磁场对各类电子设备产生骚扰电压,骚扰电压又转化为骚扰电流,这些干扰因素降低了电子设备的可靠性,可用骚扰电压表征电磁环境对导弹武器系统作战可靠性的影响。因此,要计算复杂电磁环境对导弹武器系统作战可靠性的影响,就要具体分析复杂电磁环境对导弹武器系统各个功能模块的电磁危害,利用有关理论计算出战场电磁环境给各类电子设备带来的骚扰电压,进而具体计算各个电子设备可靠性的变化情况,最后得到整个导弹武器系统作战可靠性的变化情况。

21.2　复杂电磁环境对导弹作战可靠性的影响

21.2.1　分析思路

预测分析导弹武器系统的电磁兼容性时,需要确定电磁能传输函数模型,求得穿透每层屏蔽面的电磁能,进而计算出导弹内部指定位置处的感应电压和电流[52]。

可认为导弹武器系统是由一个或多个阻碍电磁干扰进入系统内部的嵌套电磁屏蔽面构成的,如图 21.2 所示,导弹外部包括电磁干扰源的区域记为 A_0,导弹弹体作为一个屏蔽面,记为 S_1。导弹内部已屏蔽的空间分别记为 A_1,A_2,A_3;包围这些空间的屏蔽面分别记为 S_2,S_3。

要计算外部电磁环境对导弹的作用,首先要分析确定耦合途径,计算出干扰穿透第一级屏蔽层的电磁能量。这些电磁能量进入空间 A_1 中,作用于屏蔽面 S_2 上。

为了便于分析计算,可用电磁作用流图表示实际的电磁作用路径,如图 21.3 所示。它类似于图论中的 Mason(梅森)信号流图[53],如果已知权函数(电磁干扰源模型和传输函数模型)及其电磁参数(频率、场强或功率等),那么将这些参数代入电磁作用流图的运算结果就可以预测分析电磁骚扰对系统某一区域产生的干扰效果。

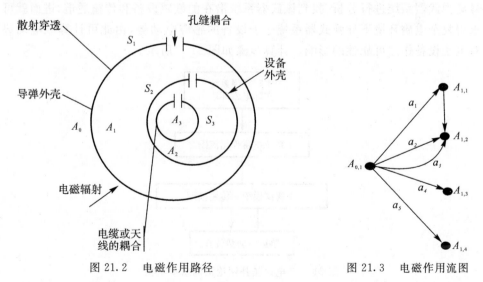

图 21.2　电磁作用路径　　　　　　图 21.3　电磁作用流图

图 21.3 中,A_{ij} 表示干扰源或敏感设备,i 表示第 i 层屏蔽空间,j 表示在该层屏蔽空间下的第 j 个干扰源或敏感设备;有向边表示两个干扰源或敏感设备间的

二元关系(传输函数),则系统相互作用关系用有向图描述为 $D = (A(D), E(D),$ $\varphi_D)$,分别表示干扰源或敏感设备、传输通道及传输函数大小。

其中干扰源或敏感设备为

$$A(D) = \{A_{0,1}, A_{1,1}, A_{1,2}, A_{1,3}, A_{1,4}\}$$

传输通道为

$$E(D) = \{a_1, a_2, a_3, a_4, a_5, a_6\}$$

传输函数 φ_D 为

$$\left.\begin{array}{ll} \varphi_D(a_1) = (A_{0,1}, A_{1,1}) = T_{0,1;(1)1,1} & \varphi_D(a_2) = (A_{0,1}, A_{1,1}) = T_{0,1;(2)1,1} \\ \varphi_D(a_3) = (A_{0,1}, A_{1,2}) = T_{0,1;(1)1,2} & \varphi_D(a_4) = (A_{0,1}, A_{1,2}) = T_{0,1;(2)1,2} \\ \varphi_D(a_5) = (A_{0,1}, A_{1,3}) = T_{0,1;1,3} & \varphi_D(a_6) = (A_{0,1}, A_{1,4}) = T_{0,1;1,4} \end{array}\right\}$$

$$(21.2)$$

实际的辐射骚扰大多数是通过天线、电缆导线和机壳感应进入敏感设备的。金属导体在某种程度上可起发射天线和接收天线的作用。金属导体在电磁场中产生的感应电动势 $U(\mathrm{V})$ 正比于感应电场强度 $E(\mathrm{V/m})$。该感应电动势可视为复杂电磁环境对导弹武器系统的影响结果。通过前面的分析可知,该作用结果可导致电子设备温度升高,电流增大,仪表指示不正常,最终使电子设备可靠性降低,严重的使电子设备瞬间失效。可见,用电磁作用流图分析复杂电磁环境对导弹武器系统的影响,是计算感应电动势的前提。针对特定的战场电磁环境,干扰源和敏感设备是确定的,进而传输通道和传输函数也是确定的。这样,用电磁作用流图对某型号导弹武器系统进行分析,找到该武器系统潜在的敏感设备和传输通道,进而就可求得复杂电磁环境下导弹武器系统电子设备的感应电动势,由此可计算该电动势对电子设备作战可靠性的影响。计算步骤如图 21.4 所示。

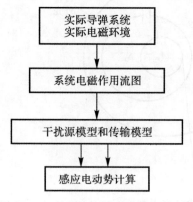

图 21.4　电磁拓扑图论法的基本步骤

根据上面给出的分析方法,结合前面划分的导弹武器系统功能模块,可进行系统电磁兼容分析。在这里,系统内部各部件之间的电磁干扰不予考虑,因为在武器系统的设计阶段,此类干扰已经排除。在这里只考虑外界的战场电磁环境对导弹武器系统的影响,找出潜在的电磁作用路径,至于具体的传输函数,由实际的战场电磁环境决定。因为战场电磁环境是动态变化的,每次作战过程,战场电磁环境都不同,进而传输函数也不同。

21.2.2　导弹武器系统电磁作用流图

1. 机动阶段

车辆以外的其他设备不工作,目的只是到达指定的作战阵地,电磁干扰对作战可靠性的影响较小,故可忽略此时存在的电磁干扰。

2. 发射阶段

发射阶段,电磁环境对电源装备的电磁作用流图如图 21.5 所示。由于系统划分较为简单,故屏蔽层只有一层,$A_{0,1}$ 代表系统外的电磁干扰源,$A_{1,1}$,$A_{1,2}$,$A_{1,3}$,$A_{1,4}$,$A_{1,5}$ 分别表示 5 种受到电磁干扰的电源装置,a_1,a_2,a_3,a_4,a_5 为存在的 5 条干扰途径。如果只考虑结果,则以性能降低加以衡量。

电磁环境对发射装备的电磁作用流图如图 21.6 所示。$A_{0,1}$ 代表系统外的电磁干扰源,$A_{1,1}$,$A_{1,2}$,$A_{1,3}$ 分别表示 3 种受到电磁干扰的发射装置,a_1,a_2,a_3 是存在的 3 条干扰路径。

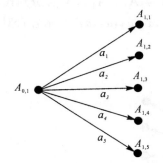
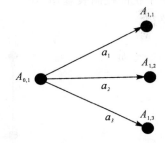

图 21.5　电源装备的电磁作用流图　　　　图 21.6　发射装备的电磁作用流图

考虑电磁环境对瞄准装备的干扰,因有 4 种瞄准装置不受其影响,故电磁作用流图如图 21.7 所示。

图 21.7 中,$A_{0,1}$ 代表系统外的电磁干扰源,$A_{1,1}$,$A_{1,2}$,$A_{1,3}$ 分别表示 3 种受到电磁干扰的瞄准装置,a_1,a_2,a_3 是存在的 3 条干扰路径。

电磁环境对测控装备的电磁作用流图如图 21.8 所示。

在图 21.8 中,$A_{0,1}$ 代表系统外的电磁干扰源,$A_{1,1}$,$A_{1,2}$,$A_{1,3}$,$A_{1,4}$,$A_{1,5}$,$A_{1,6}$,$A_{1,7}$,$A_{1,8}$,$A_{1,9}$,$A_{1,10}$ 分别代表 10 种受到电磁干扰的测控装置,a_1,a_2,a_3,a_4,a_5,a_6,a_7,a_8,a_9,a_{10} 表示各自对应的 10 条干扰路径。

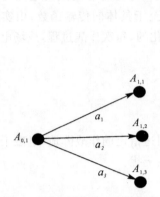
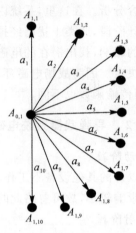

图 21.7　瞄准装备的电磁作用流图　　图 21.8　测控装备的电磁作用流图

3.飞行阶段

下面对飞行阶段电磁环境对导弹系统的电磁作用进行分析。该阶段三级发动机的工作时间分别为 $t_{一级}$,$t_{二级}$,$t_{三级}$,弹头做被动段飞行,工作时间记为 $t_{弹头被动}$。记 $t = t_{一级} + t_{二级} + t_{三级} + t_{弹头被动}$。在 $(0,t]$ 时间段内,受电磁环境影响的系统为控制系统,电磁环境对控制系统的电磁作用流图如图 21.9 所示。$A_{0,1}$ 代表系统外的电磁干扰源,$A_{1,1}$,$A_{1,2}$,$A_{1,3}$,$A_{1,4}$,$A_{1,5}$,$A_{1,6}$,$A_{1,7}$,$A_{1,8}$,$A_{1,9}$,$A_{1,10}$ 分别代表 10 种受到电磁干扰的控制装置,a_1,a_2,a_3,a_4,a_5,a_6,a_7,a_8,a_9,a_{10} 表示各自对应的 10 条干扰路径。

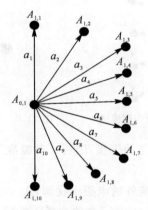

图 21.9　控制系统的电磁作用流图

在 $(0,t_{一级}]$ 时间段内,一级发动机工作,最终实现一、二级分离。在这里可以视弹体为屏蔽体,且其为机械结构,故认为不受电磁环境的影响。一级尾端分离系统在点火瞬间工作,为成败型产品,发射前保存在发射筒内部,可忽略电磁环境的

影响。受电磁环境影响的系统为一级推力向量控制系统和一、二级分离系统,两者
的工作持续时间均为 $t_{一级}$,电磁作用流图如图 21.10 所示。$A_{0,1}$ 代表系统外的电磁
干扰源,$A_{1,1}$,$A_{1,2}$ 分别表示一级推力向量控制系统和一、二级分离系统,a_1,a_2 是
存在的 2 条干扰路径。

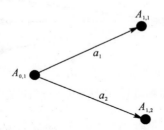

图 21.10　一级推力向量控制系统电磁作用流图

$(t_{一级}, t_{二级}]$ 时间段内,二级发动机工作,最终实现二、三级分离。受电磁环
境影响的系统为二级推力向量控制系统和二、三级分离系统,两者的工作持续时间均
为 $t_{二级}$,电磁作用流图如图 21.11 所示。$A_{0,1}$ 代表系统外的电磁干扰源,$A_{1,1}$,$A_{1,2}$
分别表示二级推力向量控制系统和二、三级分离系统,a_1,a_2 是存在的 2 条干扰
路径。

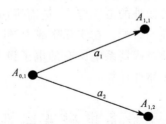

图 21.11　二级推力向量控制系统电磁作用流图

$(t_{二级}, t_{三级}]$ 时间段内,三级发动机工作,最终实现头体分离。受电磁环境影响
的系统为三级推力向量控制系统和头体分离系统,两者的工作持续时间均为 $t_{二级}$,
电磁作用流图如图 21.12 所示。$A_{0,1}$ 代表系统外的电磁干扰源,$A_{1,1}$,$A_{1,2}$ 分别表
示三级推力向量控制系统和头体分离系统,a_1,a_2 是存在的 2 条干扰路径。

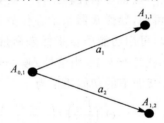

图 21.12　三级推力向量控制系统电磁作用流图

4. 引爆阶段

引爆阶段,电磁环境对弹头的电磁作用流图如图 21.13 所示。

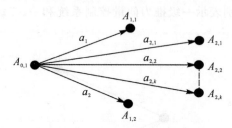

图 21.13　引爆系统电磁作用流图

图 21.13 表示有两层屏蔽层,$A_{0,1}$ 代表系统外的电磁干扰源,$A_{1,1}$,$A_{1,2}$ 分别表示母弹壳体分离系统和子弹抛撒机构,$A_{2,1}$,$A_{2,2}$,$\cdots$,$A_{2,k}$ 表示 k 枚子弹,a_1,a_2 表示第 1 屏蔽层中的 2 条干扰路径,$a_{2,1}$,$a_{2,2}$,$\cdots$,$a_{2,k}$ 表示第 2 屏蔽层中的 k 条干扰路径。

本节利用电磁作用流图分析了在机动、发射、飞行和引爆阶段中,外界电磁环境对各阶段涉及的电子设备的影响,找到了其潜在的电磁干扰路径。由此就可利用上面分析得到的电磁干扰路径,快速计算出该地域、该时间内的电磁环境使导弹武器系统的电子设备产生的额外的电压应力,进而可用加速应力理论来定量计算电磁环境对导弹作战可靠性的影响。在实际作战中,针对特定的导弹武器系统,电磁环境参数是随机的。必须对武器系统所有的电子设备进行电磁兼容性评估,而后进行复杂电磁环境下的可靠性计算。

21.3　电子设备电磁兼容性概率模型

21.2 节利用电磁作用流图分析了电磁环境对导弹武器系统的电磁干扰路径,这解决了电磁环境对谁威胁的问题,明确了哪些设备是电磁敏感设备。电磁环境对电子设备影响到什么程度,就是电子设备电磁兼容性评估要研究的问题。当电子设备和外在的电磁环境兼容时,设备能正常工作;当电子设备和外在的电磁环境不兼容时,设备不能正常工作,设备可靠性较正常环境下的可靠性要小。

由第 19 章的研究结果可知,导弹武器系统在作战过程中,在各个任务阶段都面临数量众多的电磁干扰源,可用功能质量指标来衡量导弹武器系统电子设备是否受到电磁干扰。设电磁干扰源有 k 个,当信号 / 噪声比门限值 W_0 为已知时,第 i 个电子设备在第 k 个电磁干扰源下的功能质量为

$$w_i(k) = \Theta_i\left(\frac{P_{ij}}{P_{oi}}\right) \Big/ \left(1 + \frac{P_{ij}}{P_{oi}}\right) \tag{21.3}$$

式中，P_{ij} 为第 i 个电子设备接收机入口的干扰功率；P_{oi} 为第 i 个电子设备本身的噪声功率。Θ_i 为

$$\Theta_i = \begin{cases} 1, & \text{当 } P_{ij}/P_{oi} \geqslant W_0 \text{ 时} \\ 0, & \text{当 } P_{ij}/P_{oi} < W_0 \text{ 时} \end{cases} \tag{21.4}$$

针对 N 个电磁干扰源，第 i 个电子设备的功能质量，用平均概率来评估：

$$W_i = \sum_{k=1}^{N} P_k w_i(k) \tag{21.5}$$

式中，P_k 是电磁环境中第 k 个电磁干扰源对电子设备产生干扰的概率；N 是电磁干扰源个数。

电子设备的工作时间、工作频率值、干扰信号的辐射和接收方向是产生电磁干扰的主要因素[54]，这些因素带有随机性质，第 k 个电磁干扰源对电子设备产生干扰的概率为

$$P_k = P_s P_f P_t P_q \tag{21.6}$$

式中，P_s 为敌方电子干扰设备的发现概率，若干扰源为战场中已经存在的自然辐射源，$P_s = 1$；P_f 为频率重叠的概率；P_t 为时间重叠的概率；P_q 为空间重叠的概率。

综合式(21.3) ～ 式(21.6)，电子设备电磁兼容的概率表达式为

$$W_i = \sum_{k=1}^{N} P_s P_f P_t P_q \left[\Theta_i \left(\frac{P_{ij}}{P_{oi}} \right) \Big/ \left(1 + \frac{P_{ij}}{P_{oi}} \right) \right] \tag{21.7}$$

21.4　基于加速应力理论的导弹作战可靠性模型

在这里引入一个指标，即设备的有效长度，它是外在的电磁场对电子设备产生的干扰电压值与电场强度的比值，其含义类似于电磁感应定律中导体的有效长度。设备的有效长度可通过试验计算出来。电磁骚扰对用电设备的影响可用感应电压来表征。设导体的有效长度为 h_e(m)，战场电磁环境综合场强为 E，利用 19.3 节的计算结果，则感应电压为

$$U_g = E h_e \tag{21.8}$$

当电子设备与电磁环境兼容时，在该种电磁环境下设备能正常工作，其可靠性和正常环境下的可靠性相同；当电子设备与电磁环境不兼容时，系统工作性能下降，其电压应力较正常工作环境增加了，可视为加速应力过程。计算此种环境下的可靠性可用加速应力理论加以解决。

用电压值作为指示值的精密仪器，规定其误差 $\zeta < \Delta U$。当感应电压 $U_g > \Delta U$ 时，该设备不能正常工作，即可视为失效。在此种情况下，较小的电磁干扰就会导致设备失效，可认为干扰对设备的可靠性影响非常大，较小的干扰就足以使其失

效。故应该区分两类电子设备,一类是当感应电压大于正常工作允许电压时,设备工作性能有所下降,但尚未完全失效,此时需考虑加速应力对设备可靠性的影响;一类是当感应电压大于正常工作允许电压时,设备就失效,干扰后其可靠性为 0。

加速寿命试验中用电应力(如电压、电流、功率等)作为加速应力也是常见的。比如,加大电压能使产品提前失效[55],在物理上已被很多实验数据证实。加速寿命试验的基本思想是利用高应力下的寿命特征去外推正常应力水平下的寿命特征。实现这个基本思想的关键在于建立寿命特征与应力水平之间的关系。这种关系称为加速模型,又称为加速方程。同理,也可由正常应力水平下的寿命特征去外推高应力水平下的寿命特征[56]。

产品的某些寿命特征和应力有如下的关系:

$$\xi = AV^{-c} \tag{21.9}$$

其中,ξ 是某寿命特征,如中位寿命、特征寿命等;A 是一个正常数;c 是一个与激活能有关的正常数。这两个常数与所处的环境有关,不同的环境其大小不同,为统计参数。V 是应力,在这里取电压。当产品的寿命服从指数分布时,常用平均寿命 θ 作为寿命特征,即

$$\theta = AV^{-c} \tag{21.10}$$

对于导弹武器系统,其电子设备寿命分布服从指数系统,$R = e^{-\lambda t}$,其中 λ 为失效率,$\lambda = 1/\theta$,R 为可靠度,由式(21.10)可知

$$R = e^{-\left(\frac{1}{AV^{-c}}\right)t} \tag{21.11}$$

针对具体的导弹作战过程,其持续时间、活动空间是确定的,战场电磁环境中只有电磁能量因电磁辐射频率的变化而变化,由 19.3 节的讨论知,可用功率谱密度加以描述,故在这里只考虑电磁功率谱密度的变化对导弹武器系统作战可靠性的影响。

由前面的分析可知,电磁场强度可用电场强度 E 表示,也可以用电磁功率密度表示,二者之间的关系如下:

$$P_D = \frac{E^2}{Z} (\text{W/m}^2) \tag{21.12}$$

式中,E 是以 V/m 表示的电场强度;Z 是波阻抗,针对本章研究对象,磁场为远场辐射,在远场条件下,$Z = 120\pi = 377\ \Omega$。由此可知,电磁功率密度增大时,场强增大,二者是线性关系。由式(21.11)和式(21.12)可得

$$R = e^{-\left(\frac{1}{A(\sqrt{377P_D}\,h_e)^{-c}}\right)t} \tag{21.13}$$

式中,h_e 为导体的有效长度(m)。

式(21.13)是电子设备与战场电磁环境不兼容时的可靠性表达式,由于该电子设备的电磁兼容性是一个概率事件,所以由式(21.7)得到最终的可靠性为

$$R = e^{-\left(\frac{1}{A(\sqrt{377 P_D \times \left\{\sum\limits_{k=1}^{N} P_s P_f P_t P_q \left[\Theta_i \left(\frac{P_{ij}}{P_{oi}}\right) / \left(1 + \frac{P_{ij}}{P_{oi}}\right)\right]\right\}} h_e)^{-c}}\right) t} \qquad (21.14)$$

式中，P_D 为战场电磁环境下电磁功率密度；t 为系统在该环境下的工作时间。要注意的是，对于相同设备，A 和 c 值不变，对于不同部件，A 和 c 值是不同的。计算导弹武器系统在战场电磁环境下的可靠性流程如图 21.14 所示。

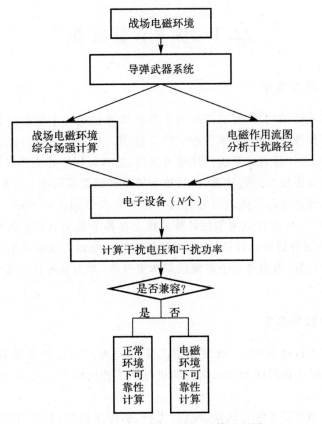

图 21.14　电子设备可靠性计算流程图

第22章 导弹武器系统作战可靠性仿真计算

22.1 仿真计算准备

22.1.1 基本方法

导弹武器系统结构复杂,其作战可靠性的计算也是一个复杂过程。本章提出的导弹作战可靠性计算步骤,属于数学计算模型。基本思路是首先分别计算单个部件的可靠性,再计算各分系统的作战可靠性,然后运用所建立的导弹武器系统作战可靠性总体分析模型进行计算,得到整个导弹武器系统的作战可靠性[57-58]。

把导弹武器系统的作战过程分为几个任务阶段分别计算,每个阶段的任务失效率是不同的[59],导弹作战可靠性计算是建立在各子系统的可靠性计算基础之上的[60]。各子系统失效率的计算,均需按其特定的构成和构成单元的失效率统计数据进行可靠性计算,得出各个子系统的基本失效率,作为导弹作战可靠性计算的初始给定数据源[61]。

22.1.2 数据需求

设导弹在飞行过程中,一级发动机工作时间为×s,二级发动机工作时间为×s,三级发动机工作时间为×s,则发动机总的工作时间为×s,即×h。头体分离到引爆需时×min。

某型号导弹武器系统在机动、发射、飞行、引爆阶段中,其任务的工作时间、环境因子见表22.1。

表 22.1　作战过程基本参数

任务阶段	环境因子	任务时间/h
机动	5	×
发射	400	×
飞行	100	×
引爆	10	×

　　各部件的总工作时间及工作时间和未工作时间的百分比,以及各个子系统的基本失效率列表见表 22.2～表 22.9。

　　机动时,只有各装备的底盘在工作,装备上其他设备不工作。机动阶段基本参数列表见表 22.2。

表 22.2　机动时各装备工作时间列表

子系统	机动	各阶段工作时间			每千小时基本失效率
		发射	飞行	引爆	
电力装备底盘	××	不工作	不工作	不工作	0.45
发射装备底盘	××	不工作	不工作	不工作	0.46
瞄准装备底盘	××	不工作	不工作	不工作	0.45
测控装备底盘	××	不工作	不工作	不工作	0.45
指控装备底盘	××	不工作	不工作	不工作	0.45
ZJ 装备底盘	××	不工作	不工作	不工作	0.45
TW 装备底盘	××	不工作	不工作	不工作	0.42

　　各装备车辆到达指定的发射阵地后,开始展开设备,进行发射前准备工作,电力设备开机发电,其工作部件为 FD、HL、WY、PDP 和 XCB,各部件的基本可靠性参数见表 22.3。

表 22.3　电力系统基本参数表

子系统	各阶段工作时间				每千小时基本失效率	
	机动	发射	飞行	引爆	工作	未工作
FD	不工作	××	不工作	不工作	0.2	0.002
HL	不工作	××	不工作	不工作	0.05	0.000 5
WY	不工作	××	不工作	不工作	0.05	0.000 5
PDP	不工作	××	不工作	不工作	0.1	0.001
XCB	不工作	××	不工作	不工作	0.1	0.001

　　在发射准备过程中,发射装备开始工作,主要工作是起竖导弹,和瞄准车、指控车配合做好导弹的初始瞄准定向,主要工作部件为电气系统、液压系统、发射装置及各种瞄准装置,各部件的基本可靠性参数见表 22.4。

表 22.4 发射系统和瞄准系统基本参数

子系统	各阶段工作时间				每千小时基本失效率	
	机动	发射	飞行	引爆	工作	未工作
电气系统	不工作	××	不工作	不工作	0.1	0.001
液压系统	不工作	××	不工作	不工作	0.1	0.001
发射装置	不工作	××	不工作	不工作	0.01	0.000 1
MZ1	不工作	××	不工作	不工作	0.05	0.000 5
MZ2	不工作	××	不工作	不工作	0.05	0.000 5
MZ3	不工作	××	不工作	不工作	0.03	0.000 3
MZ4	不工作	××	不工作	不工作	0.01	0.000 1
MZ5	不工作	××	不工作	不工作	0.01	0.000 1
MZ6	不工作	××	不工作	不工作	0.03	0.000 3
MZ7	不工作	××	不工作	不工作	0.01	0.000 1

测控系统的基本可靠性参数见表 22.5。

表 22.5 测控系统基本参数

子系统	各阶段工作时间				每千小时基本失效率	
	机动	发射	飞行	引爆	工作	未工作
KZ1	不工作	××	不工作	不工作	0.02	0.000 2
KZ2	不工作	××	不工作	不工作	0.04	0.000 4
KZ3	不工作	××	不工作	不工作	0.5	0.005
KZ4	不工作	××	不工作	不工作	0.015	0.000 15
KZ5	不工作	××	不工作	不工作	0.025	0.000 25
KZ6	不工作	××	不工作	不工作	0.009	0.000 09
KZ7	不工作	××	不工作	不工作	0.01	0.000 1
KZ8	不工作	××	不工作	不工作	0.021	0.000 21
KZ9	不工作	××	不工作	不工作	0.026	0.000 26
KZ10	不工作	××	不工作	不工作	0.05	0.000 5

导弹在飞行过程中,控制系统开始工作,控制系统的基本参数见表 22.6。

表 22.6　控制系统的基本参数

子系统	各阶段工作时间				每千小时基本失效率	
	机动	发射	飞行	引爆	工作	未工作
CZ1	不工作	××	××	不工作	0.009	0.000 09
CZ2	不工作	××	××	不工作	0.01	0.000 1
CZ3	不工作	不工作	××	不工作	0.015	0.000 15
CZ4	不工作	不工作	××	不工作	0.015	0.000 15
CZ5	不工作	不工作	××	不工作	0.02	0.000 2
CZ6	不工作	不工作	××	不工作	0.03	0.000 3
CZ7	不工作	××	××	不工作	0.05	0.000 5
CZ8	不工作	××	××	不工作	0.06	0.000 6
CZ9	不工作	××	××	不工作	0.065	0.000 65
CZ10	不工作	××	××	不工作	0.2	0.002

弹体系统基本参数见表 22.7。

表 22.7　弹体系统基本参数

子系统	各阶段工作时间				每千小时基本失效率	
	机动	发射	飞行	引爆	工作	未工作
一级壳体	不工作	不工作	××	不工作	0.001	0.000 01
二级壳体	不工作	不工作	××	不工作	0.001	0.000 01
三级壳体	不工作	不工作	××	不工作	0.001	0.000 01
级间段	不工作	不工作	××	不工作	0.001	0.000 01
管路系统	不工作	不工作	××	不工作	0.002	0.000 02

动力系统基本参数见表 22.8。

表 22.8 动力系统基本参数

子系统	各阶段工作时间				每千小时基本失效率	
	机动	发射	飞行	引爆	工作	未工作
一级推力控制	不工作	不工作	××	不工作	0.055	0.000 55
二级推力控制	不工作	不工作	××	不工作	0.055	0.000 55
三级推力控制	不工作	不工作	××	不工作	0.055	0.000 55
一级发动机	不工作	不工作	××	不工作	0.05	0.000 5
二级发动机	不工作	不工作	××	不工作	0.05	0.000 5
三级发动机	不工作	不工作	××	不工作	0.05	0.000 5

分离引爆系统基本可靠性参数见表 22.9。

表 22.9 分离引爆系统基本参数

子系统	各阶段工作时间				每千小时基本失效率	
	机动	发射	飞行	引爆	工作	未工作
一级尾端分离	不工作	瞬时	不工作	不工作	0.01	0.000 1
一、二级分离	不工作	不工作	瞬时	不工作	0.01	0.000 1
二、三级分离	不工作	不工作	瞬时	不工作	0.01	0.000 1
头体分离	不工作	不工作	瞬时	不工作	0.01	0.000 1
母弹壳体分离	不工作	不工作	不工作	瞬时	0.008	0.000 08
子弹抛撒机构	不工作	不工作	不工作	瞬时	0.008	0.000 08
子弹	不工作	不工作	不工作	瞬时	0.005	0.000 05

　　由于实际数据缺乏,数据列表中的部分数据根据主观经验给出。在导弹武器可靠性计算中,为避免造成比较大的数据偏差,应将专家经验与客观统计数据相结合,形成一个完备的数据库。在这里,主要是通过示例计算详细展示导弹武器系统作战可靠性的计算过程。在实际计算过程中,须由工程师和专家不断进行数据调节,以弥补缺少实际数据的不足。

　　上述各表列举了各类部件的基本失效率,在此基础上,可以评估计算导弹武器系统作战可靠性。

22.2　仿真计算过程及结果分析

22.2.1　正常环境下导弹武器系统作战可靠性计算

利用 20.3.5 节的可靠性预计模型及计算公式,可得到导弹武器系统各部件失效率的最终计算结果。

底盘系统可靠性数据计算结果见表 22.10。

表 22.10　底盘系统可靠性数据计算结果列表

子系统	工作时间	任务失效率
电力装备底盘	××	0.003 4
发射装备底盘	××	0.003 5
瞄准装备底盘	××	0.003 4
测控装备底盘	××	0.003 4
指控装备底盘	××	0.003 4
ZJ 装备底盘	××	0.003 4
TW 装备底盘	××	0.003 2

电力系统可靠性数据计算结果见表 22.11。

表 22.11　电力系统可靠性数据计算结果列表

子系统	工作时间	未工作时间	任务失效率
FD	××	1.5	0.02
HL	××	1.5	0.005
WY	××	1.5	0.005
PDP	××	1.5	0.01
XCB	××	1.5	0.01

发射、瞄准系统可靠性数据计算结果见表 22.12。

表 22.12　发射、瞄准系统可靠性数据计算结果列表

子系统	工作时间	未工作时间	任务失效率
电气系统	××	1.5	0.02
液压系统	××	1.5	0.02
发射装置	××	1.5	0.002
MZ1	××	1.5	0.01
MZ2	××	1.5	0.01
MZ3	××	1.5	0.006
MZ4	××	1.5	0.002
MZ5	××	1.5	0.002
MZ6	××	1.5	0.006
MZ7	××	1.5	0.002

测控系统可靠性数据计算结果见表 22.13。

表 22.13　测控系统可靠性数据计算结果列表

子系统	工作时间	未工作时间	任务失效率
KZ1	××	1.5	0.004
KZ2	××	1.5	0.008
KZ3	××	1.5	0.1
KZ4	××	1.5	0.003
KZ5	××	1.5	0.005
KZ6	××	1.5	0.001 8
KZ7	××	1.5	0.002
KZ8	××	1.5	0.004 2
KZ9	××	1.5	0.005 2
KZ10	××	1.5	0.01

控制系统可靠性数据计算结果见表 22.14。

表 22.14　控制系统可靠性数据计算结果列表

子系统	工作时间	未工作时间	任务失效率
CZ1	××	1.5	0.001 85
CZ2	××	1.5	0.002 1
CZ3	××	2	0.000 11
CZ4	××	2	0.000 11
CZ5	××	2	0.000 146 9
CZ6	××	2	0.000 22
CZ7	××	2	0.001 267
CZ8	××	2	0.001 521
CZ9	××	2	0.001 647 4
CZ10	××	2	0.005 068

弹体系统可靠性数据计算结果见表 22.15。

表 22.15　弹体系统可靠性数据计算结果列表

子系统	工作时间	未工作时间	任务失效率
一级壳体	××	2	0.000 002 89
二级壳体	××	2	0.000 004 7
三级壳体	××	2	0.000 006 37
级间段	××	2	0.000 007 35
管路系统	××	2	0.000 001 47

动力系统可靠性数据计算结果见表 22.16。

表 22.16　动力系统可靠性数据计算结果列表

子系统	工作时间	未工作时间	任务失效率
一级推力控制	××	2	0.000 214
二级推力控制	××	2.018 1	0.000 215
三级推力控制	××	2.036 2	0.000 41
一级发动机	××	2	0.000 194
二级发动机	××	2.018 1	0.000 285
三级发动机	××	2.036 2	0.000 189

分离、引爆系统可靠性数据计算结果见表 22.17。

表 22.17　分离、引爆系统可靠性数据计算结果列表

子系统	工作时间	未工作时间	任务失效率
一级尾端分离	瞬时	2	0.000 021
一、二级分离	瞬时	2.0181	0.000 021 2
二、三级分离	瞬时	2.0362	0.000 021 2
头体分离	瞬时	2.0527	0.000 021 3
母弹壳体分离	瞬时	2.2523	0.000 018 6
子弹抛撒机构	瞬时	2.3621	0.000 019 5
子弹	瞬时	2.4527	0.000 012 6

由式(20.14)和上面的计算结果,结合导弹武器系统作战各阶段的可靠性分析模型,就可以求解正常环境下导弹武器系统的作战可靠性。最终计算结果见表 22.18。

表 22.18　任务阶段可靠性计算结果列表

机动阶段	发射阶段	飞行阶段	引爆阶段
0.976 6	0.996 4	0.995 1	0.999 9

则整个导弹武器系统作战可靠度为

$$R_{作战} = R_{机动} R_{发射} R_{飞行} R_{引爆} \tag{22.1}$$

将各作战阶段的可靠度代入式(22.1),得到正常环境下导弹武器系统的作战可靠度为 0.972 9。

22.2.2　电磁环境下导弹武器系统作战可靠性计算

分两种情形计算电磁环境下导弹武器系统作战可靠性的影响。一种是电磁功率密度较小时的计算,一种是电磁功率密度较大时的计算。按照 21.4 节给出的计算流程进行计算。分别计算各个敏感设备的传输函数,利用式(21.9)求得每个电子设备的骚扰感应电压,该电压就是战场电磁环境加载在该电子设备上的额外的电压应力,判断该设备与战场电磁环境是否兼容,如果兼容,则其可靠性就是正常环境下的可靠性;如果不兼容,则其可靠性是电磁环境下的可靠性,用式(21.14)就可求得该设备在战场电磁环境下的可靠度,将计算结果带入导弹作战可靠性分析模型表达式就可得到导弹武器系统在各个作战阶段的作战可靠度,最后可以求得导弹武器系统总的作战可靠度。

1. 电磁功率密度为 $0.1 \sim 1 \ \text{W/cm}^2$ 时导弹作战可靠性计算

导弹作战过程中,导弹武器系统面临的战场电磁环境是一个随机的、动态的环境,敌方电子干扰设备的发现概率 P_s,频率重叠概率 P_f,时间重叠概率 P_t,空间重叠概率 P_q 是不断变化的,这导致导弹武器系统的每个电子部件电磁兼容概率时刻在发生变化,进而武器系统的作战可靠度也随之改变。必须考虑发现概率 P_s,频率重叠概率 P_f,时间重叠概率 P_t,空间重叠概率 P_q 的变化导致的作战可靠度的变化。针对某型号导弹武器系统,在相同任务阶段工作的所有电子设备的发现概率 P_s,时间重叠概率 P_t,空间重叠概率 P_q 是相同的,记电子设备的频率重叠概率为 P_{fi},则 P_{fi} 是不同的,为方便分析,取各电子设备频率重叠概率 P_{fi} 的平均值作为整个导弹武器系统所有电子设备的频率重叠概率 P_f。

对我方最不利态势是敌方电子干扰设备的发现概率 $P_s=1$,频率重叠概率 $P_f=1$,时间重叠概率 $P_t=1$,空间重叠概率 $P_q=1$。在此种情况下,电磁功率密度为 $0.1 \sim 1 \ \text{W/cm}^2$ 时,各作战阶段可靠性变化如图 22.1 $\sim$ 图 22.4 所示。

机动阶段中,只有车辆底盘工作,在实际作战中,我方会采取较为有效的防护措施,机动阶段可靠性不变,和正常环境下的作战可靠性相同。

发射阶段可靠性变化如图 22.1 所示。

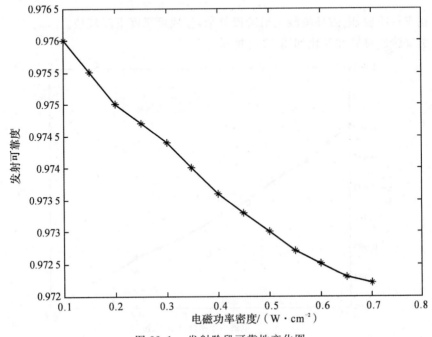

图 22.1　发射阶段可靠性变化图

图 22.1 说明,随着电磁功率密度的增加,发射可靠度逐渐降低,但下降速度较慢。

飞行阶段可靠性变化如图 22.2 所示。

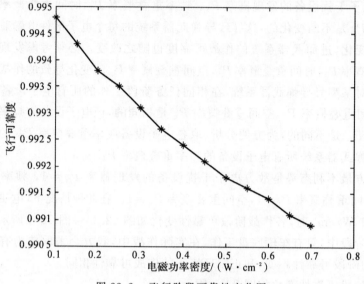

图 22.2　飞行阶段可靠性变化图

在飞行阶段,电磁环境较发射阶段复杂,作战可靠度下降较快。

引爆阶段可靠性变化如图 22.3 所示。

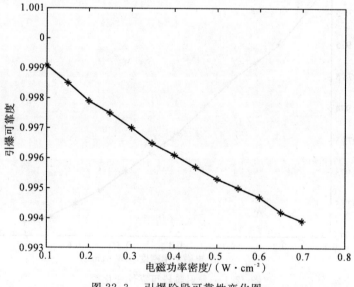

图 22.3　引爆阶段可靠性变化图

在引爆阶段,电磁环境比较复杂,作战可靠度下降很快。

整个导弹作战过程作战可靠性变化如图 22.4 所示。

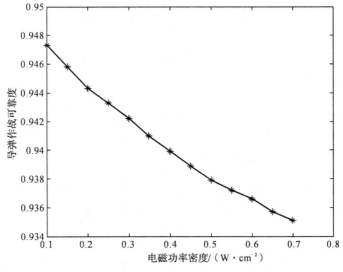

图 22.4　总的作战可靠性变化图

　　总的作战可靠度是由上述四个作战阶段作战可靠度的乘积得到的。可以看出,随着电磁功率密度的增加,作战可靠性逐渐下降,但由于此时的电磁功率密度处在一个较小的范围内,故总体的作战可靠度还是比较高的。

　　当发现概率 $P_s=1$,频率重叠概率 $P_f=1$,时间重叠概率 $P_t=1$,空间重叠概率 $P_q=1$,电磁功率密度为 0.7 W/cm² 时,发射阶段可靠度为 0.972 2,飞行阶段可靠度为 0.990 9,引爆阶段可靠度为 0.993 9,与正常环境下各阶段作战可靠性对比如图 22.5 所示。

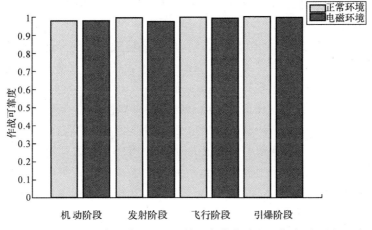

图 22.5　正常环境和电磁环境下各作战阶段可靠度对比图

从图 22.5 可以看出,当电磁功率密度为 0.7 W/cm² 时,发射阶段作战可靠度下降较为明显,其他阶段可靠度变化不明显,电磁环境对武器系统各任务阶段作战可靠度的影响较小。

当发现概率 $P_s=1$,频率重叠概率 $P_f=1$,时间重叠概率 $P_t=1$,空间重叠概率 $P_q=1$,电磁功率密度依次为 0.1 W/cm² 到 0.7 W/cm²,每次增加 0.1 W/cm² 时,与正常环境下导弹武器系统总的作战可靠性对比如图 22.6 所示。

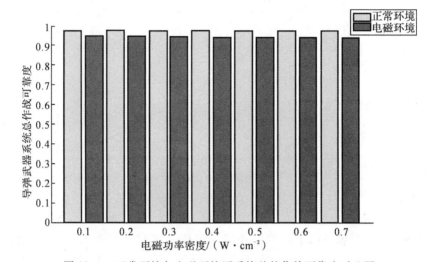

图 22.6　正常环境与电磁环境下系统总的作战可靠度对比图

从图 22.6 可以看出,当电磁功率密度在 0.1～1 W/cm² 范围内变化时,导弹武器系统总的作战可靠度较正常环境下的作战可靠度要小,但下降幅度比较小。

当发现概率 P_s,频率重叠概率 P_f,时间重叠概率 P_t,空间重叠概率 P_q 变化时,导弹武器系统总的作战可靠性变化如图 22.7 所示。可以看出,发现概率、频率重叠概率、时间重叠概率和空间重叠概率降低,作战可靠度增加。

2. 电磁功率密度为 10～100 W/cm² 时导弹作战可靠性计算

电磁功率密度为 10～100 W/cm² 时,电磁环境效应会使导弹壳体产生瞬态电磁场,电磁能量直接耦合到系统内部,大部分电子设备的失效率显著上升。各阶段的作战可靠性变化如图 22.8～图 22.10 所示。

机动阶段可靠性不变,和正常环境下的作战可靠性相同。

发射阶段的可靠性下降非常快,当电磁功率密度为 70 W/cm² 时,可靠度已经下降为 0.744 9,可见,当电磁场强度较大时,其对导弹系统发射可靠性的影响是非常大的。发射阶段可靠性变化如图 22.8 所示。

飞行阶段作战可靠性下降较为明显,当电磁功率密度为 70 W/cm² 时,可靠度为 0.875。飞行阶段可靠性变化如图 22.9 所示。

引爆阶段可靠性变化如图 22.10 所示。

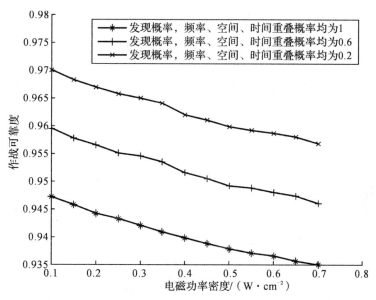

图 22.7　电磁环境变化时系统总的作战可靠性变化对比图

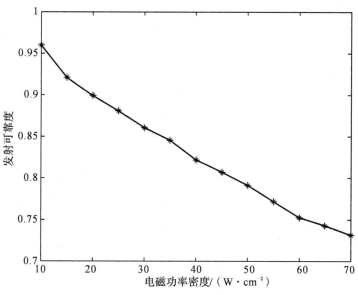

图 22.8　发射阶段可靠性变化图

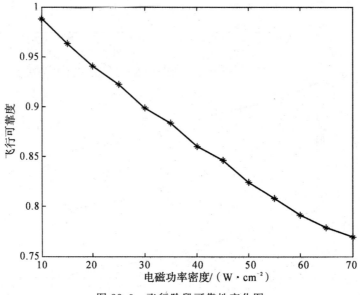

图 22.9　飞行阶段可靠性变化图

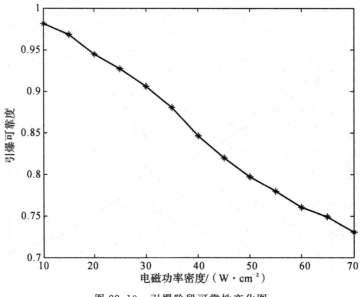

图 22.10　引爆阶段可靠性变化图

总的作战可靠性变化如图 22.11 所示。

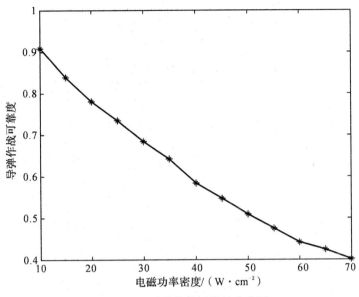

图 22.11　总的作战可靠性变化图

可以看出,当电磁功率密度为 10～100 W/cm² 时,导弹武器系统的作战可靠性下降非常迅速,当电磁功率密度为 70 W/cm² 时,整个作战过程的作战可靠度为 0.401 1,应该采取相应的措施,否则将很难完成作战任务。当电磁功率密度超过 100 W/cm² 继续增大时,该电磁环境为致命的电磁环境,整个导弹武器系统瞬时失效,系统作战可靠性为 0。

当发现概率 $P_s=1$,频率重叠概率 $P_f=1$,时间重叠概率 $P_t=1$,空间重叠概率 $P_q=1$,电磁功率密度为 70 W/cm² 时,发射阶段可靠度为 0.730 9,飞行阶段可靠度为 0.769 6,引爆阶段可靠度为 0.730 1,与正常环境下各阶段作战可靠性对比如图 22.12 所示。

从图 22.12 可以看出,当电磁功率密度为 70 W/cm² 时,机动阶段可靠度不变,发射、飞行和引爆阶段作战可靠度下降非常明显,其中发射阶段和引爆阶段可靠度下降幅度较大,引爆阶段可靠度下降最为明显,主要原因是引爆阶段工作时间较长,在电磁环境中暴露时间最长。

当发现概率 $P_s=1$,频率重叠概率 $P_f=1$,时间重叠概率 $P_t=1$,空间重叠概率 $P_q=1$,电磁功率密度依次为 10 W/cm² 到 70 W/cm²,每次增加 10 W/cm² 时,与正常环境下武器系统总的作战可靠性对比如图 22.13 所示。

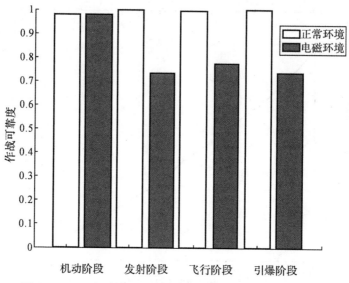

图 22.12　正常环境和电磁环境下各作战阶段可靠度对比图

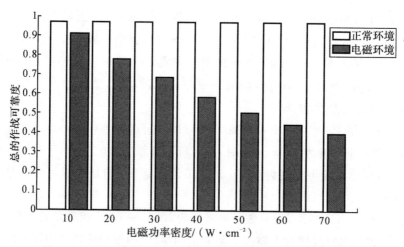

图 22.13　正常环境与电磁环境下系统总的作战可靠度对比图

　　从图 22.13 可以看出,当电磁功率密度在 $10 \sim 70$ W/cm^2 范围内变化时,导弹武器系统总的作战可靠度较正常环境下的作战可靠度要小,且下降幅度非常大。

　　发现概率 P_s,频率重叠概率 P_f,时间重叠概率 P_t,空间重叠概率 P_q 变化时,导弹武器系统作战可靠性变化如图 22.14 所示。

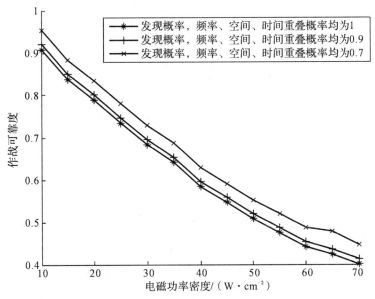

图 22.14　电磁环境变化时系统总的作战可靠性变化对比图

22.2.3　计算结果分析

不考虑复杂电磁环境对导弹武器系统的影响时,各阶段的作战可靠性很高,这也使整个作战过程的作战可靠性非常高。此时计算出的作战可靠性是导弹武器系统在不考虑复杂电磁环境,即正常环境下的作战可靠性,这也是在正常环境下系统所能达到的最高的可靠性,是使用者努力追求的效能指标。

在 22.2.2 节的计算中,讨论了电磁功率密度为 0.1～1 W/cm^2 和 10～100 W/cm^2 时这两种情况。从计算结果看,考虑到电磁环境对作战可靠性的影响时,各部件的失效率上升,可靠性降低。

机动阶段,工作部件为装备底盘,考虑到伪装防护,认为该阶段可靠性同正常环境相同,故电磁环境下机动阶段作战可靠性不变。

发射阶段、飞行阶段和引爆阶段,大量电子设备开始工作,可靠性降低,导致发射段可靠性下降。当电磁功率密度在 0.1～1 W/cm^2 时,作战可靠性下降较为缓慢。当电磁功率密度为 0.7 W/cm^2 时,发射可靠性降低 2.43%,飞行可靠性降低 0.42%,引爆可靠性降低 0.6%,整个作战可靠性降低 3.89%。当电磁功率密度在 10～100 W/cm^2 时,作战可靠性下降速度非常快。当电磁功率密度为 70 W/cm^2 时,发射可靠性降低 26.65%,飞行可靠性降低 22.66%,引爆可靠性下降 26.98%,整个作战可靠性降低 58.77%。可见,随着电磁功率密度的增加,整个作战可靠性下降非常快。在电磁功率密度超过设备所能承受的极限值后,设备直接失效,作战可靠度为0。

22.3　提高导弹武器系统作战可靠性的对策

由21.4节的分析可知,要提高导弹武器系统在复杂电磁环境下的作战可靠性,就要降低系统所处环境的电磁功率密度,降低电子设备的有效长度,减少各设备在电磁环境下的暴露时间。可采用两种方法[50],一种是加强导弹武器系统自身的电磁防护,提高其应对电磁干扰的能力,这样就可以提高系统的作战可靠性,这可以采取加强关键敏感部件的电磁屏蔽措施来实现;另一种是采取战术机动,对相应的电磁干扰实施规避,包括空间规避和时间规避两个方面。距离干扰源越远,电磁功率密度越弱,故发射单元远离电磁干扰源时,就可以降低电磁环境对武器装备的影响,进而提高导弹武器系统的作战可靠性。此外,在机动阶段,对方实施电磁干扰时,如果作战时间充裕,我方可以暂时终止机动和发射任务,实施时间上的规避。这样,在保证作战顺利实施的前提下,可以有计划地实施迂回、规避,有效降低敌方的干扰作用,进而可提高导弹武器系统的作战可靠性。

22.3.1　屏蔽

选择屏蔽效能较好的材料对关键敏感部件进行保护,可有效降低电磁环境对该部件的影响,进而提高其作战可靠性。屏蔽材料的选择,需要考虑两个方面,一是用何种材料,二是所选定的材料厚度为多少时比较合适。因为屏蔽体的吸收损耗与屏蔽材料的材质、厚度及辐射源的频率有关,而与辐射源的距离无关;反射损耗与屏蔽体的材质、辐射源的频率、距离、类型有关,与屏蔽材料的厚度无关;多次反射损耗在吸收损耗很大时可以忽略不计,可认为反射损耗与吸收损耗相加即为总的屏蔽效能。

下面以铜为例,分析屏蔽效能与屏蔽体厚度及辐射源频率的关系。

图22.15绘出了从10 mil(1 mil≈0.254×10^{-4} m)到40 mil不同厚度的铜材料($\mu_r=1,\sigma_r=1$)的屏蔽效能与辐射源(平面波)频率的关系。可以看出,反射损耗随着频率的增高而减小,吸收损耗随着频率的增高而增大,频率较低时,反射损耗起主要的屏蔽作用,随着频率的增高,从某一点开始起吸收损耗起主要作用;随着屏蔽材料增厚,反射损耗保持不变,吸收损耗增加很快,但总的屏蔽效能增加。所选材料不同时,其屏蔽效能也是不同的。

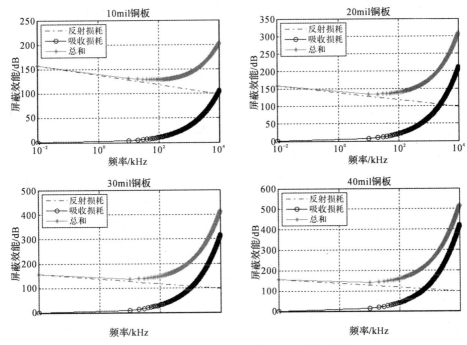

图 22.15　不同频率相同材料的电磁屏蔽效能

图 22.16 绘制了厚度相同(20 mil)的铜、铅($\mu_r=1,\sigma_r=0.08$)、不锈钢(430)($\mu_r=500,\sigma_r=0.02$)和超导磁合金($\mu_r=100\,000,\sigma_r=0.03$)在相同频率下的屏蔽效能。可以看出,在频率 10 Hz 与 10 MHz 之间,铜和铅做成的屏蔽材料屏蔽效能主要体现在反射损耗上面,而不锈钢与超导磁合金的吸收损耗随着频率的增高而增加很快,在总的屏蔽效能中吸收损耗占主要部分。

由上面的分析可以得到以下的结论:

(1)要提高导弹武器系统的作战可靠性,必须对导弹作战所面临的战场电磁环境进行分析,以便决定采取怎样的屏蔽措施和屏蔽材料;

(2)不同材料对于不同频率和不同辐射源的屏蔽效能有所不同,可采用多层复合材料来提高屏蔽效能,进而提高系统作战可靠性。

22.3.2　规避

规避分为空间规避和时间规避,其目的是在一定的空间和时间内避开电磁功率密度的高峰期,提高武器装备的作战可靠性。

1. 空间规避

由电磁场理论可知,在近区感应场中,场强分布按 $1/r^3$ 衰减,远区辐射场的场强按$1/r$减少。因此,空间规避实质上是利用电磁场的基本特性采取相应行动的。当探测到敌方的电磁发射源时,结合对方位置和我方的作战区域,进行合理的机动路径规划,达到降低装备受电磁干扰的程度,这样就可以提高系统的作战可靠性。

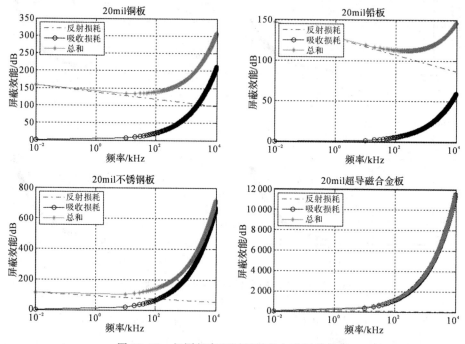

图 22.16　相同频率不同材料的电磁屏蔽效能

　　降低敌方电子干扰设备的发现概率是提高导弹武器系统作战可靠度的有效方法。22.2.2 节图 22.7 绘制了电磁功率密度在 $0.1\sim1$ W/cm^2 范围内,发现概率 P_s、频率重叠概率 P_f、时间重叠概率 P_t、空间重叠概率 P_q 变化时,导弹武器系统总的作战可靠度的变化情况。从图中可以看出,当 P_s,P_f,P_t,P_q 减小时,武器系统作战可靠度增加。可以通过电磁静默、红外隐身等手段降低敌方的发现概率,在机动阶段可以实施发射阵地的优化选择来降低空间重叠概率,提高我方导弹武器系统的作战可靠性。

　　作战室内化也是有效降低战场电磁环境对导弹作战可靠性影响的方法。在预定的发射阵地,预先构筑封闭式发射大厅,各发射装备可直接进入发射大厅,一方面降低了敌方探测发现的概率,另一方面,即使敌方实施电磁攻击,发射大厅的墙体可遮蔽部分电磁辐射,进而提高我方导弹武器系统的作战可靠性,该方法的实质也是空间规避。

2. 时间规避

在机动阶段和发射阶段的某时刻 t,若我方的电磁防护措施不足以对抗敌方施加的电磁攻击,在时间允许的情况下,可以停止工作,待电磁功率密度降低后再实施机动和发射。但在飞行阶段和引爆阶段无法实施时间规避。

此外可对发射流程进行优化,减少导弹武器系统在发射阵地的发射准备时间,这样,即使敌方发动了电磁攻击和干扰,但由于我方在电磁环境下的暴露时间较短,可靠性降低较小。该型导弹武器系统在发射阵地完成发射需时 0.5 h,当电磁功率密度为 0.1 W/cm^2,发现概率 $P_s=1$,频率重叠概率 $P_f=1$,时间重叠概率 $P_t=1$,空间重叠概率 $P_q=1$ 时,发射可靠度为 0.976,当发射需时在 0.38～0.48 h 之间变化时,发射可靠性变化情况如图 22.17 所示。从图中可以看出,随着时间的增大,发射可靠度逐渐降低。反之,当发射时间降低时,发射可靠度逐渐增大。由此可知,可对发射流程操作工序进行综合分析,在符合技术规程的要求下,以缩短发射时间为目标,进行工序组合优化,可以提高导弹武器系统在复杂电磁环境下的发射可靠性,进而就可提高武器系统整体的作战可靠性。

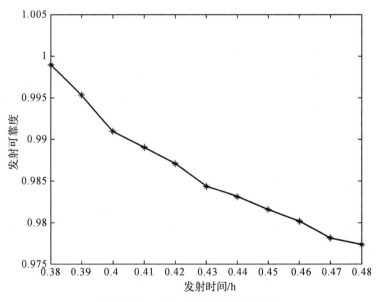

图 22.17　时间-发射可靠度变化图

当电磁功率密度为 0.1 W/cm^2,0.4 W/cm^2,0.7 W/cm^2,发射需时在 0.38～0.48 h 之间变化时,发现概率 $P_s=1$,频率重叠概率 $P_f=1$,时间重叠概率 $P_t=1$,空间重叠概率 $P_q=1$ 时,发射可靠性变化情况如图 22.18 所示。

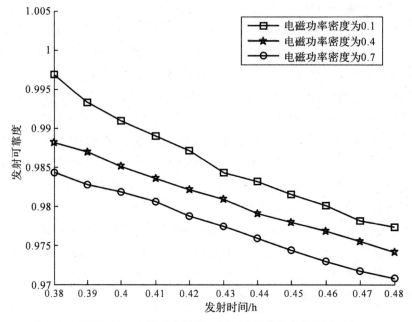

图 22.18　电磁功率密度、时间-发射可靠度变化图

　　从图 22.18 可以看出,当发射时间依次增大时,发射可靠度逐渐降低,当电磁功率密度增大时,发射可靠度逐渐降低。这进一步验证了上述结论的正确性,即降低武器系统所在战场电磁环境的电磁功率密度,缩小完成作战任务时间可以有效提高武器系统的作战可靠性。

参 考 文 献

[1]　路宏敏.工程电磁兼容[M].西安:西安电子科技大学出版社,2003.

[2]　刘尚合,孙国至.复杂电磁环境内涵及效应分析[J].装备指挥技术学院学报,2008,19(1):5-9.

[3]　刘军,冯广斌,朱耀忠.复杂电磁环境下的武器系统可靠性评估[J].科学技术与工程,2008,8(1):157-158.

[4]　王振杰,刘航.复杂电磁环境下联合作战指挥信息系统稳定性与可靠性研究[J].兵工自动化,2007,26(10):57-59.

[5]　齐兴昌,宋祖勋.复杂电磁环境中电磁干扰现象分析与解决措施[J].华北科技学院学报,2005,2(1):81-83.

[6]　汤鹏,刘顺利,徐静良.防空导弹面临的复杂电磁环境及对抗措施[J].舰船电子对抗,2007,30(5):27-30.

[7]　甄涛,王平均,张新民.地地导弹武器作战效能评估方法[M].北京:国防工业出版社,2005.

[8]　毕义明,汪民乐.第二炮兵运筹学[M].北京:军事科学出版社,2005.

[9]　冯广斌.远程火箭炮武器系统可靠性研究[D].南京:南京理工大学,2004.

[10]　朱泽生,孙玲.复杂电磁环境对舰载导弹防空系统影响分析[J].指挥控制与仿真,2007,29(5):18 − 20.

[11]　徐金华,刘光斌,刘冬.导弹阵地静电电磁环境效应初探[J].现代防御技术,2006,34(5):50 − 53.

[12]　邓长城.某型导弹武器系统可靠性研究[D].西安:西安电子科技大学,2005.

[13]　辛永平,李为民.一种典型防空导弹武器系统可靠性模型及仿真实现[J].系统工程与电子技术,2003,25(3):316 − 318.

[14]　邰金荣.某型导弹电磁兼容性研究[D].南京:南京理工大学,2004.

[15]　王祥,祝利.正确认识战场电磁环境的复杂性[J].现代防御技术,2008,36(3):10 − 12,30.

[16]　MITCHELL W M. Complexity the Emerging Science at the Edge of Order and Chaos[M]. New York: Simon and Schuster, 1992.

[17]　杨眉.导弹部队作战战场电磁环境建模与可视化研究[D].西安:第二炮兵工程学院,2006.

[18]　周辉.战场复杂电磁环境分析与应对策略[J].装备指挥技术学院学报,2007,18(6):59 − 64.

[19]　BHAG SINGH GURU, et al.电磁场与电磁波[M].周克定,译.北京:机械工业出版社,2000.

[20]　黄松高,郑生全.电磁综合场强的预测技术探讨[J].舰船电子工程,2004,24:134 − 137,149.

[21]　孙智信,周一宇.电磁环境及仿真技术指标分析[J].航天电子对抗,2000(1):1 − 5.

[22]　王建宏.导弹武器系统电磁环境及抗电磁干扰技术研究[D].西安:第二炮兵工程学院,2002.

[23]　王志刚,何俊.战场电磁环境复杂性定量评估方法研究[J].电子信息对抗技术,2008,23(2):50 − 53.

[24]　周涛,胡昌华,叶雪梅.导弹武器系统可靠性评估的 Bayes 方法[J].战术导弹技术,2005(1):20 − 22.

[25]　吴建业,周海银.基于混合先验分布的导弹武器系统飞行可靠性评估[J].飞行器测控学报,2008,27(1):26 − 29.

[26]　郭齐胜,郅志刚,杨瑞平.装备效能评估概论[M].北京:国防工业出版

社,2008.

[27] 周源泉,翁朝曦.可靠性评定[M].北京:科学出版社,1990.

[28] 周源泉.质量可靠性增长与评定方法[M].北京:北京航空航天大学出版社,1997.

[29] 王振邦.复杂系统任务可靠性及计算方法[J].现代防御技术,1996 (3):45-54.

[30] 张春华,陈循,杨拥民.常见寿命分布的环境因子的研究[J].强度与环境,2001 (4):7-12.

[31] 胡斌.环境因子的定义及研究现状[J].信息与电子技术,2003 (1):88-92.

[32] 曹晋华,程侃.可靠性数学引论[M].北京:科学出版社,2006.

[33] 王炳兴.环境因子的定义及其统计推断[J].强度与环境,1998 (4):24-30.

[34] 周源泉.论加速系数与失效机理不变的条件(I)[J].系统工程与电子技术,1996,18(1):55-67.

[35] 金星,洪延姬.系统可靠性与可用性分析方法[M].北京:国防工业出版社,2007.

[36] 西纽科夫.固体弹道式导弹[M].赵儒源,黄寿康,吕玉麟,译.北京:国防工业出版社,1984.

[37] 李锡平.控制系统弹上设备与可靠性[M].北京:宇航出版社,1994.

[38] SINNAMON R M, Andress J D. New Approaches to Evaluating Fault Trees[J]. Reliability Engineering and System Safety,1997,31(6):38-59.

[39] 蒋仁言,左明健.可靠性模型与应用[M].北京:机械工业出版社,1999.

[40] TIAN Z G, RICHARD C M YAM, ZUO M J, et al. Reliability Bounds for Multi-state k-out-of-n Systems[J]. IEEE Transaction on Reliability, 2008, 57(1):18-29.

[41] HUANG J, ZUO M J. Dominant Multi-State System[J]. IEEE Transaction on Reliability, 2004, 53(3):108-129.

[42] TSAN SHENG NG. An Application of the EM Algorithm to Degradation Modeling[J]. IEEE Transaction on Reliability.2008, 57(1):36-56.

[43] MELCHERS R E. Structural Reliability Analysis and Prediction[M].2nd ed.New York: John Wiley & Sons Inc,1999.

[44] SUN Y, MA L, MORRIS J. A Practical Approach for Reliability Prediction of Pipeline Systems[J]. European Journal of Operational Research, 2009,29 (8):68-89.

[45] WALLACE R, BLISCHKE D N, Prabhakar M. Reliability Modeling Prediction and Optimization[M]. John Wiley & Sons,Inc.2000.

[46]　张路青.舰载作战系统任务可靠性模型研究[J].舰船电子工程,2003(5):9-12.

[47]　LIU D X, DUGAN J B. Reliability Analyses of Static Phased Mission Systems with Imperfect Coverage[R]. Department of Electrical Engineering University of Virginia, 1999.

[48]　魏勇,逄洪照.某发射装置可靠性计算的一种优化方法[J].装备环境工程,2006,3(5):63-65.

[49]　刘尚合.武器装备的电磁环境效应及其发展趋势[J].装备指挥技术学院学报,2005,16(1):1-6.

[50]　邵国培,刘雅奇,何俊,等.战场电磁环境的定量描述与模拟构建及复杂性评估[J].军事运筹与系统工程,2007,21(4):17-20.

[51]　路宏敏,电磁兼容性预测研究[D].西安:西安交通大学,2000.

[52]　约翰逊,约翰逊. 图论与工程应用[M].孙慧泉,李先科,译. 北京:人民邮电出版社,1982.

[53]　严义君,杨显清. 集群电子设备电磁兼容性评估方法[J]. 电子科技大学学报,2001,30(3):245-249.

[54]　茆诗松,汤银才,王玲玲.可靠性统计[M]. 北京:高等教育出版社,2008.

[55]　LIAO H T, ELSAYED E A. Reliability Prediction and Testing Plan Based on an Accelerated Degradation Rate Model [J]. International Journal of Materials and Product Technology, 2012,29 (8):88-109.

[56]　褚卫明,易宏,张裕芳. 基于故障树结构函数的可靠性仿真[J].武汉理工大学学报,2004,26(10):80-82.

[57]　NAESS A, LEIRA B J, BATSEVYCH O. System Reliability Analysis by Enhanced Monte Carlo Simulation[J]. Structural Safety, 2009, 31 (3):56-69.

[58]　杨宇航,庾红. 基于仿真的复杂武器系统任务可靠性计算方法研究[J].系统仿真学报,2002,14(2):169-172.

[59]　杨宇航,李志忠,郑力. 基于失效数据和统计推断优先的任务可靠性评估方法[J].系统仿真学报,2004,16(12):2761-2763.

[60]　张志建.某型号飞航导弹可靠性研究[D].哈尔滨:哈尔滨工业大学,2003.